Jelle Zeilinga de Boer · Donald Theodore Sanders
Das Jahr ohne Sommer

Jelle Zeilinga de Boer
Donald Theodore Sanders

Das Jahr ohne Sommer

Die großen Vulkanausbrüche
der Menschheitsgeschichte
und ihre Folgen

Aus dem Englischen übertragen
von Manfred Vasold

Magnus Verlag

Die Originalausgabe erschien 2002 unter dem Titel »Volcanoes in Human History – The Far-Reaching Effects of Major Eruptions« bei Princeton University Press, Princeton/Oxford.

Umschlaggestaltung: Wolfgang Jägemann, Essen
Umschlagmotiv: Vesuvausbruch von 1858 nach einem alten Gouache Bild
Satz: Hans Winkens, Wegberg
ISBN 3-88400-412-3

Inhalt

Vorwort

Die meisten denken nur selten an Vulkane oder an die Rolle, die sie in der Menschheitsgeschichte gespielt haben. Das kommt vielleicht daher, daß die wenigsten von uns dort leben, wo Vulkane ständig aktiv sind. Sie gehören einfach nicht zu unserer täglichen Umwelt.

Wer jedoch in nächster Nähe vom Mount St. Helens im Bundesstaat Washington lebt, der 1980 ausbrach, der wird seine gewaltige Eruptivkraft kaum je vergessen können. Auf Island, das zu beiden Seiten des Mittelatlantischen Rückens liegt, beherrschen die Vulkane das Leben der dortigen Einwohner und ihrer Sagenwelt. Wer auf der isländischen Insel Heimaey lebt, der hat einen Vulkan buchstäblich in seinem Hinterhof. Die Bewohner der isländischen Hauptstadt Reykjavik heizen ihre Wohnungen mit Wasser, das von heißer Lava erhitzt wurde.

Aktive Vulkane gemahnen uns auch daran, daß die Erde ein lebender Organismus ist, und das macht ihn im Vergleich zu den Schwesterplaneten Merkur, Venus und Mars einzigartig. Vulkane haben nämlich nicht nur unmittelbare Auswirkungen auf alle, die in ihrer Umgebung leben, sie können auch auf lange Sicht das Seelenleben von allen berühren.

Die Autoren des vorliegenden Buches, Jelle Zeilinga de Boer und Donald Theodore Sanders, untersuchen in neun Fallstudien die Beziehung zwischen Vulkanen und der Geschichte der Menschheit. Ihre aufregenden Beispiele zeigen, welche tiefgreifenden Auswirkungen Vulkanausbrüche auf menschliche Gesellschaften gehabt haben. Die unglaubliche Geschichte dieser Beziehung begann vor sehr langer Zeit, und sie wird sicherlich weitergehen.

Robert D. Ballard
Institute for Exploration, Mystic, Connecticut

Danksagungen

Die Autoren danken Kristin Gage und Joe Wisnovsky von der Princeton University Press für ihre geschätzte redaktionelle Hilfe. Sie danken Susan Hough, Michael Ort und anderen für die klugen Überlegungen zu dem Manuskript, und allen anderen, die dabei halfen, das Manuskript zu Ende zu führen. Wir danken James Gutmann, Gerrit Lekkerker, Johan Varekamp, Alison Hart und Mary Watson für ihre vielen hilfreichen Vorschläge und ihre Ermutigungen, die sie uns gaben, während wir dieses Buch verfaßten. Wir danken Gordon Eaton, der das Kapitel über Vulkanismus auf Hawaii gründlich durchgesehen hat. Nicht weniger danken wir den Bibliothekaren der Forschungsbibliothek an der Olin Library, der Science Library und der Art Library der Wesleyan University wie auch denen der Stadtbibliotheken von Fairfield und Madison, Connecticut. Sie waren alle außerordentlich hilfreich, Informationen zu suchen, die für unser Werk wichtig waren.

Ein besonderer Dank geht an Michael Ross, dessen Anruf im Jahr 1994 mehr oder weniger direkt zur Zusammenarbeit der beiden Autoren führte. Und natürlich danken wir auch Edward Knappman vom Verlag New England Publishing Associates, der sich bereit erklärte, als unser Repräsentant zu dienen und der uns unschätzbare Anleitungen gab und in unserem Namen den Kontakt zur Princeton University Press herstellte.

Eher von persönlicher Art ist der Dank, der an Felicité de Boer, Joan Boutelle und Katherine Sanders geht, die uns bei so vielen Gelegenheiten freundlich unterstützten.

9

Einleitung

Die Auffassung ist weit verbreitet, daß die Naturwissenschaften grundverschieden sind von den Geisteswissenschaften, daß sie kaum Gemeinsamkeiten besitzen. Welche Verbindungen bestehen schon zwischen der Geschichtswissenschaft, den schönen Künsten oder der großen Literatur einerseits, und den Fächern Physik, Chemie, Biologie – oder gar der Geologie – andererseits? Im Jahr 1959 ging der englische Gelehrte C. P. Snow in seinem vielgelesenen Buch »Die Zwei Kulturen« dieser Frage nach.[1] Snow hielt diesen scheinbaren Widerspruch für ein Mißverständnis, für einen Mangel an Verstehenwollen auf beiden Seiten. In seinem Buch versucht er, die »zwei Kulturen« miteinander zu versöhnen.

Die Vorstellung, daß die – von Snow so bezeichneten – »zwei Kulturen« miteinander im Widerstreit stehen, wird in einem Roman deutlich zum Ausdruck gebracht, den der amerikanische Autor Trevanian 1983 veröffentlichte. Darin warnt in einer Szene eine Romanfigur eine andere: »Hüte dich vor den Verführungskünsten der reinen Naturwissenschaften. Rein sind die nur in dem Sinne, in dem eine alte Nonne rein ist – in Wahrheit sind sie nämlich blutleer, steril. Nein, nein, halte dich an die Geisteswissenschaften, bei ihnen sind zwar die Wahrheiten schwerer festzumachen und die Beweise weniger gut greifbar; aber sie atmen einfach menschliches Leben.«[2]

Einer der hier vertretenen Autoren, Zeilinga de Boer, hat in seinen Vorlesungen über geologische Katastrophen an der Wesleyan University versucht, diese zwei Kulturen miteinander zu versöhnen, indem er Studenten aus den Geisteswissenschaften vor Augen führte, daß die Naturwissenschaften keineswegs »blutleer« sind, sondern daß man – und dies ganz besonders in den Geowissenschaften – in den Ausbrüchen von Vulkanen und in Erdbeben tatsächlich so etwas wie »den Atem menschlichen Lebens« spüren kann. In seinen Vorlesungen erörterte Zeilinga de Boer ausgewählte Ereignisse aus der Geologie. Er schilderte deren Herkunft und hob vor allem hervor, daß diese Ereignisse Menschen, Gesellschaften, Kulturen, ja sogar die Menschheitsge-

11

schichte als Ganzes berührten. Das vorliegende Buch, das aus solchen Vorlesungen hervorging, hat sich die menschliche Dimension des Vulkanismus zum Thema gewählt. In einem späteren Band wollen wir der Frage nachgehen, auf welche Weise Erdbeben die Menschheit betrafen.

Die meisten Bücher zu diesem Thema beschreiben einfach Vulkanausbrüche und schildern dann lediglich ihre Folgen für die Umwelt und erwähnen noch die Anzahl der Opfer. Viele dieser kurzen Eruptionen haben jedoch längerfristige Nachwirkungen. Einige Vulkanausbrüche hatten Folgen für die ganze Erde, die jahrelang anhielten, ja sogar Jahrhunderte oder Jahrtausende. Einige dieser Ereignisse wirkten wie ein Katalysator, und zwar in dem Sinn, daß aus den unmittelbaren Folgen wiederum andere Erscheinungen hervorgingen, ob sie nun die Umwelt betrafen, die Wirtschaft oder die Kultur.

Außerdem gehen die meisten Bücher über Vulkanismus einzig und allein auf die zerstörerische Seite ein; aber Vulkanausbrüche, so verheerend sie kurzfristig auch sein mögen, können auf lange Sicht eine Vielzahl von nützlichen Folgen für die Menschheit haben. Vulkanische Böden zählen zu den fruchtbarsten, die es gibt. Viele unserer mineralischen Rohstoffe stammen aus Vulkanen. Selbst das Wasser, dieser wichtige Rohstoff, ohne den auf unserem Planeten kein Leben möglich wäre, wurde durch Vulkantätigkeit im Erdinnern erzeugt. Alle diese Gesichtspunkte des Vulkanismus, die zerstörerischen ebenso wie die für uns nützlichen, werden in den folgenden Kapiteln erörtert.

Im vorliegenden Buch werden neun Vulkanausbrüche erforscht und dargestellt. Wir behandeln jeweils kurz die geologischen Gegebenheiten mit Blick auf die Plattentektonik – also die Theorie, die besagt, daß starre Segmente der Erdkruste über eine weniger harte Schicht hinweggleiten und miteinander kollidieren, und daß daraus Erdbeben und Vulkantätigkeit entstehen. Danach erörtern wir die Nachwehen dieser Eruptionen – ihre Folgen – mit Blick auf menschliche Gesellschaften.

Wir zeigen hier die unsichtbaren Verbindungen, die zwischen den Geowissenschaften und den Gesellschaftswissenschaften bestehen, indem wir nicht nur die unmittelbaren physischen Folgen des Vulkanismus beschreiben, sondern auch die längerfristigen sozialen Nachwirkungen. Einige Eruptionen haben Gesellschaften stark verändert. Auf einige große Ausbrüche folgten Hungersnöte und Epidemien oder politische Veränderungen, friedliche wie auch gewaltsame. Andere, die in längst vergangenen Zeiten stattfanden, gingen in die Mythologie ein oder sind heute noch in religiösen Vorstellungen und Praktiken zu spüren. Einige wurden sogar unsterblich, indem sie zu Kunstwerken oder zu Literatur wurden – sie zeigen sich in Bildern, in

Gedichten, berühmten Werken der Literatur, in Opern, Filmen oder in der Architektur.

Vulkanismus zeigt sich an der Erdoberfläche und beweist, daß die Erde lebt. Wir können uns einen Vulkanausbruch wie eine gespannte Saite vorstellen – wenn man an ihr zupft, dann beginnt sie zu vibrieren. Wenn irgendwo eine Eruption stattfindet, dann wird an der Stelle des eigentlichen Geschehens, wo eine große Menge an Energie freigesetzt wird, die Saite kräftig zum Schwingen gebracht, sie ist hier von kurzer Wellenlänge. Die Vibrationen sind kräftig, aber sie halten nur ganz kurz an. Am anderen Ende der Saite läßt die Schwingung nach und die Wellenlänge nimmt zu. Das läuft darauf hinaus, daß die Nachwirkungen weniger intensiv sind und daß sie länger dauern, wie es diese Abbildung zeigt:

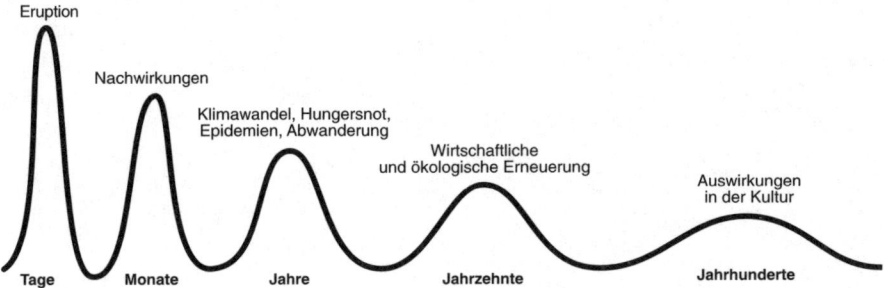

Diese »schwingende Saite« soll die verschiedenartigsten Auswirkungen andeuten, die einem Vulkanausbruch auf lange Sicht folgen können.

Nehmen wir folgendes Beispiel: Im Jahr 1815 kam es am Mount Tambora, einem Vulkan in Indonesien, zur größten in der Geschichte bekanntgewordenen Eruption. Sie kostete an Ort und Stelle vielleicht 70 000 Menschenleben. Dieser katastrophale Ausbruch verheerte in der näheren Umgebung Wälder und Felder, so daß Hunger und Epidemien folgten. Rund um den Erdball gab es größeren Wandel in der Witterung, als Staub und Aerosole aus dieser Eruption, von sehr hohen Winden umhergetragen, den Globus umkreisten und die Sonneneinstrahlung verminderten. In Europa hatte diese schlechte Witterung eine Mißernte zur Folge, die da und dort von Hungersunruhen begleitet war, und Nordamerika hatte 1816 unter dem berühmten »Jahr ohne Sommer« zu leiden. In Europa inspirierte die Witterung den Dichter Lord Byron, das düstere Gedicht »Darkness« zu schreiben, und Mary Shelley zu ihrem unsterblichen Roman »Frankenstein«, der immer noch, zweihundert

13

Jahre später, Leser findet und Kinobesucher anzieht. Die Saite, die 1815 am Mount Tambora ins Schwingen kam, schwingt nach bis zum heutigen Tage.

Wir hoffen, daß wir das Interesse unserer Leser sowohl auf die tektonischen Ursprünge der verschiedenen Vulkanausbrüche lenken können und zugleich auf die verschiedenartigsten Auswirkungen. Als diese Ausbrüche geschahen – die meisten von ihnen –, war die Erde noch viel dünner besiedelt. Heute leben weit mehr als sechs Milliarden Menschen auf der Welt. Die hier behandelten geologischen Ereignisse sind nicht einzigartig, Ähnliches wird auch in der Zukunft geschehen, und ihre Wirkungen werden größer sein, da bis dann die Bevölkerung auf unserem Planeten sehr viel dichter sein wird. Es ist wichtig, daß wir den Ursprung des Vulkanismus ebenso verstehen wie die Verheerungen, die er hervorruft, und auch die späteren Auswirkungen, denn diese können auch noch in den folgenden Jahrzehnten auftreten.

Vulkanismus:
Ursprünge und Auswirkungen

1

Riesige, rauchende Vulkane
ragen empor, Seite an Seite,
wie die Pfeifen einer kosmischen Orgel,
durch die der mächtige Atem der Erde
seine gewaltige Musik ausstrahlt.

ROBERT SCHOLTEN

ALS UNSERE AHNEN ERKANNTEN, daß die Erde keine flache Scheibe ist, die auf dem Rücken einer riesigen Schildkröte ruht, sondern statt dessen eine an den Polen abgeplattete Kugel, die sich im Weltraum kreisförmig um die Sonne dreht, da begannen sie auch den Planeten zu erkennen, der uns als Lebensraum dient. Im Verlauf von Jahrhunderten stückelten Wissenschaftler viele Fakten über die Erde zusammen: die Grundstoffe, aus denen sie besteht, die sie umgebende Atmosphäre, die unendliche Vielfalt von Landschaftsformen auf ihrer Oberfläche, die Art von Felsen, die hier freiliegen.

Schließlich folgerten die Wissenschaftler, nachdem sie Erdbebenwellen untersucht hatten und den Zeitraum, den sie benötigen, um über die Erde hinwegzugehen, daß unser Planet in seinem Inneren einen dichten, wenigstens teilweise geschmolzenen Kern aufweist, und daß dieser Kern umhüllt wird von einer dicken Schicht von weniger dichtem Material, den sie als Mantel bezeichneten. Über dem Mantel befindet sich eine dünne steinerne Kruste, darauf leben wir. Man könnte sagen, die Erde ähnelt in mancher Hinsicht einem Apfel. Wenn man einen Apfel halbiert, dann zeigt die Schnittfläche einen kleinen, rundlichen »Kern« (wo sich die Apfelkerne befinden), einen dicken »Mantel« (das eßbare Fleisch) und eine »Kruste« (die dünne Außenhaut). Die relativen Größenordnungen der Teile eines Apfels entsprechen etwa den Proportionen der wichtigsten Bestandteile der Erde.

Ähnlich langsam wie unser Verstehen vom Aufbau der Erde heranreifte, dauerte es auch seine Zeit, bis der Mensch die Vulkane zu begreifen begann, die er lange Zeit falsch deutete. In Europa hat man bis weit ins Mittelalter hinein gedacht, daß die Vulkane mit ihren feuerspeienden Gipfeln und dem Rumoren im Innern einen Zugang zur Unterwelt bildeten, wo die leidenden Sünder qualvoll leben. Im frühen 14. Jahrhundert faßte der italienische Dichter Dante Alighieri das damals vorherrschende Verständnis seiner Zeit in seinem großen Meisterstück zusammen, der »Göttlichen Komödie«, einer Allegorie, in der er eine Reise in drei Etappen schildert: Zuerst die Hölle, das Reich der ewigen Verdammnis, dann das Fegefeuer, wo man auf die Rettung der Seele hoffen darf, und schließlich das Paradies, wo die zu Gott heimgekehrten Seelen ruhen. Dante siedelt die vom Teufel bewohnte Hölle in einer feuerglühenden Höhle an, die bis in das Innerste der Erde hinabreicht. Welche offenkundigere Verbindung könnte es geben zwischen dem unterirdischen Reich des Teufels und der äußeren Welt der Lebenden als einen Vulkan?

Kräfte der Zerstörung – Quelle des Wohlstands

Die heranreifenden Geowissenschaften verbannten solche Vorstellungen natürlich ins Reich der Phantasie. Trotzdem wurden Vulkane weiterhin einseitig mit Leid und Zerstörung in Verbindung gebracht – schließlich können Vulkane* Tod und Verderben bringen, und das tun sie oft genug. Im Verlauf der letzten vierhundert Jahre wurden vielleicht eine Viertelmillion Menschen als unmittelbare Folge von Vulkanausbrüchen getötet. Hungersnöte und andere Unglücke könnten, als mittelbare Folgen, diese Zahl verdreifacht haben. Ausströmende Vulkanlava zerstört alles, was sich ihr in den Weg stellt. Vulkane können auch Erdrutsche und Schlammlawinen auslösen, die sehr schnell große Entfernungen zurücklegen und Schäden verursachen. Staub und Aerosole vulkanischen Ursprungs in der Atmosphäre können die Erde vom Sonnenlicht und der Sonnenwärme abschirmen und die Witterung nachhaltig verändern, und dies auf Jahre hinaus. Der französische Schrift-

---

* Man kann ›Vulkan‹ verschieden definieren. Wörterbücher bezeichnen damit gewöhnlich jede Öffnung in der Erdkruste, durch die geschmolzene Lava, vulkanische Asche und Gase ausgestoßen werden. Der Begriff kann sich auch auf einen Berg beziehen, der aus Stoffen besteht, die aus einer solchen Öffnung stammen. Strenggenommen kann also ›Vulkan‹ gleich mehreres sein: eine Öffnung – ein Loch oder eine Spalte in der Erde – bis hin zu einem Berg, der mehrere Tausend Meter hoch ist. Der Einfachheit halber bezeichnen wir in diesem Buch damit vulkanische Berge.

16

steller Max Gérard hat die schreckliche Seite des Vulkanismus dichterisch zu-
sammengefaßt.

Hier ist des Vulkans glühende Stätte,
Des Vulkans Glutofen,
die Schmiede des Zyklopen,
der Scheiterhaufen Satans!
Hier ist das erste Keuchen,
die Geburt der Materie,
hier schüren die Götter den Ofen,
den Aberglauben des Menschen,
hier entstehen die Zeiten
von Gewalt und Verdammnis![1]

Aber paradoxerweise hat der Vulkanismus auch seine guten Seiten, und diese
können für das menschliche Leben sehr bedeutend sein. Im Verlauf unend-
licher Zeiträume haben die Vulkanausbrüche riesige Mengen Wasserdampf
erzeugt, sie brachten die Flüssigkeit auf die Erdoberfläche, die für alle Lebewesen unverzichtbar ist. Ein Großteil des Wasserdampfes bei jedem Vulkanausbruch kann aus vulkanisch erhitztem Grundwasser stammen – aus Re-
gen- und Schneewasser aus der Saturierungszone unterhalb der Erdoberfläche. Aber viele Naturwissenschaftler glauben, daß das gesamte Wasser der
Erde – ob in Wolken, Gebirgsbächen, Flüssen, Seen oder den Ozeanen ge-
speichert – ursprünglich von Vulkanen in die Atmosphäre geblasen wurde.
Dieser Theorie zufolge entstand Wasser aus ungebundenen Wasserstoff- und
Sauerstoffatomen tief aus dem Innern des Erdmantels. Vulkanismus hat auch
viele Mineralien auf der Erde hervorgebracht – Mineralien wie Erze, Kupfer,
Blei, Zink und andere Metalle, die für die Industrie und die moderne Tech-
nologie so wichtig sind.

Vulkanausbrüche haben auch die Böden mit Nährstoffen bereichert. Die
Vulkanasche, die aus Eruptionen hervorgeht, enthält Kalium und Phosphor,
die die Pflanzen benötigen. Dank der Witterungseinflüsse setzt vulkanisches
Gestein solche Nährstoffe frei. Daher hilft der Vulkanismus dem Leben der
Pflanzen und letztendlich sind ihm landwirtschaftliche Überschüsse zuzuschreiben, die in vielen Gegenden entstehen. Mehrere Hundert Millionen von
Menschen leben seelenruhig an Vulkanflanken oder in geringer Entfernung
etwas weiter unten und bearbeiten diese fruchtbaren Böden. Auf diese Weise
bringen uns Vulkane, obschon sie im Verlauf kurzer Eruptionsphasen zerstörerisch sein können, in den langen Phasen zwischen ihren Ausbrüchen
auch viele gute Dinge. Diese überaus wichtige und oft übersehene Janusköp-

17

figkeit des Vulkanismus wird von der Abbildung 1-1 illustriert; sie zeigt einen ausbrechenden Vulkan, der Tod und Verheerung bringt, während er zugleich ein Füllhorn von schönen Dingen ausschüttet. Hören wir noch einmal Max Gérard:

> Er brennt, um Neues zu erschaffen,
> die Glut des Feuers wird zur Zärtlichkeit ...
> die zerstört und neu erbaut, die niederreißt und wieder flickt,
> die brennt und aufs neue ergrünen läßt.[2]

Erzeugnisse des Vulkanismus

Was der Vulkan hervorbringt – Lava, Gase und zermahlene Stoffe wie Asche –, entstammt letzten Endes alles dem *Magma*, das aus dem Erdinnern kommt. Da Magma heiß und flüssig ist und gelöste Gase enthält, ist es nicht weniger dicht als kompaktes Felsgestein; es dringt durch Spalten in der Kruste der Erde empor. Wenn es zur Erdoberfläche gelangt ist, bezeichnet man es als Lava. Der Begriff *Lava* bezieht sich sowohl auf den geschmolzenen Stoff als auch auf das Gestein, das sich ausbildet, nachdem das Magma abgekühlt und verhärtet ist. Infolge des schnellen Abkühlens, das den Mineralkristallen wenig Zeit zum Formen läßt, entsteht feinkörniges Gestein.

Viele meinen, Vulkangestein sei schwarz oder zumindest dunkelgrau und bilde unschön anzusehende düstere Landschaften. Die meisten Lavaströme sind tatsächlich dräuend und dunkel, aber – und das hängt von ihrer chemischen Zusammensetzung ab – sie bilden auch Landschaften mit prächtigen Farben. 1924 bestieg Gilbert Grosvenor, einer der Mitbegründer der National Geographic Society, den Mount Loa, den größten Vulkan der Hawaii-Inseln. Er berichtete, er habe »eine schwere rollende Fläche von farbigem Glas überquert, die so weit reichte, wie man schauen konnte, und die da und dort mit der Strahlkraft unzähliger Juwelen glänzte, funkelnd mit der Brillanz von Diamanten, Rubinen und Saphiren oder weich erglühte wie Opale und glänzende Perlen«.[3]

Die Gase, die im Verlauf von Vulkanausbrüchen ausströmen, bestehen zum größten Teil aus Wasserdampf und kleineren Mengen an Kohlendioxid, Schwefeldioxid und weiteren Gasen. Man nimmt sogar an, daß dem Vulkanismus die Erschaffung der Erdatmosphäre zuzuschreiben ist; er brachte sie hervor, als die Erde noch jung war. Der Sauerstoff, den wir atmen, kam erst später, nach der Entstehung der grünen Pflanzen, die die Photosynthese be-

ABB. 1-1 Die Janusköpfigkeit des Vulkanismus. Eruptionen verursachen Tod und Zerstörung. Aber auf lange Sicht ist nicht weniger bedeutend, daß sie fruchtbare Böden erzeugen und folglich auch reiche Ernten, außerdem eine Vielzahl verschiedener Mineralien. Radierung von Nicollet, nach einem Entwurf von Fragonard. In Privatbesitz.

herrschen – und dabei mit Hilfe von Sonnenlicht Kohlendioxid und Wasser in organische Stoffe verwandeln, wobei als Nebenprodukt Sauerstoff entsteht.

Viele von den Stoffen, die bei Eruptionen ausgestoßen werden, sind Teile von Gestein, und zwar entweder in Gestalt verfestigter Magma oder Teile von Felsen, die aus dem Förderschlot des Vulkans losgerissen wurden. Solche Stoffe bezeichnet man als *pyroklastisch*, von dem griechischen Wort *pyros* für Feuer und *klastos*, d. h. zerbrochen. Manchmal bilden Wolken aus solch zerborstenem Gestein zusammen mit heißen vulkanischen Gasen verheerende pyroklastische Ströme, die infolge ihres Gewichts Bergeshänge mit der Geschwindigkeit von Schnellzügen hinabrasen und dabei zäh an der Erde haften und alles zerstören, was sich ihnen in den Weg stellt. Gewöhnlich bestehen sie aus drei Teilen:

- Dichtes Material, das sind Teile von frischem Magma, Bimsstein und andere ältere Vulkangesteine, die aus dem Förderschlot oder von den Flanken des Vulkanberges mitgeführt wurden, die zäh am Boden haften.
- Feurige, gasförmige Wellen, auch ›Surges‹ genannt, die Tröpfchen von frischem Magma enthalten. Viele solcher Wellen bilden sich am vorderen Ende des Stromes oder an den Seiten, sie bewegen sich viel schneller als das dichte Material.
- Wolken von Vulkanstaub, die schwebende »Plumes« bilden und sich mehrere Tausend Meter in die Luft erheben.

Die Lebenszyklen von Vulkanen

Vulkane haben Lebenszyklen, darin ähneln sie Tieren oder Pflanzen. Ein mexikanischer Bauer, Dionisio Pulido, hatte am Morgen des 20. Februar 1943 etwa 320 km westlich von Mexiko-City das unschöne Erlebnis, in seinem Getreidefeld der Geburt eines Vulkans beizuwohnen. Was zunächst nur eine sanfte Vertiefung in seinem Feld war, wurde nun zur tiefen Spalte, aus der Wolken von Schwefelrauch aufstiegen und dabei laute zischende Geräusche machten. Am nächsten Morgen stand auf Pulidos Feld ein Aschekegel, mehr als 10 Meter hoch. Innerhalb einer Woche hatte dieser Vulkan, den man nach einem Nachbardorf Paricutín benannte, eine Höhe von 170 Metern erreicht und binnen eines Jahres wuchs er bis auf 370 Meter an. Innerhalb von neun Jahren brachte der Paricutín große Lavaströme hervor, die mehrere Städte zerstörten, und war auf eine Höhe von 2272 Metern angewachsen. Dann setzte er sich zur Ruhe.

1980 schrieb der japanische Schriftsteller Shusaku Ende einen Roman mit dem Titel »Vulkan«, darin erinnert sich der Protagonist, wie ein Universitätsprofessor, Dr. Koriyama, den Lebenslauf eines Vulkans beschreibt: »Ein Vulkan ähnelt einem menschlichen Leben. In seiner Jugend brennt er wie Feuer und muß seine Leidenschaften in Zaum halten. Er verströmt Lava. Aber wenn er alt geworden ist, muß er für seine Sünden büßen, bis er sich dann ruhig ins Grab schickt.«[4] Der fiktive Dr. Koriyama hätte auch noch hinzufügen können, daß Vulkane im Alter auch ihre Schönheit verlieren. Junge Vulkane bilden gewöhnlich schlanke, symmetrische Kegel; alte Vulkane haben gezackte Gipfel, an denen der Zahn der Zeit zu sehen ist, und Flanken, auf denen die Erosion ihre Narben hinterlassen hat.

Vulkanausbrüche ähneln heftigen Krämpfen, jeder Ausbruch kann sich in mehreren Kolikanfällen vollziehen und von einigen Wochen bis zu mehreren Jahren dauern. Einige Vulkane beruhigen sich wieder, oder schlafen ein, für einige Hundert oder sogar Tausende von Jahren, werden dann aber aufs neue lebendig, wenn noch einmal Magma wie neuer Lebenssaft durch ihren Vulkanschlot aufsteigt. Aber alle Vulkane altern und »sterben« schließlich oder erlöschen. Setzt man geologische Zeiträume an, dann haben die meisten von ihnen nur ein kurzes Leben – lediglich eine oder zwei Millionen Jahre oder sogar noch weniger. Vulkanische Spalten haben zumeist eine noch viel kürzere Lebensdauer. Ein Teil des Magmas, das einen Spalt ausfüllt, kühlt unweigerlich ab, wird fest und bildet einen tafelförmigen Körper aus Stein, den man als *Gangstock* bezeichnet. Später nachfließendes Magma findet man normalerweise am Rande eines solchen Gangstocks oder an neuen Spalten in naher Umgebung.

Gewöhnlich werden Vulkane von Kratern bekrönt. Im Verlauf von sehr großen Ausbrüchen kann es jedoch geschehen, daß das geschmolzene Gestein nicht schnell genug aus der Erde nach oben gelangt, um an das bereits ausgeworfene Magma Anschluß zu finden, dann stürzt der obere Teil des Vulkans in sich zusammen. Dann bleibt nicht ein Krater zurück, sondern ein viel größeres Loch, das man als Caldera oder Einsturzkessel bezeichnet (vom spanischen *caldron*). Es gibt Calderas, die einen Durchmesser von etlichen Kilometern haben. Ein solches Beispiel bietet der Crater Lake im Südwesten von Oregon, der übrigens seinen Namen zu Unrecht trägt. Der See liegt nämlich in einer Caldera, nicht in einem Krater, er ist ungefähr 10 Kilometer breit und 600 Meter tief. Entstanden ist er vor etwa 6000 Jahren, als ein älterer Vulkan, der Mount Mazama, explodierte.

In diesem Crater Lake liegt Wizard Island, ein kleiner, heute erloschener Vulkan, der nach der Ausbildung der Caldera entstand – ein Beweis dafür, daß selbst scheinbar »tote« Vulkane zu neuem Leben erwachen können. Eine solche Wiedergeburt geschah im Jahr 1927, als der Vulkan Anak Krakatau in der Sundastraße zwischen Java und Sumatra geboren wurde. Seine Geburtsstätte war eine untergetauchte Caldera, die sich 1883 gebildet hatte, als eine Vulkaninsel, genannt Krakatau, in einer der größten Eruptionen der Geschichte ausbrach. Der indonesische Name Anak Krakatau bedeutet, passenderweise, »Kind des Krakatau«.

Plattentektonik

In den 1960er Jahren begannen Geologen zu begreifen, daß die äußere Schicht der Erde aus einzelnen starren Platten besteht, von denen einige sehr groß sind, andere – die Mikroplatten oder Terrane – kleiner, und daß sie sich langsam über die plastische, darunter befindliche Schicht – wie schwimmend – bewegen (Abbildung 1-2). Die Bewegung dieser tektonischen Platten, die man gewöhnlich in Zentimetern pro Jahr bemißt, verursacht die meisten Vulkane und Erdbeben. Diese neue Plattentektonik-Theorie revolutionierte die Wissenschaft Geologie, indem sie eine einzige Hypothese aufstellte, die die meisten geologischen Prozesse und Formationen zu erklären hilft.

Die starke äußere Umhüllung der Erde schließt auch die felsige Kruste und eine dünne Schicht des äußersten Teils des Mantels mit ein. Die Geologen bezeichnen sie zusammen als Lithosphäre, von dem griechischen Wort *lithos* für Stein. Die darunterliegende Schicht im Mantel, über die sich die Teile der Lithosphäre schwimmend hinwegbewegen, heißt Asthenosphäre, vom griechischen *asthonos*, das heißt schwach.

Die festen Segmente der Lithosphäre – also die tektonischen Platten – sind vermutlich infolge von langsam treibenden Konvektionsstömungen im Mantel in Bewegung. Die Geologen nehmen an, daß sie von Hitze aus dem Erdkern angetrieben werden, ganz ähnlich wie Konvektionsströme in einem Wassertopf entstehen, der auf dem Herd erhitzt wird. Da heißes Wasser weniger dicht ist als kaltes, steigt es nach oben, wo es abkühlt und sich ausbreitet, weil es etwas weniger dicht wird und daher wieder in dem Topf nach unten sinkt. Ganz ähnliche Kräfte, denkt man, wenngleich natürlich sehr viel langsamer, sind im Innern der Erde am Werk.

Da diese tektonischen Platten über die Erdoberfläche gleiten, stoßen sie unweigerlich mit anderen zusammen. Wenn es dazu kommt, hat es gewaltige Folgen. Wo das Zusammenstoßen geschieht, gleitet die eine Platte unter die andere, ein Prozeß, den man als *Subduktion* bezeichnet. Die subduzierte Platte taucht hinab in die Asthenosphäre und dort drängen hohe Temperatu-

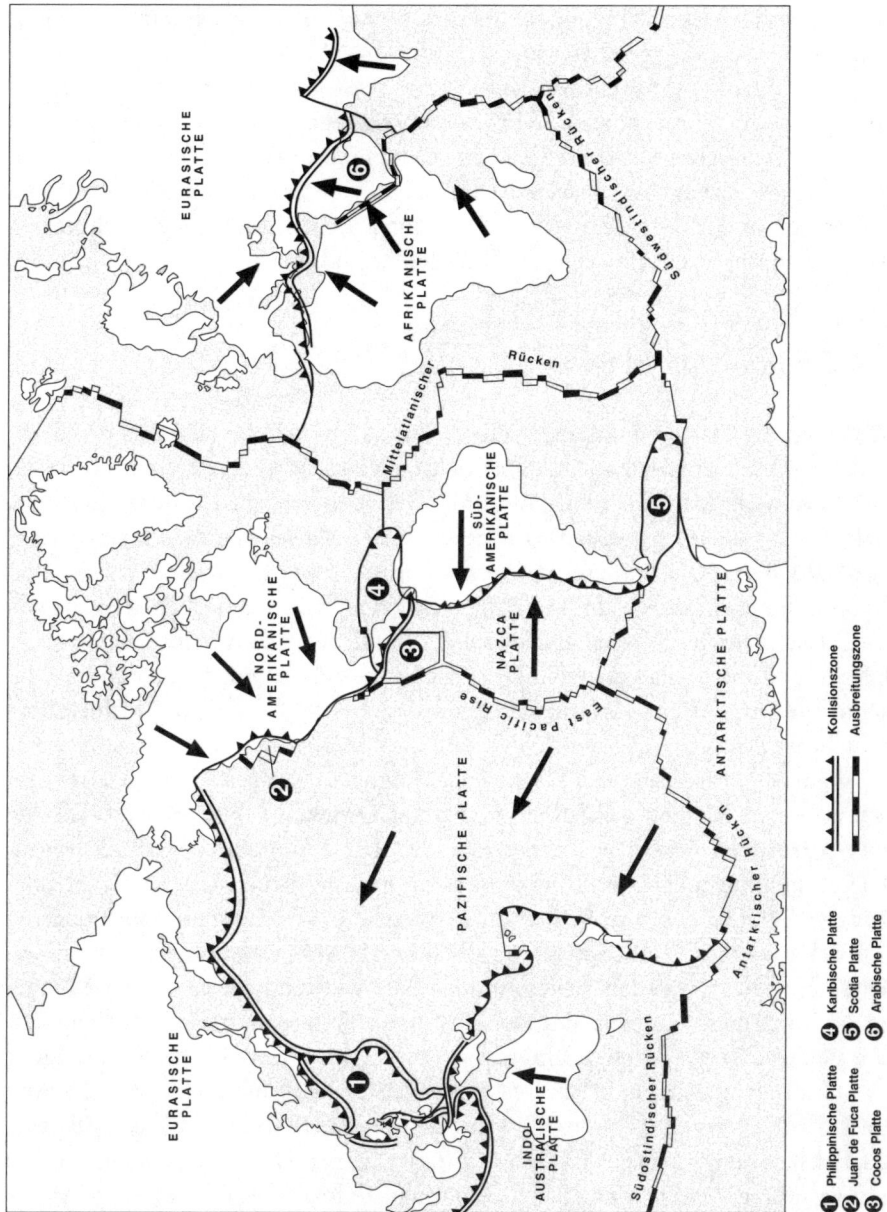

ABB. 1-2 Dieser Umriß der tektonischen Platten der Erde zeigt auch die Grenzen, wo die Platten aneinanderstoßen und die sich verschiebenden Grenzen zwischen den Platten. Das Band mit den Pfeilen zeigt die Richtung an, in die die Platten sich gegenwärtig bewegen. Die schwarzen Dreiecke an den Begrenzungen zeigen die Richtung an, in die eine Platte unter eine andere subduziert wird.

23

ren und hoher Druck Flüssigkeit aus dem hinabgepreßten Gestein. Diese heißen Flüssigkeiten – meist ist es ein Dampf aus Wasser und aus Mineralien, welche Hydroxyl-Gruppen enthalten (ein Wasserstoffatom und ein Sauerstoffatom, die eine chemische Verbindung eingegangen sind) – steigen nach oben und reagieren mit dem Stein im Mantelkeil oberhalb der subduzierten Platte. Dies erzeugt chemische Reaktionen, welche an Ort und Stelle die Schmelztemperatur senken (siehe Abbildung 1-3). Infolgedessen schmelzen Teile des Asthenosphärenkeils und werden zu Magma.

Die Bildung von Magma

Während die Platte bis in eine Tiefe von ungefähr siebzig Kilometern hinabgedrückt wird, entweichen aus ihr flüchtige Gase. Wenn sie bis auf zweihundert Kilometer abgetaucht ist, sind alle flüssigen und gasförmigen Bestandteile aus ihr herausgepreßt. Das Magma entsteht also darüber, in einer Tiefe von 100 bis 150 Kilometern. Die Geologen vermuten, daß Klumpen von Magma langsam durch die leitfähige Asthenosphäre nach oben steigen, wie Luftblasen durchs Wasser, bis sie zum Grund der festen Lithosphäre oberhalb des Mantelkeils gelangen. Dort verschmelzen sie mit Schichten von geschmolzenen Stoffen, die heiß genug sind, angrenzende Teile der Lithosphäre zu schmelzen.

Während immer neue Fetzen von Magma aufsteigen, erzeugen die geschmolzenen Massen schließlich genügend Druck, so daß sie die noch immer formbaren Teile der Lithosphäre darüber emporzudrücken vermögen. Dieses Hochdrücken der Lithosphäre verursacht Bruchstellen, die es dem Magma erlauben, in die Kruste aufzusteigen, wo es Taschen von mehreren Kubikkilometern Größe ausbildet, die man als Magmakammern bezeichnet. Diese Kammern werden voller und größer, während immer mehr Magma in sie vordringt, und wie das heiße Magma Steinformationen aufschmilzt, die sie einschließt. Solange Magma in der Kammer umschlossen ist, reagiert es ständig mit dem Stein, der es einschließt, und seine chemische Zusammensetzung verändert sich. Es wird leichter, verliert an Dichte, und wird gashaltiger, und seine Viskosität nimmt zu, es wird also beim Fließen schwerfälliger. Wenn der steigende Druck Teile der geschmolzenen Masse durch die Bruchstellen in der Kruste, die Vulkanschlöte, die bis zur Erdoberfläche gehen, nach oben drängt, dann bringen die Magmakammern Vulkane hervor.

Im Gewicht des Magmas können bis zu fünf Prozent Wasser enthalten sein. Obschon das als nicht viel erscheint, kann dieser Anteil doch bedeuten,

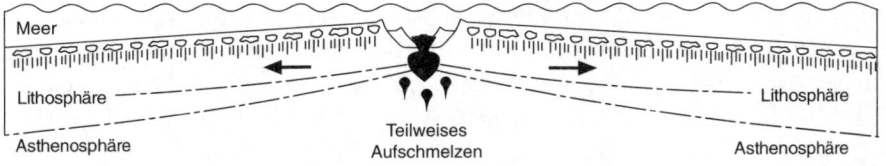

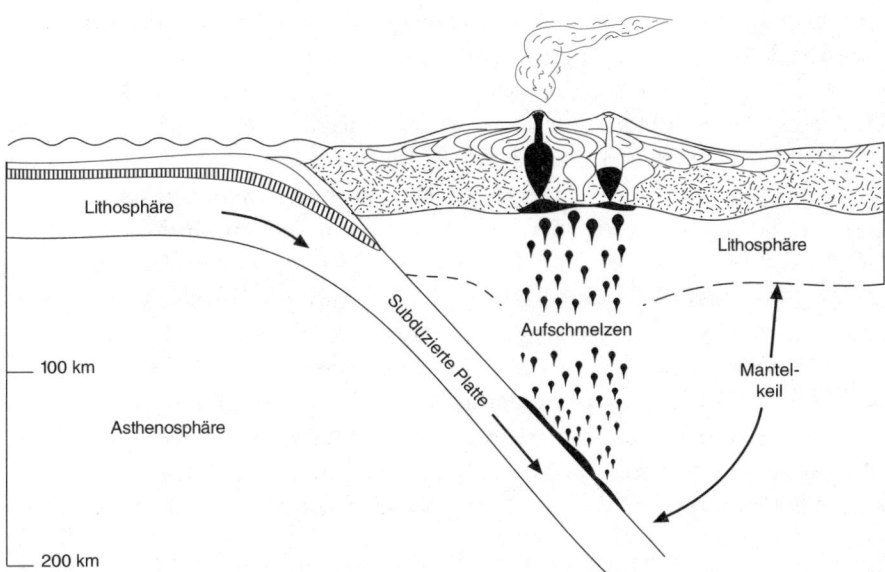

ABB. 1-3 *Oben:* Teilweises Schmelzen der oberen Asthenosphäre und Bildung von Magma unter einem Meeresrücken an der Grenze zweier auseinanderdriftender Platten. *Unten:* Subduktion einer im Meer gelegenen Platte unter eine Kontinentalplatte und teilweises Schmelzen der oberen Asthenosphäre.

daß riesige Magmakammern sehr große Mengen Wasser enthalten.* Wenn das geschmolzene Gestein an die Erdoberfläche durchbricht, entweicht das heiße, zu Dampf gewordene Wassser als Gas in die Atmosphäre. Das Wasser kehrt schließlich als Niederschlag auf die Erde zurück, als Regen oder Schnee, und nimmt seinen Weg durch die Spalten zwischen den Felsen der Erdkruste oder dringt in gesteinbildende Mineralien ein. Im Verlauf von

---

* Wir verwenden hier den Begriff ›Wasser‹, aber in Wirklichkeit besteht dieses »Wasser« aus miteinander nicht verbundenen Wasserstoff- und Sauerstoff-Atomen, die sich erst während der Eruption zu Wasserdampf (H_2O) verbinden.

Jahrmillionen, während tektonische Platten mit anderen kollidieren und die eine sich unter die andere schiebt, subduziert wird, steigen diese Moleküle wieder langsam zur Erdoberfläche auf. Auf diese Weise besteht ein geologischer Wasserkreislauf, ähnlich dem Wasserstoffkreislauf, bei dem Feuchtigkeit aus Regenwolken aus der Atmosphäre zur Erde fällt, verdunstet und wieder in die Atmosphäre zurückkehrt – mit der Ausnahme, daß der geologische Kreislauf sich unendlich viel langsamer vollzieht.

Die großen Höhen, die von einigen Vulkanen erreicht werden, bezeugen den enormen Druck, den das aufsteigende Magma hervorbringt. Bei den höchsten Vulkanen dieser Erde, dem Llulullaillaco und dem Cerro Ojos des Salado in den Anden Südamerikas, wurde das Magma bis in Höhen von 6723 bzw. 6908 Metern über den Meeresspiegel hochgedrückt. Teile des Magmas erreichen bei beobachteten Eruptionen sogar Säulen von 30 000 Metern Höhe und noch mehr. Der größte Teil des Magmas gelangt jedoch nicht einmal bis zur Erdoberfläche. 90 Prozent des geschmolzenen Gesteins, das in die Lithosphäre eintritt, bleibt in der Tiefe, wo es letzten Endes abkühlt und erstarrt. Selbst bei katastrophalen Eruptionen verbleibt viel mehr Magma innerhalb der Erde, verglichen mit der Menge, die an die Oberfläche tritt. Vor etwa 74 000 Jahren explodierte im heutigen Indonesien ein Vulkan mit Namen Toba mit einem riesengroßen Knall und schleuderte schätzungsweise 3000 Kubikkilometer pyroklastischen Materials in die Atmosphäre. Aber diese Menge stellt weniger als 10 Prozent des Volumens dar, etwa 30 000 Kubikkilometer, das schätzungsweise in der Magmakammer zurückblieb.

Vulkanische Bögen

Die Böschungswinkel, mit denen tektonische Platten nach unten gedrückt werden, rangieren gewöhnlich zwischen 15 und 70 Grad, das hängt ab von dem Auftrieb der nach unten gleitenden Platten. Wo diese Subduktionswinkel flach sind, gibt die Form der Erde der Plattengrenze die Gestalt eines Bogens oder eines Kreises, wie auch die Begrenzung einer Delle in einem Gummiball die Gestalt einer Rundung zeigt. Wenn daher Magma entlang einer solchen Begrenzung durch die darüberliegende Platte aufsteigt, dann bildet sie eine kurvenförmig verlaufende Anzahl von Vulkanen, die man als Vulkanbogen bezeichnet. Vulkanbögen in den Meeren bilden Inselbögen – der Archipel von Japan und die Alëuten bei Alaska stellen solche Bögen dar.

Ungefähr 60 von 100 der Land-Vulkane dieser Erde – also diejenigen, die auf Festland ausbrachen oder, falls im Meer, dort zur Oberfläche gelangten –

befinden sich im sog. Feuerring, so bezeichnet man eine Reihe von Vulkangürteln, die den Pazifischen Ozean oberhalb der Plattenbegrenzungen umgeben, wie dies in Abbildung 1-2 gezeigt wird. Weitere 20 von 100 der aktiven Landvulkane befinden sich im oder nahe dem Mittelmeer, wo mehrere kleine tektonische Platten miteinander kollidieren. Weil der größere Teil der Landfläche nördlich des Äquators liegt, darum befinden sich auch zwei Drittel der bekannten Landvulkane auf der nördlichen Hemisphäre. Tom Simkin und Lee Siebert vom Smithsonian Institution in Washington haben 1994 mehr als 1500 Vulkane katalogisiert.[5] Während der letzten dreihundert Jahre wurden mehr als dreitausend Eruptionen registriert. Trotz der großen Zahl von Landvulkanen brachten sie wahrscheinlich nur 15 bis 20 Prozent des Magmas hervor, das die Erdoberfläche erreichte.

Die Rücken in den Ozeanen

Tektonische Platten müssen sich ausbreiten, um miteinander kollidieren zu können. Die meisten Plattenränder befinden sich in den Ozeanbecken, wo sie Unterwasserrücken bilden oder ganze Gebirgszüge, die Hunderte von Kilometern breit sind. Der Mittelatlantische Rücken beispielsweise zieht sich am Grund des Atlantiks entlang und bezeichnet dort die Grenze zwischen der Nordamerikanischen und der Eurasischen Platte und zwischen der Südamerikanischen und der Afrikanischen. Die Achsen vieler ozeanischer Rücken, vor allem des Mittelatlantischen, bilden längere Senken, die man als Scheitelgräben (rift valleys) bezeichnet, und die auf beiden Seiten von Verwerfungen begrenzt sind. Die meisten Scheitelgräben sind von Erdspalten durchzogen, welche den Weg für riesige Mengen von Magma bilden – wahrscheinlich für 75 bis 80 Prozent des Magmas, das zur Erdoberfläche gelangt. Das Gewicht des darüberliegenden Meereswassers ist so groß, daß Gase, die sich in Magma aufgelöst haben, nicht rasch aufsteigen können, daher werden Eruptionen in großer Meerestiefe nicht von Explosionen begleitet. Das Magma erstarrt als Teil der ozeanischen Lithosphäre und bildet neue Kruste.

Heiße Blasen (Plumes) im Mantel der Erde

Vulkanismus kann sich auch in Gestalt von Plumes im heißen Erdmantel zeigen, wobei diese heißen Blasen von heißen Stoffen aus dem Mantel, die man auch im Deutschen bisweilen als »Plumes« bezeichnet, hervorgebracht werden von aufsteigender Hitze, die aus dem tiefen Innern der Erde kommt.

Magma, das in solchen Plumes aufsteigt, kann durch Spalten oder Vulkan-schlöte die Erdoberfläche erreichen. Die Plumes können über Millionen von Jahren hinweg aktiv bleiben, und sie können mehrere Hundert Kilometer Durchmesser aufweisen. Sie erzeugen an der Oberfläche der Erde Erschei-nungen, die Geologen als *hot spots* bezeichnen. Island liegt über einem *hot spot* am Scheitelgraben zwischen der Eurasischen und der Nordamerikani-schen Platte. Die Inseln des Hawaii-Archipels entstanden, fast in der Mitte der Pazifischen Platte, als diese Platte langsam über einen ortsfesten *hot spot* nach Nordwesten trieb. Obgleich Plumes im Mantel in der Vergangenheit riesengroße Mengen von Magma hervorbrachten, sind sie heute weniger pro-duktiv als andere Formen von Vulkanismus.

Warum die Champagnerkorken so knallen

Die Eruption eines Vulkans wird oft mit dem Öffnen einer Champagnerfla-sche verglichen. Im Champagner bleibt das gelöste Gas (Kohlendioxid) in der Lösung, solange die Flasche gut verkorkt ist und die Flüssigkeit, der Cham-pagner, unter hohem Druck steht. Aber sobald man den Korken beseitigt und der Druck nachläßt, trennt sich das Gas von der Flüssigkeit und expandiert rasch (das bewirkt das Knallen), und der Champagner strömt aus der Flasche als ein blasiger Schaum (oder spritzt heraus, wenn die Flasche unbedacht ge-öffnet wird).

Beim Vulkan ist die Flüssigkeit natürlich das Magma, es enthält mehrere Gase (zum größten Teil Wasserdampf), die alle unter hohem Druck stehen. Ob ein Vulkan in explosiver Weise oder ruhig ausbricht, hängt von der Vis-kosität des Magmas ab. Wie Magma von hoher Viskosität nur äußerst lang-sam fließt, so setzen sich auch die gelösten Gase nur langsam frei – bis das Magma die Erdoberfläche erreicht und der Druck der Umgebung nachläßt. Dann expandieren, wie im Falle der Champagnerflasche, die Gase rasch, und der Vulkan eruptiert wie in Krämpfen, zerreißt das geschmolzene Magma in Myriaden von Fetzen, die beim Abkühlen zu pyroklastischen Fragmenten er-starren.

Wenn die Viskosität des Magmas niedrig ist und das Magma daher gut fließt, dann sind die Gase unter viel geringerem Druck und setzen sich leicht von dem geschmolzenen Gestein frei. Die Folge davon kann eine relativ ru-hige Eruption sein: Das Magma fließt dann einfach aus der Erde. Die Visko-sität des Magmas steht in Proportion zu seinem Silikon- oder Silkonsäurege-halt: Je höher das Silikon, desto höher die Viskosität und desto schwerfälli-ger das Magma.

Der Vulkanische Explosivitäts-Index (VEI)

Um die Größe von Vulkanausbrüchen miteinander vergleichen zu können, haben Geologen einen Vulkanischen Explosivitäts-Index – oder VEI – entwickelt, ähnlich der Richter-Skala für die Größe eines Erdbebens. Dieser Index stützt sich hauptsächlich auf das Volumen des ausgeworfenen Materials (Abbildung 1-4) und die Höhe der Eruptionswolke. Jede Kategorie repräsentiert im Vergleich zur vorhergehenden das Zehnfache an Explosivität oder Explosivkraft.

Bei Eruptionen mit einem VEI von 0 oder 1, das sind z. B. die meisten der Ausbrüche auf Hawaii, strömt normalerweise Lava mit wenig oder keinerlei Dynamik aus. Explosive Ausbrüche haben im allgemeinen VEIs von 2 bis 5. Aber ganz besonders machtvolle Eruptionen, wie jene des Bronzezeitalters im östlichen Mittelmeer, der Ausbruch des Vesuvs im Jahr 79 n. Chr., oder der des Krakatau in Indonesien von 1883, hatten wahrscheinlich einen VEI von 6. Der Mount Tambora, gleichfalls in Indonesien, brach 1815 mit einem geschätzten VEI von 7 aus. Und rund 74 000 Jahre davor soll der gewaltige Ausbruch des schon erwähnten Toba einen VEI von 8 oder noch mehr erreicht haben (siehe Tafel 1-1).

TAFEL 1 Größere, in diesem Buch behandelte Eruptionen, nach ihrem Vulkanischen Explosivitätsindex (VEI)

VULKAN	ÖRTLICHKEIT	JAHR	INTENSITÄT	VEI
Tristan da Cunha	Tristan da Cunha	1961	gemäßigt	2
Surtsey	Island	1963	gemäßigt	3
Eldfell	Island	1973	gemäßigt	3
Kilauea	Hawaii	ca. 1790	groß	4
Laki/Grimsvötn	Island	1783	groß	4
Pelée	Martinique	1902	groß	4
Mt. St. Helens	Wash./USA	1980	sehr groß	5
Vesuv	Italien	79	riesig	6
Thera	Mittelmeer	ca. 1620 v. Chr	riesig	6
Krakatau	Indonesien	1883	riesig	6
Tambora	Indonesien	1815	kolossal	7
Toba	Indonesien	ca. 72 000 v. Chr.	humongous	8

VEI bedeutet Vulkanischer Explosivitätsindex. Die Intensität wird mit den Begriffen bezeichnet, die auch die Vulkanologen verwenden.

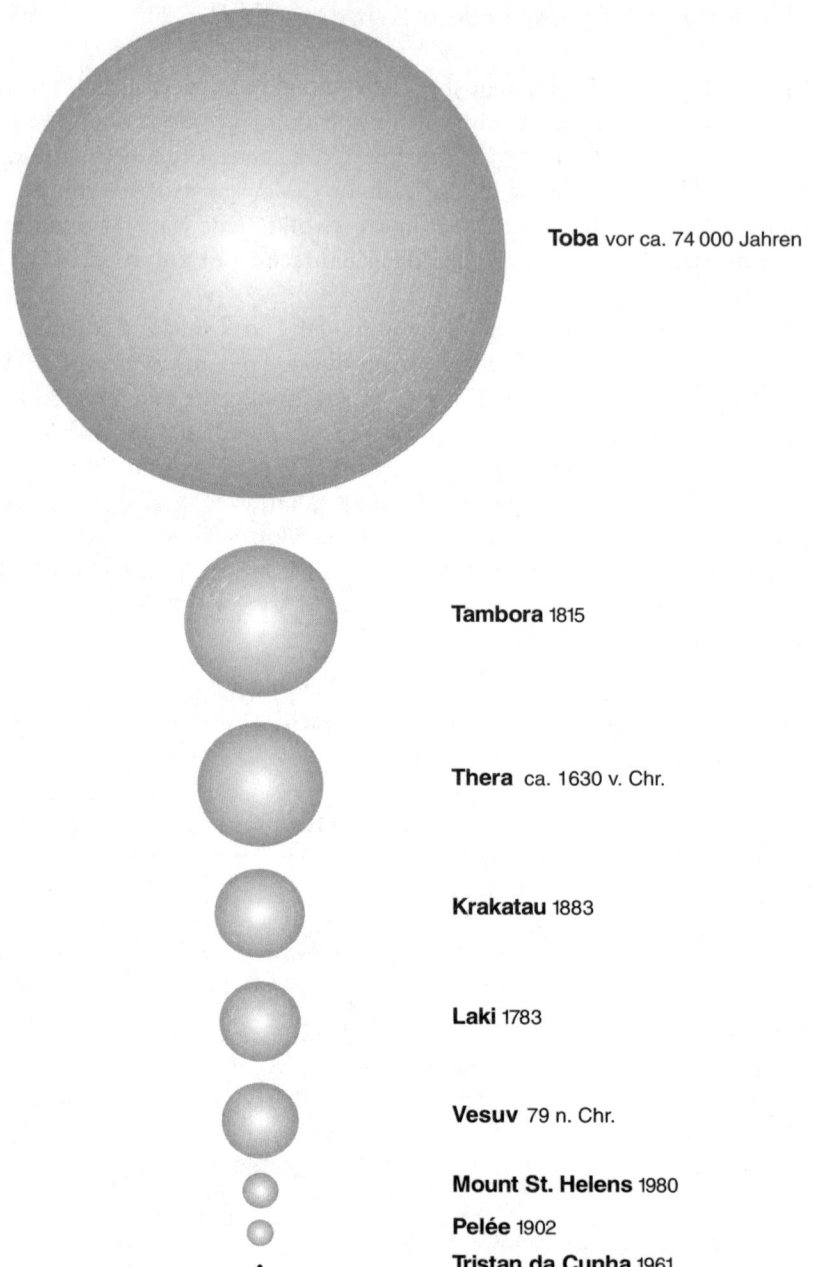

Toba vor ca. 74 000 Jahren

Tambora 1815

Thera ca. 1630 v. Chr.

Krakatau 1883

Laki 1783

Vesuv 79 n. Chr.

Mount St. Helens 1980

Pelée 1902

Tristan da Cunha 1961

ABB. 1-4 Schematischer Vergleich der Mengen an vulkanischem Material, das bei verschiedenen, in diesem Buch behandelten Ausbrüchen ausgeworfen wurde.

Eruptionen mit niedrigem VEI sind wesentlich häufiger als solche mit sehr hohem. Ausbrüche mit einem VEI zwischen 0 und 3 können alle paar Jahre einmal irgendwo auf der Erde stattfinden, wohingegen mit Eruptionen mit einem VEI von 6 oder mehr nur alle paar tausend Jahre zu rechnen ist.

Das Volumen, das bei einem einzigen Vulkanausbruch ausgestoßen wird, kann erschreckend groß sein. Die riesige Wolke des Mount St. Helens im US-Bundesstaat Washington wurde auf vielen Bildern gezeigt. Aber so eindrucksvoll sie auch war, im Vergleich zu wirklich großen Eruptionen der Vergangenheit war sie ein zartes Wölkchen. 1883 spie der Krakatau ungefähr achtmal soviel Material aus wie der Mt. St. Helens, und der Ausbruch des Tambora von 1815 warf wenigstens dreißigmal soviel aus. Und vom Toba nimmt man an, daß er tausendmal soviel Material ausspie wie der Mt. St. Helens (siehe Abbildung 1-4).

Die Zerstörungskraft

Die Schäden, die Vulkanausbrüchen folgen, haben keineswegs nur die Gasemissionen, Lavaströme, pyroklastische Ströme und Asche als Ursachen. Vulkane sind als unruhig bekannt. Viele von ihnen erheben sich mehrere Tausend Meter über das sie umgebende niedrigere Land, und infolge ihrer steilen Flanken können schon einfache Erdbeben beträchtliche Erdrutsche zur Folge haben. Viele große Vulkane sind so hoch, daß warme und feuchte Luft, die an ihren Flanken hinaufstreicht, um den Gipfel Wolken ausbildet. Folglich gibt es in ihrer Nähe häufig Regen- oder, wenn sie hoch genug sind, Schneestürme. Die Böden auf solchen Bergen, von Feuchtigkeit durchtränkt, wie auch der festgebackene Schnee und das Gletschereis, lockern sich leicht und verursachen Erdrutsche oder Geröllawinen. Beide werden oft von Erdbeben ausgelöst, die einer Eruption folgen. Wenn solche lockeren Böden abrutschen, können sie auf ihrem Weg den Berg hinab zu Geröllawinen anschwellen, die große Entfernungen mit hoher Geschwindigkeit zurücklegen und unterwegs alles in ihrem Weg niederwalzen.

Außerdem sammeln viele Vulkankrater große Mengen an Wasser an, sei es aus frischen Schneefällen, sei es aus geschmolzenem Eis oder Schnee. Zu Beginn einer Eruption, während heißes Magma zur Erdoberfläche aufsteigt, kann dieses Wasser siedendheiß werden. Das im Krater emporschwellende Magma drückt dieses Wasser hoch, und es kann kochendheiße Schutt- und Dreckströme auslösen, die sogar tödlich für den werden können, der ihnen irgendwie in den Weg gerät.

Größere Ausbrüche können den Verlauf der Witterung beeinflussen, und

31

zwar nicht nur örtlich umgrenzt, sondern in größeren Räumen oder sogar weltweit. Ausbrüche mit hohem VEI entlassen riesengroße Mengen von Staub und Schwefeldioxidgasen in die Atmosphäre. Die dunklen Staubpartikel absorbieren Sonnenlicht. Die Schwefelgasmoleküle reagieren mit dem Wasserdampf in der Atmosphäre und bilden kleine Tropfen, Aerosole, aus Schwefelsäure. Die hellfarbigen Aerosole reflektieren das Sonnenlicht. Auf diese Weise vermindern Ausbrüche die Menge an Sonnenwärme, welche die Erde erreicht, die Temperaturen an der Erdoberfläche sinken. Schleier von Vulkanstaub und Aerosole können jahrelang in der Erdatmosphäre bleiben und, von Winden in großen Höhen um den Globus gewirbelt, ernsthafte lang anhaltende Auswirkungen auf die globale Witterung ausüben. Weil die meisten Landmassen und auch die meisten Vulkane auf der nördlichen Hemisphäre sind, ist die nördliche Hälfte für derlei vulkanisch bedingte Wetterveränderungen besonders anfällig.

Die zerstörerische Gewalt von Vulkanen beschränkt sich nicht auf den Zeitraum des Ausbruchs. Selbst von erloschenen Vulkanen drohen Gefahren. Mit zunehmendem Alter werden diese Berge morscher, brüchiger. Bisweilen brechen ganze Abhänge ein, geschwächt von Einstürzen in ihrem Innern, und lösen eine Sturzflut von Erde von beträchtlicher Größe aus. Oder wenn die Flanke eines Vulkanberges ins Meer abrutscht, wie das auf den Inseln von Hawaii geschehen ist, kann es riesige Sturmwellen auslösen, sog. *tsunamis*. Solche Tsunamis können große Verwüstungen anrichten, wenn sie etwa eine Nachbarinsel erreichen oder aufs Festland treffen, das weit entfernt liegen kann.

Dieses Buch behandelt neun Vulkanausbrüche, die in ihrer zerstörerischen Kraft und ihren Auswirkungen auf die Menschheit ganz unterschiedlich waren, im guten wie im bösen. Ihre Ausmaße rangierten von »örtlich begrenzt« bis zu »global«. In jedem Kapitel werden die geologischen Umstände des Ereignisses und die unmittelbaren Folgen beschrieben. Dann gehen wir auf die wichtigen längerfristigen Aspekte jeder Eruption besonders ein – jene Nachwehen, die einzelne Leben, ganze Gesellschaften und sogar Kulturen im tiefsten Innern verändert haben.

DAS DATIEREN VON VULKANAUSBRÜCHEN

Wenn man Vulkanausbrüche in Beziehung setzen will zum menschlichen Leben, dann muß man sie unbedingt im zeitlichen Rahmen richtig einordnen. Die meisten vulkanischen Ereignisse der Menschheitsgeschichte wurden ziemlich genau festgelegt. Das genaue Datum früherer

Eruptionen ist weniger gut gesichert, sie werden mit wissenschaftlichen Methoden bestimmt, die noch immer nicht als völlig zuverlässig angesehen werden. So können zum Beispiel Vulkanausbrüche, die zu einer Änderung der Witterung führten, auf diesem Umweg das Wachstum von Bäumen beeinträchtigen, und folglich kann die Stärke der Jahresringe – vermittels der Dendrochronologie – Aufschluß geben über veränderte Witterung, die möglicherweise von vulkanischer Aktivität ausging. Oder die Schwefelsäureaerosole, die sich nach größeren Eruptionen in der Atmosphäre bildeten, sie gehen im Lauf der Zeit auf die Erde nieder und hinterlassen in vergletscherten Regionen Spuren von Säure in den Eisschichten, die man gleichfalls datieren kann. Auf diese Weise haben Eiskernbohrungen in Grönland und in der Antarktis Nachweise von Vulkantätigkeit gebracht.

Obgleich die Jahresringe von Bäumen und die säurehaltigen Schichten von Eiskernen Hinweise geben auf bestimmte Zeiträume, kann man sie doch nicht immer ganz bestimmten Ausbrüchen zuordnen. Aber wenn geschmolzene Lava abkühlt und erstarrt, dann behalten oftmals ihre Mineralienanteile, von denen einige eisenhaltig sind, eine magnetische Orientierung bei, die parallel steht zum Magnetfeld der Erde, wie es zu dieser Zeit bestand, als die Lava schmolz. Dieses als Paläomagnetismus bezeichnete Phänomen kann man verwenden, um die magnetische Orientierung erstarrter Lava in Beziehung zu setzen zu verschiedenen bekannten Richtungen des Magnetfelds der Erde in der Vergangenheit. Auf diese Weise kann man durch paläomagnetische Untersuchungen den ungefähren Zeitraum einer bestimmten Eruption angeben.

Eine weitere weitverbreitete Datierungsmethode besteht darin, die Menge an Radioaktivität zu messen, die von den Isotopen bestimmter chemischer Elemente abgegeben wird. Die geläufigste Form solcher radiometrischen Messungen wird am Kohlenstoff vorgenommen, indem man in einem Sample die organische Substanz mißt und die Menge von C^{14} in Beziehung setzt zur Menge von C^{12}, der häufigsten Isotope. Kosmische Strahlen, die in die Erdatmosphäre eindringen, reagieren mit Gasen der Atmosphäre und eine der Reaktionen spaltet Stickstoff (N) in C^{14} und Sauerstoff (H). C^{14} ist radioaktiv, seine Halbwertszeit beträgt etwa 5730 Jahre. Sowohl C^{14} als auch C^{12} reagieren in der Atmosphäre mit Sauerstoff, es bildet sich dann Kohlendioxid, das schließlich von lebenden Pflanzen aufgenommen wird. Wenn zum Beispiel ein Baum abstirbt oder abgeholzt wird – oder bei einem Vulkanausbruch umkommt –, dann hört er auf, Kohlendioxid zu verbrauchen, und die Menge an C^{14}, die er enthielt, beginnt infolge von radioaktivem Verfall abzunehmen. Aus diesem Grund liefert uns der Anteil von C^{14} oder C^{12} in einem Stück von diesem Baum, das vielleicht in einem Haus Verwendung fand, oder seiner Asche, sofern er verbrannte, einen Hinweis darauf, vor wie langer Zeit dieser Baum abstarb. Je niedriger die Ratio, desto früher fand der Ausbruch statt, der den Tod des Baums zur Folge hatte.

Die C^{14}-Datierungsmethode setzt stillschweigend voraus, daß die Geschwindigkeit, mit der sich Isotopen in der Atmosphäre bilden, in den letzten Jahrtausenden gleichgeblieben ist. Obwohl wir wissen, daß dies nicht ganz zutrifft, wird diese Methode doch als zuverlässig eingestuft, zumal man Korrekturen anbringen kann. Andere, selbst noch zuverlässigere Methoden ziehen die relativen Proportionen verschiedener Isotope von Argon oder von Argon und Kalium, die in den Mineralien von Vulkangestein enthalten sind, bei ihren Untersuchungen mit in Betracht. Die sogenannten Argon-Argon- und Kalium-Argon-Datierungsmethoden bieten eine große Genauigkeit und sind dann besonders nützlich, wenn man es mit noch viel älteren Daten zu tun hat, die mit C^{14} nicht mehr zu bekommen sind. Neuere, weniger verbreitete Datierungsmethoden werden auch für das Datieren von Vulkangestein verwendet.

Schichten aus vulkanischen Aschen in Sedimentablagerungen können auch geologisch datiert werden, wenn man das Alter der Ablagerungen kennt, wie es beim Identifizieren von Fossilien mit bekanntem Alter gemacht wird, oder wenn man weiß, mit welcher Geschwindigkeit die darüberliegenden Sedimente angelagert wurden. Man kann diese Methode auch verwenden, um den Ursprung von Asche zu bestimmen, indem man ihre chemische Zusammensetzung mit der Asche aus einem bekannten Vulkan vergleicht.

Die Bronzezeitliche Eruption des Thera

2

Zerstörte er Atlantis und das Minoische Kreta?

> »Es gab eine Zeit, da war der Mittelmeerraum der Mittelpunkt der europäischen, der ägyptischen und der altorientalischen Zivilisationen. Damals fand ein Vulkanausbruch statt, dem an Stärke, in der Erinnerung der Menschheit, vielleicht nirgendwo auf Erden je ein anderer gleichkam.«

DOROTHY B. VITALIANO, LEGENDS OF THE EARTH

EINE KLEINE INSELGRUPPE, bekannt unter dem Namen Santorin, liegt im östlichen Mittlmeer, ungefähr 110 Kilometer nördlich von Kreta. Der Archipel hat etwa die Form einer Ellipse und mißt 13 mal 18 Kilometer. Zu ihm gehören zwei größere Inseln, Thera und Therasia, und drei kleinere: Aspronisi, Nea Kameni und Palaea Kameni (siehe Abbildung 2-1). Venezianer gaben in der fernen Vergangenheit Santorin zu Ehren der hl. Irene diesen Namen.

Anders als die meisten anderen griechischen Inseln aus weißem Kalkstein und Marmor, die in so großer Zahl über die Ägäis verstreut sind, zeigen die Inseln von Santorin ein dunkles, dräuerndes Antlitz. Es sind die Überreste eines großen Vulkans, der seine letzte größere Eruption vor mehr als 3500 Jahren hatte, in der späten Bronzezeit. Diese Ausbrüche hinterließen eine riesige kesselförmige Senke oder Caldera, die wiederum auf anderen Calderen ruht, die bei noch früheren Ausbrüchen entstanden waren. Thera, Therasia und Aspronisi bilden einen Teil des oberen Kraterrandes, der den Meeresspiegel überragt. Zwischen diesen Inseln füllt das Meer eine tiefe, elliptische Caldera aus, die etwa sechs mal elf Kilometer mißt. Ihre größte Tiefe reicht bis auf mehr als 300 Meter hinab, und ihre Seiten – die Wände der Caldera – ragen in abweisenden Steilwänden von mehr als 400 Metern in die Höhe.

Innerhalb der Caldera bilden die kleinen Inseln Palaea Kameni (d. h. die

ABB. 2-1 Schräge Aufsicht aus der Luft auf die Vulkaninsel Thera (nach einer Zeichnung von Charles Lyell), sie zeigt die überflutete Caldera und den Ausbruch einer Insel Kameni im Jahr 1866. Aus Hull, Volcanoes, S. 79.

alte verbrannte Insel) und Nea Kameni (die neue verbrannte Insel), die von Vulkanausbrüchen der Bronzezeit gebildet wurden, einen neu im Entstehen begriffenen Vulkan.

Thera, benannt nach einem frühen griechischen Eroberer namens Theras, ist die größte dieser Inseln. Wir verwenden diesen griechischen Namen auch für den alten Vulkan, dessen bronzezeitliche Eruption bestimmt zu den verheerendsten Naturkatastrophen in der Geschichte der Menschheit zählt. Riesige Mengen von Vulkanschutt wurden damals in die Atmosphäre geschleudert. Viel davon kam auf Thera herab und hinterließ eine bis zu 60 Meter dicke Schicht aus Asche und Bimsstein. Die feineren Ascheteilchen wurden durch Winde in großer Höhe bis nach Kreta, Kleinasien und in den Nordosten Afrikas getragen. Es ist anzunehmen, daß Erdbeben, welche dieser Eruption vorausgingen und vielleicht auch an ihrem Anfang standen, den menschlichen Wohnstätten im gesamten östlichen Mittelmeerraum großen Schaden zufügten.

Außerdem sind die meisten Geologen der Meinung, daß damals, als diese Caldera sich bildete, Meerwasser in diese Senke strömte und Tsunamis verursachte, die sich in alle Himmelsrichtungen ausbreiteten. Wahrscheinlich verwüsteten sie die Küste vieler Inseln in der Ägäis, zwischen dem heutigen Griechenland und der Türkei, und überfluteten Siedlungen an der Küste, und zwar sowohl auf dem Festland als auch auf Kreta.

––––––––

Der Archipel Santorin und die Nachbarinsel Anáfi bilden den südlichsten Rand der Kykladen, die diesen Namen tragen, weil sie fast einen Kreis bilden. In der frühen Bronzezeit kannten die Griechen Santorin unter dem Namen Stronghyle, »die runde« – zweifellos eine Anspielung auf die runde Gestalt. Die bronzezeitlichen Siedlungen auf Thera entwickelten sich aus steinzeitlichen Vorgängern, die an der Küste der Ägäis in den fruchtbaren Flußbetten der heutigen Türkei blühten und auch in Teilen Griechenlands auf dem Festland. Wir wissen, daß die Insel in der Bronzezeit von Menschen besiedelt war, weil auf Thera und Therasia unter der Asche und dem Bimsstein Überreste von Mauern und Häusern gefunden wurden. Tonscherben aus diesen Ruinen zeigen, daß die Zivilisation der Bronzezeit minoisch geprägt war, also aus Kreta stammte. Auf der großen Insel Kreta entstand in der Bronzezeit eine einzigartige und mächtige Zivilisation, die man als minoisch bezeichnet, nach einem König Minos der griechischen Mythologie.

Die alte minoische Kultur hat eine Schrift hervorgebracht, die heute als Linear A bekannt ist; Beispiele dieser Schrift wurden auf Kreta ausgegraben; aber bislang ist es niemandem gelungen, diese Schrift zu entziffern. Die Griechen hatten noch keine eigene Schrift, als der Thera ausbrach. Aus diesem Grund gibt es von einem der größten geologischen Unglücksfälle, der die Menschheit je befiel, keine historischen Aufzeichnungen, sondern nur Sagen, die jedoch im Lauf der Zeit weitergesponnen wurden und bestimmt vage Erinnerungen an diese Katastrophe mit einschließen.

Die alten griechischen Sagen von König Minos, Theseus und dem Minotarus, der Überschwemmung des Deucalion und sogar einzelne Geschichten der Reise der Argonauten, sie alle könnten aus alten Erinnerungen an diesen Ausbruch des Thera herrühren. Die berühmteste dieser alten Sagen – die Geschichte von dem »untergegangenen Kontinent« Atlantis – könnte aus einer Vermischung von Reminiszenzen an die Zerstörung von Santorin (Thera) und der Entvölkerung der Nachbarinsel Kreta stammen, welche dem griechischen Historiker Herodot zufolge lange vor dem Trojanischen Krieg (um 1200 v. Chr.) geschah. Einige Fachleute meinen, daß die Geschichten in der Bibel von den Plagen, die Ägypten befielen, gleichfalls von diesen Ereignissen berichten könnten, nämlich von Auswirkungen dieser bronzezeitlichen Eruption. Jede dieser Sagen und Legenden wird unten ausführlich erörtert.

———

Thera ist einer der Vulkane in einer ringförmigen Kette von Vulkanen, die den Hellenischen Vulkanbogen bilden (Abbildung 2-2), zu dem auch die Insel Likades bei Euböa und Methan in der Ägäis bei Athen gehören, ferner die ägäischen Inseln Milos und Santorin und Nyseros, eine der Inseln der Südlichen Sporaden nahe der türkischen Küste. Im Vergleich mit anderen Vulkanen, etwa denen im Feuerring im Pazifischen Ozean, sind die Vulkane von Griechenland klein und weit voneinander entfernt. In ihrem Ursprung ähneln sie jedoch dem der Pazifikinseln, denn auch sie wurden von den Kollisionen zwischen den Platten in der Lithosphäre – also der Erdkruste und den oberen Teilen des Mantels – erzeugt.

Die Afrikanische Platte treibt nach Osten und dreht sich gleichzeitig gegen den Uhrzeigersinn. Das nordöstliche Afrika dreht sich also nordwärts und reibt sich dabei an der Eurasischen Platte. Ein Teil der Afrikanischen Platte wird unter der Ägäis subduziert (siehe Abbildung 2-2). Das tektonische Geschehen in der Ägäis wird durch die Bewegung der viel kleineren Arabischen Platte noch komplizierter, diese schiebt sich nämlich nordwärts voran und zwingt die Anatolische Mikroplatte (Türkei) nach Westen, also auf Griechenland zu. Die Bewegung Afrikas nach Nordosten und der Druck Anatoliens gen Westen bedrängen die Lithosphäre unterhalb der Ägäis und lassen sie wie einen »Geotumor« anschwellen, was wiederum die Kykladen etwas anhebt.

Der Zusammenstoß von Platten in der breiten Kollisionszone zwischen Afrika und Eurasien hat eine der tektonisch aktivsten Regionen hervorgebracht. Bis zu 5 Prozent der gesamten Energie, die weltweit durch Erdbeben freigesetzt wird, kommen aus diesem relativ kleinen Teil der Lithosphäre.

Die Subduktion der Afrikanischen Platte hat Vulkanismus zur Folge. In einer Tiefe von ungefähr 150 Kilometern wird die Asthenosphäre – das ist der dehnbare, plastische Teil des Mantels unterhalb der Lithosphäre – in Teilen aufgeschmolzen. Magmablasen steigen in den unteren Teil der Kruste empor, dringen in Verwerfungen ein, die vom Aufbäumen und Auseinanderziehen der ägäischen Lithosphäre entstanden sind, und ließen auf diese Weise die Vulkane des Hellenischen Bogens entstehen.

Thera liegt in einer Region, wo die eine Verwerfung endet und eine andere beginnt (siehe Abbildung 2-3). Eine davon, die Kameni- Verwerfung, erstreckt sich von der Vulkaninsel Christiana, 18 Kilometer südwestlich von Thera, zu den Kameni-Inseln in der Mitte der Caldera von Thera. Die

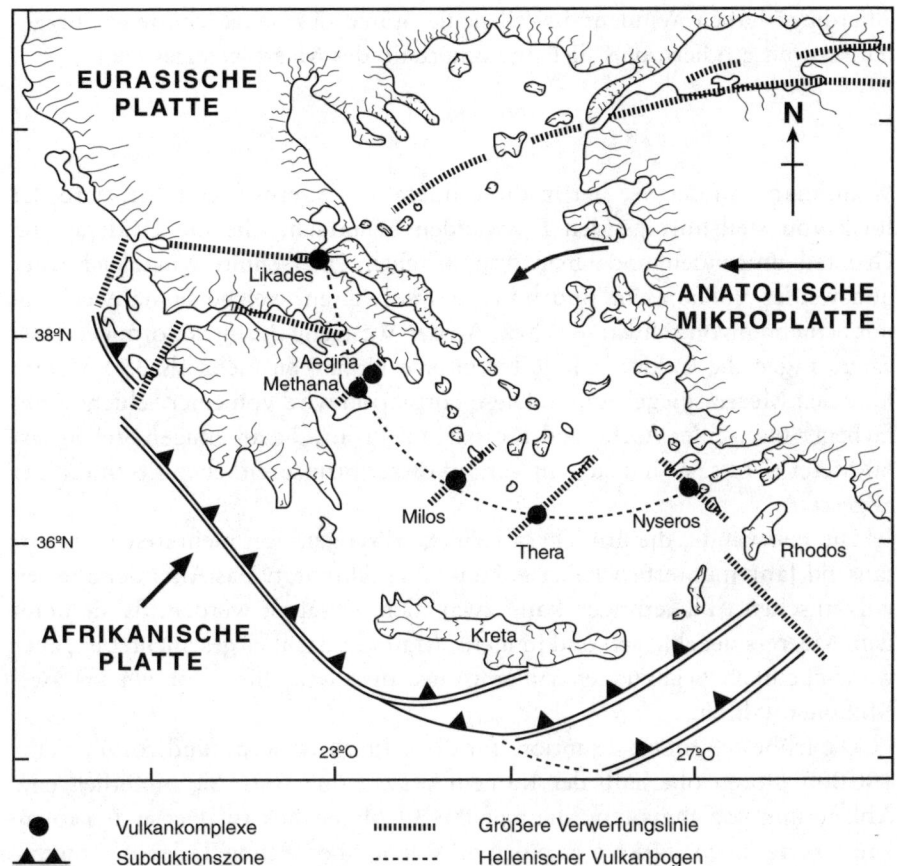

ABB. 2-2 Tektonischer Aufriß des Hellenischen Vulkanbogens und der Insel Thera. Zu sehen sind die Grenzen, wo die Afrikanische Platte unter die Anatolische Mikroplatte hinabgleitet, was auch die ägäische Region mit einschließt.

andere, die Megalo-Vouno-Verwerfung, benannt nach einer Stadt an der Nordküste von Thera, strahlt von Thera nach Nordosten zum untergegangenen Vulkan von Kolumbo, ungefähr 10 Kilometer von Thera entfernt, und von dort verläuft sie weiter entlang der Südostküste der Insel Amorgos. Wann der Vulkan auf Christiana zuletzt ausbrach, ist nicht bekannt, denn diese Insel ist in Privatbesitz, und wenige Geologen hatten bisher dort Zugang. Der Kolumbo brach zuletzt 1650 n. Chr. aus. Die Emission von Lavaströmen wurde damals von heftigen Explosionen unter dem Meeresspiegel begleitet, und die Auswurfstoffe genügten, um eine kleine Insel zu bilden.

Allerdings haben Wind und Wellen die Spitze des neugeschaffenen Berges bald soweit erodiert, daß sie heute unterhalb des Meeresspiegels liegt.

———

Wenn man von der See her in die Caldera von Santorin einfährt, wird der Blick von steil aufragenden Felswänden beherrscht, die die Caldera zum Großteil umrunden und einen dramatischen Querschnitt von bleich-roter und weißer Vulkanasche und Bimsstein aufweisen, welche sich abwechseln mit Schichten von schwarzer Lava. An der Westseite der sichelförmigen Insel Thera ragen die Calderawände bis in eine Höhe von mehr als 350 Metern über den Meeresspiegel empor. Diese Formation wird von einer Schicht pink-farbener bis weißer Asche und Bimsstein gekrönt, die an einigen Stellen fast 60 Meter tief ist, sie hat sich im Verlauf dieser bronzezeitlichen Eruption hier abgesetzt.

Die Felswände, die auf Thera freiliegen, zeugen von mehreren Hundert-tausend Jahren unterbrochener vulkanischer Aktivität. Das Alter der ältesten vulkanischen Ablagerungen kann zwar nicht ermittelt werden, da sie unter dem Meeresspiegel liegen und jüngeres Material darüber geschichtet ist, aber wahrscheinlich begann der Vulkanismus auf dieser Insel vor ein bis zwei Millionen Jahren.

Die früheste größere Eruption, für die Daten vorliegen, fand vor ungefähr 100 000 Jahren oberhalb der Kameni-Verwerfung statt. Sie hinterließ eine Ablagerung von Bimsstein, die beinahe 30 Meter dick ist. Der ersten folgte eine zweite, noch stärkere Explosion, welche über weiten Teilen des zentra-len und des südlichen Thera eine Bimssteinablagerung von fast 60 Metern Stärke zurückließ. Danach brach ein Teil des Vulkans ein und hinterließ im südlich-zentralen Teil der Insel eine tiefe Caldera (siehe Abbildung 2-3). Eine weitere größere Eruption geschah in derselben Gegend vor ungefähr 80 000 Jahren. Obwohl die vulkanischen Auswurfstoffe von späteren Eruptionen die südliche Caldera zum Teil wieder auffüllten, ist diese doch mehr als 250 Meter tief.

Das Zentrum der vulkanischen Tätigkeit verschob sich dann nach Nor-den, und vor ungefähr 54 000 Jahren hinterließ ein Ausbruch oberhalb der Megalo-Vouno-Verwerfung eine Schicht von Gesteinsschlacken, die an eini-gen Stellen fast 20 Meter dick ist. Vor etwa 37 000 Jahren (also um 35 000 v. Chr.) produzierte eine weitere, noch viel größere Eruption eine etwa 70 Meter dicke Gesteinsschlackenschicht. Infolge dieser Ereignisse bildete sich im nördlich-zentralen Teil des heutigen Archipels Santorin eine neue Senke. Um 16 000 v. Chr. vertiefte sich diese Senke durch eine Eruption, die mehr als

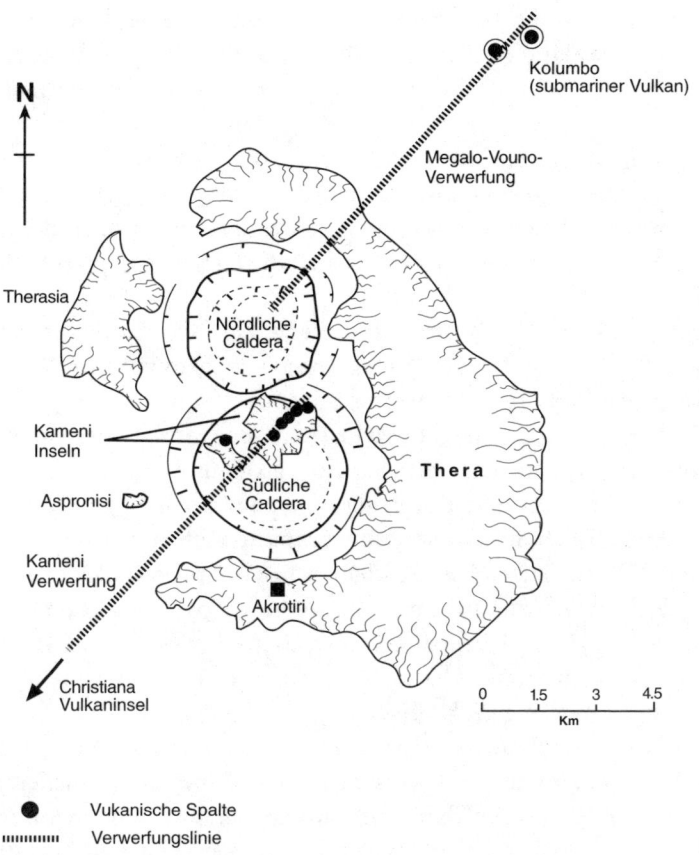

N

Kolumbo
(submariner Vulkan)

Megalo-Vouno-
Verwerfung

Therasia

Nördliche
Caldera

Kameni
Inseln

Thera

Aspronisi

Südliche
Caldera

Kameni
Verwerfung

Akrotiri

0   1.5   3   4.5
Km

Christiana
Vulkaninsel

● Vukanische Spalte
⫶⫶⫶⫶⫶⫶ Verwerfungslinie

ABB. 2-3 Diagramm des Santorin-Archipels. Er zeigt Thera in seiner heutigen Gestalt und das mögliche Ausmaß der Calderen. An der nördlichen Caldera soll der bronzezeitliche Ausbruch stattgefunden haben. Die Kameni-Inseln erhoben sich erstmals im 2. Jahrhundert v. Chr. aus dem Meer, sie sind weiterhin vulkanisch aktiv. Zu sehen ist auch die Kameni- und die Megalo-Vouno-Verwerfung, die dem aufsteigenden Magma Durchtrittsporten öffneten.

40 Meter von pyroklastischen Ablagerungen auf den Inseln zurückließ. In den folgenden 1400 Jahren beschränkte sich die Vulkantätigkeit darauf, in der Kameni-Verwerfung einige weitere Blasen von Magma ansteigen zu lassen und einige weitere Vulkane hervorzubringen, ungefähr dort, wo heute die Kameni-Inseln liegen.

Bis zur Bronzezeit gab es dann keine größeren Ausbrüche mehr. Die ersten Siedler ließen sich auf Thera irgendwann im 5. oder 4. Jahrtausend

v. Chr. nieder. Sie fanden einen Archipel vor, der zwischen Kreta und dem griechischen Festland strategisch günstig gelegen war und der eigentlich zwei große Buchten umfaßte, die aus untergegangenen Calderen entstanden waren. Es gab nur wenige Inseln in den Kykladen, die so gut geschützte natürliche Häfen besaßen. Die roten und schwarzen Gesteine auf Thera und seine dampfend-heißen Quellen bildeten einen gewaltigen Gegensatz zu den anderen griechischen Inseln mit ihren weißen Kalksteinfelsen. In dieser von Vulkanen gebildeten Umgebung müssen sich die ersten Siedler nahe den Göttern gefühlt haben.

Dann geschah in der Bronzezeit dieser Ausbruch, der den Archipel Santorin schuf, wie wir ihn heute kennen. Diese Eruption vollzog sich in vier Phasen, das beweisen die aufeinanderfolgenden vulkanischen Ablagerungen. Während der ersten Explosion wurden Asche und Bimsstein hoch in die Atmosphäre geschleudert, sie fielen zum größten Teil zurück auf Thera und das umgebende Meer. Diese Ablagerungen auf der heutigen Insel Thera sind bis zu 6 Meter hoch, und diese Schicht nimmt nach Südwesten hin ab, bis auf nur noch 25 Zentimeter auf der kleinen Insel Aspronisi. Als diese Eruptionssäule wieder in sich zuammenbrach, sandte sie pyroklastische Ströme – also Wolken von außerordentlich heißen Gasen und zerborstenem Material – hoch empor in die Landschaft. Schon diese erste Phase machte Thera, zusammen mit den früheren Erdbeben, unbewohnbar.

Archäologische Funde aus Kreta machen glauben, daß auf die erste vulkanische Phase ein Zeitraum von relativer Ruhe folgte, der vielleicht zwanzig Jahre dauerte. Anzeichen dafür, daß einige Gebäude auf Thera ausgebessert wurden, deuten an, daß die Bewohner in diesem Zeitraum auf die Insel zurückkehrten – und dann entweder wieder abzogen oder in der dann folgenden Vulkantätigkeit getötet wurden.

Die zweite vulkanische Phase zeichnete sich vor allem durch Wasserdampferuptionen aus. Meerwasser drang an den Verwerfungslinien in das Gedärm des Kraters ein, und wo es im Vulkanschlot auf heiße Magma stieß, zischte es in gewaltigen Explosionen aus Dampf und Asche in die Höhe. Auf diese Eruptionen folgten rasch fließende Schlammströme, die Ablagerungen von bis zu 12 Metern Dicke hinterließen.

Auf diese zweite Phase folgte bald eine dritte, noch verheerendere, ausgelöst wahrscheinlich davon, daß Meerwasser in den oberen Teil der Magmakammer eindrang. Die darauf folgenden Detonationen müssen so laut gewesen sein, daß sie im gesamten Südeuropa, in Nordafrika und im Mittleren Osten zu hören waren. Fraglos versprühten sie so große Mengen an vulkanischem Staub und Aerosolen in die Atmosphäre, daß das Sonnenlicht in weiten Teilen des östlichen Mittelmeerraumes ein paar Tage lang gedämpft war.

Diese Annahme stützt sich auf einen Vergleich mit der Eruption des Krakatau von 1883. Diese Explosion, mit einem geschätzten VEI von 6 wurde noch in einer Entfernung von 4600 Kilometern vernommen, und die Dunkelheit hielt in dieser Region drei Tage an. Der VEI des Thera soll fast die Größe 7 erreicht haben.

In der vierten Phase der Eruptionen goß der Vulkan mehr pyroklastische Ströme heraus, die dicke Schichten von Asche, Bimsstein und Felsfragmenten auf dem Land wie auch auf dem Meer ringsumher zurückließen.

Wie groß war bei dieser bronzezeitlichen Eruption der Auswurf? Schätzungen belaufen sich auf 30 bis 60 Kubikkilometer. Dies bezeichnet das gesamte Material von vulkanischem Auswurf, das von der Caldera ausgestoßen wurde, das auch Auswurfstoffe aus früheren Eruptionen beinhaltet und neueres Material, das frisch aus der Magmakammer aus der Tiefe stammte. Wenn man bedenkt, daß frühere Explosionen das Zentrum von Thera noch tiefer ausgehöhlt haben könnten, erscheint die kleinere Schätzung als die glaubwürdigere.

Diese Detonationen in der Bronzezeit waren auf alle Fälle gewaltig. Eine riesige Wolke von Vulkanschutt wurde bis zu 35 Kilometer hoch emporgestoßen und nach Osten und Südosten geblasen. Ein Ascheteppich, bis zu 10 Zentimeter stark, ging im Osten Kretas nieder. In einem Bohrloch von einem See im Südwesten der Türkei, 320 Kilometer nordöstlich von Thera, fand man eine Schicht von Asche aus Thera, die fast 13 Zentimeter dick war. Da diese Schicht durch darüberliegende Ablagerungen zusammengepreßt wurde, könnte sie ursprünglich doppelt so dick gewesen sein. Auf der Insel Rhodos, 210 Kilometer östlich von Thera, wurde eine Schicht von Vulkanasche von 10 bis fast 30 Zentimetern Stärke gefunden, und diese unterschiedlichen Ausmaße stammen zweifellos von der Erosion der Asche aus höheren Lagen und der Anhäufung in tiefergelegenen. Die ursprüngliche Stärke ist heute unbekannt, wahrscheinlich betrug sie aber wenigstens 30 Zentimeter. Bei Bohrungen in den Ablagerungen im Nildelta zeigte sich gleichfalls eine Schicht, in der Teile von vulkanischem Glas aus Thera anzutreffen waren, ein Beweis dafür, daß die Aschewolke selbst Unterägypten erreichte.

Das genaue Datum dieses Ausbruchs auf Thera der Bronzezeit ist noch umstritten, teils wegen der Ungewißheiten beim Datieren alten Fundmaterials durch die Verwendung der Radiometrie, in diesem Fall von einem radioaktiven Isotop von Kohlenstoff, bekannt als die Karbon-14-Methode. Es wurde oft angezweifelt, ob Karbon-14 dafür verwendet werden kann, da vorläufig noch zu wenig bekannt ist, wie unterschiedlich die Mengen dieser Isotope in der Atmosphäre im Lauf der Zeit waren. Außerdem könnten Fragmente aus verbranntem Holz, das ist die häufigsten Quelle von Karbon-14-haltigem Material auf Thera, durch ihre kohlenstoffenthaltenden Gase, die von pyroklastischen Ablagerungen stammen, die Meßergebnisse verfälschen. Auf dem Dritten Intenationalen Kongreß, der im September 1989 auf Santorin abgehalten wurde und sich mit Thera und der Ägäischen Welt beschäftigte, wurde jedoch Beweismaterial vorgelegt, das es uns erlaubt, das Radiokarbon zeitlich einzugrenzen.

Materialuntersuchungen aus 94 Proben, die von fünf verschiedenen Laboratorien vorgenommen wurden, führten zu dem Schluß, daß die höchste Wahrscheinlichkeit für den Ausbruch im 17. Jahrhundert v. Chr. liegt, genauer: zwischen 1690 und 1620 v. Chr.[1]

Im Verlauf dieses Zeitraums soll eine Periode intensiver vulkanischer Tätigkeit eine globale Abkühlung verursacht haben. Bei Vulkanausbrüchen werden sehr kleine Tropfen von Schwefelsäure ausgestoßen, die in der Atmosphäre Aerosole bilden. Solche Schleier von Aerosoltropfen strahlen das Sonnenlicht, und folglich auch die Sonnenwärme, zurück. Eiskern-Bohrungen aus den jährlich sich ablagernden Schichten im grönländischen Eis deuten darauf hin, daß um 1645 v. Chr. eine hohe Verschmutzung der Atmosphäre an Schwefelsäure durch vulkanische Aerosole vorhanden war. Nachweisbare Frostschäden und Beweise für schlechtes Wachstum der Baumringe in den Nadelbäumen (bristlecone-pines) in Kalifornien und aus Eichenholz in den irischen Torfgruben deuten für den Zeitraum zwischen 1630 und 1620 v. Chr. eine abnorme Abkühlung an. Genau bestimmbare Baumringe aus alten Holzstämmen, die man in der Türkei und in Schweden fand, geben noch genauere Daten an, nämlich die Jahre 1637 und 1628 v. Chr.

Außerdem gab es in China, ungefähr zur gleichen Zeit, während der Herrschaft von Kaiser Chieh, gelbe Nebel, die höchstwahrscheinlich von schwefelsäurehaltigen Aerosolen stammten und das Sonnenlicht verdüsterten, das geht aus alten Aufzeichnungen hervor. Es war außergewöhnlich kalt damals, Frost im Juli. Ungewöhnlich hohe Niederschläge verursachten Überschwemmungen, denen Trockenzeiten und Hungersnöte folgten. All diese Erscheinungen passen gut zu dem Zeitpunkt, als der Thera seine große Eruption hatte, denn damals müssen Aschewolken und Aerosole über weite Teile Asiens niedergegangen sein.*

Viele Archäologen nahmen an, daß der Zerfall der minoischen Zivilisa-

---

* Ein Nachteil der Eiskernbohrungen und der Datierung nach Baumringen (Dendrochronologie) besteht darin, daß man sie nicht direkt mit dieser Eruption des Thera in Beziehung setzen kann, d. h. sie könnten auch mit einem anderen Vulkanausbruch in Zusammenhang stehen.

tion auf Kreta, den sie dem Ausbruch des Thera zuschreiben, bereits zweihundert Jahre früher geschah. Sie sahen zwischen den Stilformen der alten Tongefäße, die man auf Kreta und in Ägypten fand, und den historischen Daten von ägyptischen Hieroglyphen einen kausalen Zusammenhang. Archäologen haben nämlich zwischen Tonwaren aus der späten minoischen Zeit und der Herrschaft des Thutmosis III., des fünften Pharao der 18. Dynastie, von dem man glaubt, daß er so etwa zwischen 1504 und 1450 v. Chr. auf dem Thron saß, eine Verbindung herzustellen versucht. Ihre Annahme hing ab von der Genauigkeit und der richtigen Interpretation von altägyptischen Texten. Zuverlässiger wäre es allerdings, global korrelierbare naturwissenschaftliche Daten als Grundlagen herzunehmen, statt sich auf derlei unsichere Informationen zu verlassen. Eine weitere Ausarbeitung der Hochpräzisionskarbon-14-Datierung und genauere Informationen aus den dendrochonologischen Datierungen werden, zu gegebener Zeit, zweifellos eine genauere Datierung dieses wichtigen Ereignisses erlauben.

Der Vulkanismus auf Thera hörte nach der Eruption der Bronzezeit nicht auf. Die Inseln Palaea Kameni und Nea Kameni entstanden viel später in der Caldera von Thera (siehe Abbildung 2-1). Palaea Kameni tauchte im Jahr 197 v. Chr. oberhalb des Meeresspiegels auf. Dann gab es neuerliche Vulkantätigkeit 19 n. Chr., und im Jahr 726 n. Chr. wuchs ein neues Eiland aus den Tiefen der Caldera hervor. Eine weitere Insel, Micro Kameni (die kleine verbrannte Insel) entstand anno 1570. Zwischen 1707 und 1711 wuchs sie mit einer zweiten Insel zusammen, sie bildeten sodann Nea Kameni. Neues Land erhob sich, sank wieder ein und trat noch einmal hervor im Laufe weiterer Ausbrüche im späten 19. und frühen 20. Jahrhundert. Die Örtlichkeiten dieser Eruptionszentren deuten auf eine Reaktivierung der Kameni- Verwerfung hin, die es neuerem Magma erlaubte, durch diese Schwächezone aufzusteigen. Erdbeben erschütterten den Archipel während und nach solchen kleineren Ausbrüchen. Tausende von Menschen verließen Thera nach einem ganz besonders heftigen Beben 1956, als mehrere Dutzend Menschen getötet und etliche Gebäude schwer beschädigt wurden. Noch viel größere Unruhen müssen der Katastrophe der Bronzezeit gefolgt sein.

———

Heute können Schiffe in der Caldera von Thera nicht mehr vor Anker gehen, weil die Ankertaue nicht lang genug sind, um hier bis zum Grund zu reichen. Wenn Schiffe daher die größte Stadt der Insel, Phira, ansteuern, dann legen sie an Bojen an, die mit enorm langen Ketten verankert sind. Passagiere und Fracht werden dann in kleinen Booten an Land gebracht. Bis vor kurzem mußte man, um nach Phira zu gelangen, das mit seinen geweißten Bauwerken hoch oben auf dem Rand der Calderamauer steht, an die 350 Meter über dem Meer, zu Fuß oder auf dem Rücken eines Muli die mehr als 500 Treppenstufen auf einer Rampe im Zickzack hinaufsteigen. Neuerdings befördert jedoch eine Kabelbahn die Besucher in wenigen Minuten nach oben.

Der Blick von Phira nach Westen, über das blaue Wasser der Caldera auf Nea Kameni und Therasia zu, ist großartig. Gen Osten blickt man auf die sich sanft neigende Flanke des alten Vulkans, auf einen Berg, den man buchstäblich von innen her erstiegen hat. Zwischen der östlichen Küste und dem Rand der Caldera ist die Landschaft sehr angenehm, mit ihren grünen Weinbergen und Tomatenfeldern, mit Feldern mit Gerste und anderen mit Bohnen, dazwischen liegen verstreut einige Dörfer, zwischen denen sich Straßen hindurchziehen. Die Vulkanerde ist fruchtbar, und die Landwirtschaft gedeiht hier trotz des trockenen Klimas gut. Wenn es im Winter regnet, sammelt man das Wasser in Zisternen, und im Sommer bringen Schiffe Woche für Woche Frischwasser vom Festland hierher.

Thera wird sehr gern von Kreuzfahrten besucht, die durch das östliche Mittelmeer segeln. Neben dem Tourismus hat die Insel auch etwas Industrie, die Steinbrüche liefern Bimsstein und Vulkanasche. Der größte Steinbruch ist genau südlich von Phira, auf dem Gipfel der Felswand, auf dem die Ablagerungen von der bronzezeitlichen Eruption ungefähr 40 Meter dick sind. Die Aschen werden auf Schiffe geladen und zum griechischen Festland gebracht. Sie werden dort, in Athen, zu einem hochwertigen hydraulischen Zement verarbeitet, der sich unter Wasser setzt. Asche und Bimsstein aus Thera wurden auch beim Bau der Schleusen im Suezkanal verwendet, der 1869 eröffnet wurde.

Die Grundlage aus Bimsstein im Steinbruch von Phira ruht auf brauner, lehmiger Erde – sie bildete vor mehr als 3500 Jahren, in der Bronzezeit, als der Vulkan explodierte und die Insel begrub, die Oberfläche. Mauerumrisse sind noch immer zu sehen, wo an einigen Stellen der Bimsstein abgetragen wurde, und man hat Scherben von Tonwaren aus minoischer Zeit in der Erde eingebacken gefunden. Diese Tonscherben stützten, was der griechische Historiker Herodot schrieb, daß nämlich König Minos von Kreta die Kykladeninseln kolonisierte. Ein weiterer griechischer Historiker, Thukydides, hielt die Kolonisierung der Kykladen durch König Minos für den Beginn der griechischen Geschichte.

Thera scheint zu dieser Zeit ganz schön bevölkert gewesen zu sein. Man hat in der Asche und den Bimssteinbrüchen mehrere bronzezeitliche Siedlungen entdeckt. Die meisten von ihnen – ländliche Häuser mit ummauerten

Tierställen – wurden als Dörfer oder Bauernhöfe gedeutet. Die ersten archäologischen Ausgrabungen wurden auf Thera und Therasia am Ende des 19. Jahrhunderts vorgenommen. Sie zeigten, daß es auf den Inseln eine wohlhabende minoische Kolonie gegeben hat; aber diese Arbeiten wurden erst nach 1967 weiterverfolgt.

Genau in diesem Jahr grub ein griechischer Archäologe namens Spyridon Marinatos unweit der Stadt Akrotiri im südlichen Thera Ruinen aus der Bronzezeit aus und entdeckte dabei eine Stadt von beträchtlichen Ausmaßen, die vielleicht noch größer war als das italienische Pompeji. Die Ruinen des alten Akrotiri zeigen, wie die von Pompeji, gepflasterte Straßen und die Wände von Gebäuden, von denen einige vier Stockwerke hoch sind. Auf einigen Wänden kann man, wie in Pompeji, gut erhaltene Fresken und Gemälde bestaunen. Viele Artefakte, die im Stil weitgehend minoisch sind, weisen auf enge Handelsbeziehungen zum minoischen Kreta hin.

———

Auf Kreta begann die Bronzezeit vor etwa 5400 Jahren, als Handwerker damit begannen, Kupfer mit Zinn zu vermischen und daraus Werkzeuge und Waffen – aus Bronze – herzustellen. Die Kreter bezogen ihr Holz für den Schiffbau aus den damals weitläufigen Wäldern. Da sie ausgezeichnete Seeleute waren, trieben sie im gesamten östlichen Mittelmeer Handel und wurden bald die vorherrschende Wirtschaftsmacht in dieser Region. Sie erreichten es auch, die Vorherrschaft über die Kykladen und auch über die meisten anderen Inseln dieses Raumes herzustellen. Sie trieben mit Ägypten und Griechenland Handel und errichteten sogar Kolonien auf dem griechischen Festland. Das minoische Kreta war sogar, obschon anscheinend keineswegs eine aggressive Nation, mächtig genug, Athen zu unterwerfen und von den Griechen über viele Jahre Tributzahlungen zu erhalten. Das Ende dieser Erniedrigung Griechenlands wird Theseus zugeschrieben, dem sagenhaften Helden von Athen.

Ungefähr um das Jahr 2000 v. Chr. lebten die Könige von Kreta in raffiniert erbauten Palästen, hauptsächlich in der Osthälfte der Insel. Der größte dieser Paläste befand sich in Knossos, nahe dem heutigen Iráklion. Die Ruinen dieses Bauwerks wurden 1895 von dem britischen Archäologen Arthur Evans entdeckt. Da zwischen den Ruinen und den Beschreibungen in den griechischen Sagen gewisse Ähnlichkeiten bestanden, konnte Evans den Palast als die Wohnstätte des sagenhaften Königs Minos identifizieren, nach dem die minoische Kultur benannt ist.

Die minoische Kultur ging irgendwann in der späten Bronzezeit zu Ende.

Die Paläste im östlichen und zentralen Kreta wurden damals zerstört, die Landwirtschaft hörte auf, der Handel versiegte. Die Bevölkerung auf Kreta nahm ab, so hat Herodot berichtet. Menschen zogen von den Siedlungsschwerpunkten im Osten der Insel nach Westen, und viele von ihnen sollen nach Griechenland oder Nordafrika abgewandert sein. Es gibt keine schriftlichen Aufzeichnungen, die davon berichten, was damals geschah, aber dieser Exodus machte auch der minoischen Vorherrschaft im östlichen Mittelmeerraum ein Ende.

Spyridon Marinatos, der griechische Archäologe, war der erste, der die Hypothese wagte, der Verfall der minoischen Kultur stehe mit dem bronzezeitlichen Ausbruch des Thera in Beziehung. Er schrieb dies in einem Aufsatz im Jahr 1939 in der englischen Zeitschrift »Antiquity«, er gilt heute als Klassiker. Marinatos mutmaßte, Erdbeben hätten, zusammen mit der Eruption, die minoischen Siedlungsstätten im Inneren Kretas beschädigt, und daß Tsunamis, die beim Zusammenbruch der Caldera hervorgerufen wurden, die Örtlichkeiten an der Küste zerstört hätten, und zwar nicht nur in Kreta, sonden im östlichen Mittelmeerraum überhaupt. Um diese Hypothese zu stützen, wies er darauf hin, daß ähnliche Erscheinungen 1883 beim Ausbruch des Krakatau zu beobachten gewesen waren.

Erdbeben, die in Beziehung stehen zu Vulkanausbrüchen, haben im allgemeinen eher kleine Ausmaße, daher sind ihre Folgen auch nicht weitreichend. Um auf Kreta Zerstörungen anzurichten, hätten die Erdbeben, die Marinatos vor Augen schwebten, wirklich von größeren Ursachen ausgehen müssen – nicht von Vulkanismus, sondern von tektonischen Spannungen an den großen Grabenbrüchen. Die früheren Beben, also die, die vor der bronzezeitlichen Eruption stattfanden, berührten ganz Kreta. Der Schaden betraf offenbar vor allem den östlichen Teil der Insel, wo Archäologen die Ruinen vieler Paläste und weniger bedeutender Gebäude ausgruben. Nur der Palast von Knossos blieb stehen, wenngleich schwer mitgenommen.

Viele Kapazitäten stimmten Marinatos jedoch darin zu, daß der plötzliche Zusammenbruch der bronzezeitlichen Caldera von Thera vermutlich Tsunamis hervorgerufen habe. Diese könnten aber auch von den riesigen pyroklastischen Strömen verursacht worden sein, als diese in das Meer bei Thera eindrangen. In dem einen oder anderen Falle wären aber die Wellen rasch zu den Nachbarinseln und zu den Küsten des Festlandes vorgedrungen. Sie wären hoch genug gewesen, um an den Küsten Kretas und Griechenlands, und selbst im niedriggelegenen Delta des Nils in Ägypten, große Zerstörungen anzurichten und sich irgendwie bis weit hinein ins Binnenland auszuwirken.

Neuere Forschungen haben gezeigt, daß einige der bronzezeitlichen Tsunamis, die Kreta trafen, mehr als 9 Meter hoch waren.[2] Auch die Küsten der heutigen Türkei und des griechischen Festlands wurden von Wellen etwa dieser Größenordnung behämmert. Derartige Wellen haben schon Hafenanlagen zerstört und Schiffe jeder Größenordnung, die dort lagen, geradeso wie die Tsunamis, die der Ausbruch des Krakatau 1883 hervorrief, Häfen an den Küsten von West-Java und Ost-Sumatra zerstörten. Für die minoische Vorherrschaft, deren Macht auf ihrer Handelsflotte beruhte, hätten sich solche Verwüstungen als eine Katastrophe erwiesen. Selbst Schiffe auf hoher See, die von den unter ihnen vorbeistreichenden Wellen nicht beschädigt wurden, wären von den starken Winden hart getroffen worden und hätten in den riesigen Feldern von treibendem Bimsstein stranden können. In minoischer Zeit verwendete man als Schiffe mit Rudern ausgestattete Galeeren, und das Rudern durch solche mit Bimsstein übersäten Wasser wäre extrem schwer gefallen.

Nicht nur Aschen vom Ausbruch des Thera befielen den Osten Kretas, nein, auch Tsunumis erschütterten ihn. Bei archäologischen Bohrungen wurde festgestellt, daß die Aschen, die sich auf dem Meeresboden vor Kreta angesammelt hatten, so dick sind, daß man glaubt, eine Vulkanwolke sei nach Osten und Südosten getrieben worden und habe auf dem Osten Kretas wenigstens 10 Zentimeter Asche hinterlassen, in der Mitte der Insel wahrscheinlich weniger.

Wenn Regen lose Asche aus größeren Höhen auf Bauernhöfe hinabströmen und dadurch die Bewässerungssysteme verstopfte und die Erde sauer werden ließ, dann wird dies die Vegetation ernsthaft beeinträchtigt und die Feldfrüchte wohl zerstört haben. In der Landwirtschaft auf Kreta dürften infolge dieser Schäden mehrere Ernten ausgefallen sein, und die Folge davon dürften Hunger und Krankheit gewesen sein. Man kann fast sicher sagen, daß der Aschebefall der wichtigste Grund war für den Bevölkerungsrückgang im östlichen Kreta.

Ein weiterer Faktor, das Feuer, spielte bei der Zerstörung der Gebäude auf Kreta eine Rolle. Geschwärzte Steine und Ascheschichten sprechen eine deutliche Sprache, sie lassen keinen Zweifel, daß das Feuer tatsächlich durch alle Paläste zog. Aber die Ursache dieser Feuersbrünste bleibt unklar. Man hat zunächst angenommen, daß die Feuer vom Vulkan Thera ausgingen, aber diese Auffassung wurde inzwischen verworfen, weil Asche aus dieser Eruption, die über 110 Kilometer durch die Luft nach Kreta geblasen wurde, soweit abgekühlt wäre, daß sie kein Feuer mehr entflammen würde. Paläomagnetische Hinweise auf Tonwaren und Lehm aus Hauswänden und Fußböden, die im Verlauf dieser Brände zerstört wurden, zeigen jedoch, daß das Feuer zur selben Zeit gelodert haben muß.

In der Vergangenheit dachte man, daß diese Feuersbrunst ausbrach, als Erdbeben, die den Vulkanausbruch begleiteten, die mit Olivenöl gefüllten Lampen umstürzten, und daß man die Lampen angezündet hatte, weil es infolge der Aschewolken dunkel geworden war. Die Flammen würden dann nach einer Weile Lagerräume erreicht haben, wo Ölvorräte in großen irdenen Krügen lagerten, die aber wahrscheinlich inzwischen zerbrochen – oder als Folge des Bebens umgestürzt – waren, so daß ein großer allgemeiner Brand entstand. Heute denkt man eher, daß die größeren Erdbeben der Eruption vorausgingen, so daß man nach einer anderen Erklärung suchen muß.

Der Ausbruch des Krakatau rief 1883 atmosphärische Perkussionswellen hervor, die man auch Schockwellen nennt; sie zerbrachen Fensterscheiben und verursachten in Wänden Risse noch in einer Entfernung von 150 Kilometern. Die Entfernung zwischen Thera nach Kreta ist bedeutend geringer, und die bronzezeitliche Eruption war mächtiger. Es sollte also durchaus möglich sein, daß solche Schockwellen, die ungestört über das Meer hinweggingen, Öllampen umstürzten und Brände verursachten, wenn sie eines Abends die Gebäude auf Kreta trafen.

Knossos war das Zentrum der politischen Herrschaft auf dieser Insel, und die Zerstörung dieser Paläste muß gewiß zu Instabilität, sozialem Chaos, ja sogar zur Anarchie geführt haben. Viele Menschen flüchteten. In Ägypten, im Nildelta, gab es zwischen 1650 und 1520 v. Chr. eine Dynastie von weniger bedeutenden Herrschern, man nennt sie die 14. Dynastie. Es könnte sich dabei sehr wohl um minoische Edelleute oder andere Fürsten handeln, die aus Kreta geflüchtet waren.

———

Vor dieser Katastrophe der Bronzezeit war die Zivilisation von Kreta der Mittelpunkt der Zivilisation im Mittelmeer. Homer schrieb in seiner »Odyssee«: »Da gibt es ein Land, das heißt Kreta, inmitten der weindunklen See, ein schönes, reiches Land, umgürtet von Meereswellen, und dort leben, in neunzig Städten, unzählige Menschen.« In seinem vielgelobten Werk »The Life of Greece« schreibt Will Durant:

>»Als Homer diese Zeilen schrieb, vielleicht im 9. Jahrhundert vor unserer Zeitrechnung, da hatte Griechenland fast vergessen – dieser Dichter freilich nicht –, daß die Insel, deren Wohlstand selbst damals ihm noch so bedeutend erschien, lange davor noch sehr viel reicher gewesen war, und daß diese mit ihrer mächtigen Flotte über den größten Teil der Ägäis und Teile von Griechenland herrschte, und daß sich in Kreta,

tausend Jahre vor der Belagerung von Troja, eine der kunstreichsten Kulturen der Geschichte entwickelt hatte.

Die Wiederentdeckung dieser verlorengeglaubten Kultur ist eine der größeren Leistungen der modernen Archäologie. Diese Insel war zwanzigmal größer als die größte der Kykladeninseln, sie besaß ein angenehmes Klima, ihre Landwirtschaft brachte die verschiedensten Feldfrüchte hervor, das Land war einst reich bewaldet, mit Hügeln, in strategischer Lage, nämlich dort, wo es um Handel ging oder um Krieg, gelegen zwischen den Phoeniziern und Italien, zwischen Ägypten und Griechenland. Aristoteles hat schon darauf hingewiesen, wie günstig diese Lage war und wie ›dies Minos in die Lage versetzte, in der Ägäis ein Reich zu errichten‹. Aber die neuere Forschung verwarf ... die Geschichte von Minos als eine Legende.«[3]

Dann begann Arthur Evans im Jahr 1895 in Knossos mit seinen archäologischen Grabungen. Er fand in den alten Ruinenfeldern Lehmtäfelchen, die beim Brand des Palastes hart geworden und erhalten waren. Die Schriftzüge auf ihnen vereinigten hieroglyphische Piktogramme mit einer alten, bislang unentzifferbaren Schrift, der Evans den Namen Linear A gab. Evans klassifizierte auch Tonscherben und andere Relikte aus Knossos und verglich sie mit ähnlichen Gegenständen aus dem alten Mesopotamien und aus Ägypten. Auf der Grundlage von allgemein anerkannten Chronologien für das Zweistromland und das ägyptische Material konnte er die nachsteinzeitliche Kultur Kretas in früh-, mittel- und spätminoisch unterteilen. Seine Tätigkeit auf Knossos bewegte Archäologen dazu, den historischen Wert der alten Mythen neu zu bestimmen.

Der Palast von Knossos, ein wahrer Irrgarten von Räumen und verschlungenen Korridoren, brachte höchstwahrscheinlich die Sage von dem Labyrinth, von Minotaurus und Theseus hervor. Einige Teile des riesigen Gebäudes waren zwei oder drei Stockwerke hoch. Knossos war der größte der Paläste im alten Kreta, aber er war nur einer von vielen. Seine Ruinen wurden ausgegraben, zusammen mit denen von gewöhnlichen Häusern im östlichen und mittleren Kreta. Viele der Wohnhäuser hatten ein oder zwei Obergeschosse, breite Fenster, Höfe und sogar Toiletten, die ihren Inhalt mit einem Wasserstrahl ins Abwassersystem beförderten.

Tonwaren, figürlich und in mehreren Farben, und Fresken auf Mauerwänden erzählen uns sehr viel über das minoische Leben. Die Fresken zeigen bukolische Landschaften, Männer und Frauen mit verschiedenen Tierarten, vor allem aber Stiere, die für heilig gehalten wurden. Gegenstände, die in den Ruinen gefunden wurden, zeugen vom hohen Stand des Handwerks, und zwar nicht nur bei den Tonwaren, sondern auch bei Bronzebecken, Krügen und sogar bei Dolchen und Schwertern, von denen einige mit Gold, Silber, Elfenbein und Halbedelsteinen eingelegt waren.

Archäologische Funde beweisen, daß die Paläste des alten Kreta mehrmals von Erdbeben beschädigt wurden. Die meisten Paläste wurden danach neu aufgebaut. In der spätminoischen Zeit jedoch, vermutlich bei dem schweren Erdbeben vor dem Vulkanausbruch, gingen die Zerstörungen so weit, daß keiner der Paläste neu aufgebaut wurde – mit der Ausnahme von Knossos, das offenbar weniger stark beschädigt wurde. Aber auch in Knossos zeigten sich größere kulturelle und gesellschaftliche Veränderungen. Die Designs auf den Tonwaren waren danach weniger ausgearbeitet, gröber. Aus der Schrift des Typus Linear A ging eine neue Schreibform hervor. Es war dieselbe, auf Silben beruhende Schrift wie Linear A, aber sie wurde jetzt für eine andere Sprache verwendet – ganz ebenso wie die Buchstaben unseres Alphabets in verschiedenen Sprachen eingesetzt werden. Evans nannte sie Linear B. Auf Kreta ist sie nur in Knossos bekannt, aber sie wurde auch in Ruinen auf dem griechischen Festland aus späterer Zeit gefunden, in Mykenae, einer alten Stadt auf der Peloponnes. Und geradeso wie Linear A nicht entziffert werden konnte, so blieb auch Linear B mehr als fünfzig Jahre lang ein Rätsel, bis schließlich 1952 ein englischer Gelehrter namens Michael Ventris entdeckte, daß Linear B eine alte Form des Griechischen war.

Was man aus dieser Entdeckung folgern konnte, war von einzigartiger Wichtigkeit. Das Auftauchen von Linear B bedeutete, daß nicht Minoer, sondern Griechen aus Mykenae zu dieser Zeit in Knossos das Sagen hatten. Durch das Ende der minoischen Vorherrschaft in der Ägäis waren Mykener, aus Griechenland, offenbar imstande, Kreta und den Palast von Knossos einzunehmen. Viele Minoer wanderten ab, ins westliche Kreta und sogar nach Griechenland oder Nordafrika, um den von dem Erdbeben und vom Ausbruch des Thera angerichteten Zerstörungen zu entgehen; aber einige müssen in Knossos zurückgeblieben sein. Offenbar veränderten Schreiber im Palast von Knossos, die zuvor im Auftrag der minoischen Könige in Knossos die Lagerbestände an Getreide, Öl und anderen lebensnotwendigen Dingen festgehalten hatten, ihre eigene Sprache, paßten sie dem griechischen Wortschatz ihrer neuen Herrscher an, die noch keine eigene Schrift besaßen. Auf diese Weise erschufen die Minoer Linear B, das dann von Mykenern und abwandernden Minoern nach Griechenland gebracht wurde und diesem Land seine erste Schrift bescherte.

Die Zivilisation der Mykener in Griechenland profitierte nicht nur von der aus Kreta eingeführten Schrift, sondern auch von den kreativen Fähigkeiten der eingewanderten Kreter. Allerhöchstwahrscheinlich war es dem stimulierenden Einfluß der Minoer zuzuschreiben, daß es dann zu einer Ausbreitung der mykenischen Zivilisation durch weite Teile des östlichen Mittelmeers kam.

———

Es gibt wenig Zweifel, daß eine Zahl von griechischen Sagen auf die bronzezeitliche Eruption des Thera zurückgeht. Zu dieser Zeit war Athen eine mykenische Stadt, und in der griechischen Mythologie war es Theseus, ein Athener, der den Minotaurus auf Kreta tötete und Athen von der Beherrschung durch das minoische Kreta befreite (daher Mykenae) – das war gewiß eine Anspielung auf den Niedergang der minoischen Kultur und den gleichzeitigen Aufstieg von Athen und Mykenae.

Dieser Sage zufolge schenkte Poseidon, der Gott des Meeres, König Minos auf Kreta einen wunderbaren Stier. Pasiphae, die Frau des Königs, gelüstete es nach diesem Tier. Mit Einverständnis von Daedalus, einem griechischen Künstler in Diensten von König Minos, verführte Pasiphae nun den Stier. Die Folge dieser Vereinigung war Minotaurus, ein wildes Geschöpf, halb Mensch, halb Stier, den Minos in ein Labyrinth (den Palast von Knossos) einsperren ließ, das zu errichten er zu dieser Zeit Daedalus befahl.

Minos erlegte seine Herrschaft auch anderen Völkern auf, selbst den Athenern (das war die Zeit der minoischen Vorherrschaft im östlichen Mittelmeer). Aber die Athener töteten seinen Sohn Androgenes. Aus Rache verlangte Minos von Athen einen jährlichen Tribut: sieben junge Männer und sieben Jungfrauen, die nach Kreta gebracht und dort im Labyrinth als Opfer des Minotaurus bestimmt waren. In einem Jahr war es Theseus, der Sohn des athenischen Königs Aegeus (nach dem das Ägäische Meer benannt ist), der freiwillig als eines der jugendlichen Opfer nach Kreta ging. Er tötete den Minotaurus, befreite die noch lebenden athenischen Geiseln und führte sie aus dem Labyrinth, womit er der politischen und wirtschaftlichen Beherrschung der Athener durch Kreta ein Ende setzte. Könnte sich diese Sage auf den Niedergang der minoischen Kultur als eine Folge der Eruption des Thera beziehen?

Die Sagen vieler Völker, vom Gilgamesch-Epos der alten Babylonier bis zur biblischen Geschichte von Noah, sprechen von Überflutungen, die die Götter als Strafe sandten. Die Griechen kennen die Sage von Deucalions Flut, die vermutlich ungefähr zur Zeit des Ausbruchs des Vulkans Thera stattfand, und vielleicht alte Erinnerungen an die Überschwemmungen der Küstenregionen durch Tsunamis oder an schwere Regenfluten als Folge von Vergiftungen der Atmosphäre infolge der Eruption enthält. Dieser Sage zufolge beschließt Zeus, das Böse in seiner Zeit zu bestafen, indem er die Welt in einer großen Flut ertränkt. Aber Prometheus erfuhr von diesem Plan und warnte seinen Sohn, Deucalion. Dieser zimmerte sich also, wie Noah, eine Arche. Als das Wasser stieg, gingen Deucalion und seine Frau Pyrrha in die Arche, sie überlebten die Flut. Sie hatten einen Sohn, Hellen, und die Griechen oder vielmehr die Hellenen sollen seine Nachfahren sein.

Es könnte durchaus sein, daß die Sage von Jason und den Argonauten Ereignisse der Bronzezeit in der frühen griechischen Geschichte widerspiegelt. Als die Argonauten das goldene Vlies von Colchis, im äußersten Osten des Schwarzen Meeres, gerettet hatten und nach Griechenland zurückkehren wollten, segelten sie durch minoische Gewässer, in räumlicher Nähe zu Kreta und Thera. Kurz vor Kreta verhinderte ein Riese aus Bronze, namens Talos, der Wächter über die Insel, ihre Landung. Er stand auf einer Bergesspitze und bewarf die Seefahrer mit Felsen. Hephaestos, der Gott des Feuers und der Schmiede, hatte Talos eigens für Milos angefertigt, damit er Eindringlinge von dessen Reich abhalte. Dabei pflegte sich Talos zum Erglühen zu bringen und umarmte dann, glühendheiß, die Fremden und tötete sie auf diese Weise. Da er selbst aus Bronze war, konnte ihm die Hitze nichts anhaben, er war unverwundbar, mit Ausnahme einer Stelle am Knöchel, die nur von einer dünnen Haut geschützt war.

Als nun die Argonauten sich Kreta näherten und Talos wieder einmal mit Felsen warf, flüchteten die Seefahrer; aber Medea, eine Zauberin von Colchis, die sich mit Jason vermählt hatte und nun die Argonauten begleitete, schleuderte einen Zauberspruch gegen den Riesen, um ihn zu blenden. Als Talos sich bücken wollte, um nach einem weiteren Brocken zu greifen, stolperte er und verletzte sich an seinem Knöchel, so daß ihn seine Lebenskaft verließ. Er brach zusammen, stürzte vom Berg herab und starb.

Es ist nicht auszuschließen, daß der sagenhafte Talos nichts weiter verkörpert als die Insel Thera, die ja tatsächlich die nördliche Zufahrt nach Kreta schützt. Ja, Talos war sogar auch unter dem Namen Circinus (von Zirkel oder Kreis) bekannt, und das ist eine passende Beschreibung von Thera, wie es im Altertum ausgeschaut haben soll. Das unverwundbare Äußere aus Bronze könnte den Vulkan selbst darstellen, und die Felsen, die er warf, Vulkangeschosse. Seine glühendheiße Umarmung wäre mit dem Lavastrom gleichzusetzen, und die verwundbare Stelle an seinem Knöchel ein Blasloch des Vulkans. Sein Zusammenbruch und sein Tod, als die Lebenssäfte (Lava) ihn verließen, wäre gleichbedeutend mit einem Ausbruch.

Nach ihrer Flucht segelten die Argonauten nach Norden und wurden plötzlich von einer unerwarteten Finsternis umhüllt. Sie wandten sich hilfesuchend an Apollo, der sie dann zur Nachbarinsel Anáfi führte. Diese Dunkelheit könnte auf die der Eruption folgende Verdunkelung verweisen, die infolge des Ascheregens aus dem Thera das östliche Mittelmeer überfiel.

Talos soll einen Sohn namens Leukos (der Weiße) gehabt haben, der, so will es die Sage, den König von Kreta vertrieb, viele der Städte auf dieser Insel zerstörte und die Königstochter, deren Name Kleisithera war (d. h. Schlüssel zum Thera), tötete. Der Name Leukos könnte sich auf die weiße Vulkanasche beziehen, die den Osten Kretas überzog und zum Auszug der Minoer führte.

Auch biblische Geschichten könnten, wenn man einigen Fachleuten vertraut, ihren Ursprung im Ausbruch des Thera haben. Von Flüchtlingen aus Kreta – in der Bibel werden sie als Caphor bezeichnet – ist bekannt, daß sie sich in Nordafrika niederließen, einige in Ägypten und dem heutigen Tunesien, und an der Küste von Palästina, wo sie unter dem Namen Philister bekanntwurden. Das Buch Amos (9:5-7) spricht von derlei Wanderungen und scheint sie mit Vulkanismus und Überschwemmungen in Beziehung zu setzen, die vielleicht von Tsunamis hervorgerufen wurden. Die im folgenden – nach Luthers Übersetzung – zitierte Stelle aus dem Alten Testament deutet solche Naturereignisse an, die die Migration größerer Volksgruppen von einer Region in eine andere nach sich zogen:

»DEnn der HErr Zebaoth ist ein solcher / wenn er ein Land anrüret / so zurschmeltzt es / Das alle Einwohner trawren müssen / das es sol gantz vber sie her lauffen / wie ein Wasser / vnd vberschwemmet werden / wie er mit dem flus in Egypten. Er ists / der seinen Saal in den Himel bawet / vnd seine Hütten auff der Erden gründet / Er rüffet dem wasser im Meer / vnd schüttets auff das Erdreich / Er heisst HERR. Seid jr kinder Jsrael mir nicht gleich wie die Moren / spricht der HERR? Hab ich nicht Jsrael aus Egyptenland gefürt / vnd die Philister aus Caphtor?«

Einige Fachleute meinen, daß die biblischen Plagen, die Ägypten vor dem Auszug der Juden überfielen, mit dem bronzezeitlichen Ausbruch des Thera in Beziehung stehen könnten. Alt-Testamentler setzten jedoch im allgemeinen den Exodus in das 15. Jahrhundert v. Chr., wohingegen der Ausbruch des Thera, wie wir gesehen haben, höchstwahrscheinlich schon früher geschah, im 17. Jahrhundert. Beide Jahrhunderte brachten Ägypten unruhige Zeiten, die dazu geführt haben könnten, daß der Pharao die unfreien Hebräer ziehen ließ oder daß ihnen jetzt die Flucht gelang.

Zu den Plagen, wie sie im Buch Exodus beschrieben werden, zählen auch Wasser, die sich rot färben, Donner, Hagel und Dunkelheit. All diese Erscheinungen könnten sehr wohl die Folgen eines Vulkanausbruchs sein, ob sie nun vom Thera oder einer späteren Eruption ausgingen. Eine weitere Quelle für derart unheilvolle Geschichten könnten ältere ägyptische Aufzeichnungen von ähnlichem Geschehen sein. Und geradeso wie Ähnlichkeiten bestehen zwischen den biblischen Schilderungen von Noah und der Sintflut und zwischen den älteren griechischen Sagen von der Flut der Deucalion, so gibt es auch Parallelen zwischen den biblischen Plagen und Erzählungen von Begebenheiten, die Ägypten schon viel früher heimgesucht hatten. Auf einer Papyrusrolle, die heute im National Museum of Antiquities in Leiden, Holland, verwahrt wird, heißt es von einem Schreiber namens Ipuwer, daß in einem unheilvollen Zeitalter, wie es für Ägypten das 19. oder 18. Jahrhundert war, eine Pestplage durch das Land gezogen und alles rot von Blut gewesen sei, dazu Feuer, unerträgliches Lärmen und Dunkelheit – völlige Zerstörung. Viele seiner Kommentare deuten auf einen fernen Vulkanausbruch hin und zeigen Parallelen zu den späteren Überlieferungen im Buch Exodus.

Höchst bezeichnend aber für einen Vulkanausbruch ist die Schilderung von der Flucht in Exodus (13:21): »Der Herr aber zog vor ihnen her, am Tage in einer Wolkensäule, um ihnen den Weg zu zeigen, und des Nachts in einer Feuersäule, um ihnen zu leuchten, damit sie bei Tag und Nacht wandern könnten.« Die Feuersäule und die Wolke verweisen vermutlich auf Vulkanausbrüche irgendwo im östlichen Mittelmeerraum, aber die Quelle ist unbekannt. Nur vom Thera weiß man, daß er in den letzten beiden Jahrtausenden in dieser Gegend eine größere Eruption hervorbrachte; aber es ist unwahrscheinlich, daß seine Feuersgluten bis nach Ägypten zu sehen waren.

Die sagenumwobene Insel Atlantis, über die im Verlauf der Jahrhunderte so viel gerätselt wurde, entstand höchstwahrscheinlich gleichfalls als Folge des bronzezeitlichen Ausbruchs des Thera. Der griechische Philosoph Platon verfaßte um das Jahr 350 v. Chr. zwei Dialoge, »Timaeos« und »Critias«, in denen er das sagenhafte Eiland erwähnte. Platons Texte bilden die Grundlage aller späteren Schriften und Spekulationen über Atlantis. Er selbst erfuhr diese Geschichte von Critias, der sie wiederum von seinem Großvater gehört hatte, dessen Vater, Dropsides, sie von Solon (630?-560? v. Chr.) wußte, dem großen weisen Gesetzgeber von Athen. Um das Jahr 600 v. Chr. war Solon bei Saïs zu Besuch in Unterägypten, wo er, Platon zufolge, von ägyptischen Priestern sehr viel erfahren hat über ein großes Inselreich, das – schon damals! – 9000 Jahre zuvor bestanden hatte und dann im Meer untergegangen war. In seinem Dialog »Timaeos« zitiert Platon Critias, der ihm erzählte, was Solon von einem der Priester berichtet worden war:

»Da gab es eine Insel, die vor der Enge gelegen war, die ihr als die Säulen des Herkules bezeichnet. Die Insel ... verschaffte Zugang zu ande-

ren Inseln, und von diesen konnte man zu dem gesamten gegenüberliegenden Kontinent wechseln. ... diese Insel Atlantis war der Sitz eines
großen und wunderbaren Reiches, welches das gesamte Eiland be-
herrschte und mehrere andere, und auch Teile des Kontinents ... Aber
... es geschahen fürchterliche Erdbeben und Überschwemmungen, und
binnen eines Tages und einer unglückseligen Nacht ... verschwand die
Insel Atlantis ... in den Tiefen des Meeres.«[4]

In der Mitte dieser Insel befand sich, den Schilderungen des Priesters zufolge,
eine schöne, fruchtbare Ebene, und in der Mitte dieser Ebene erhob sich ein
Hügel, wo eine Jungfrau namens Clito lebte. Poseidon, der Gott des Meeres,
verliebte sich in sie und nahm sie zur Frau, er »befestigte den Hügel, auf dem
sie ihr Heim hatten, mit einem Zaun, der abwechselnd aus Ringen aus dem
Meer und solchen vom Land bestand, ... einer in dem anderen.«[5] Auf dieser
Insel gab es zwei Quellen, die eine war kalt, die andere warm (höchstwahrscheinlich infolge vulkanischer Aktivität), und es bestand »großer Reichtum
an eßbaren Pflanzen aller Art«. Poseidon und Clito zeugten fünf Paar Zwil-
lingssöhne und teilten diese Insel unter sich auf. Der älteste hieß Atlas, er
wurde als König über alle anderen gestellt, und die Insel wurde nach ihm benannt.

Atlantis war ein Ort des Friedens und des Wohlstands. Hier gab es impo-
sante Tempel, Paläste und Brunnen, Brücken sprangen über kreisförmig verlaufende Kanäle, alles aus Stein. »Den Stein, in Schwarz, Weiß und Rot, nahmen sie aus den Steinbrüchen unterhalb der kleinen Insel in der Mitte und
aus dem äußeren und dem inneren Ring.«

In den Schiffswerften baute man ohne Unterlaß große Schiffe, die sog. Tri-
remen, mit drei Ruderbänken, die man zum Handel mit anderen Ländern
verwendete. Der ägyptische Priester schilderte den Palast, bei dem es sich um
den des Minos in Knossos gehandelt haben könnte, mit folgenden Worten:
»Diesen Palast errichteten sie ursprünglich ... an der Wohnstätte des Gottes ..., und jeder Monarch, sowie er sein Erbe antrat, fügte den bestehenden
Kostbarkeiten noch weitere hinzu ... bis sie diese Residenz zu einem wahren
Wunder an Größe und Pracht seiner Gebäude gemacht hatten.«[6]

Den Zeitpunkt, den Platon für den Untergang von Atlantis nennt, 9000
Jahre vor Solons Besuch bei Saïs oder ungefähr 9600 v. Chr., kann nicht stimmen. So lange vor dem Beginn der Bronzezeit kann keine derart hochentwickelte Zivilisation auf Erden bestanden haben. Der griechische Seismologe
Angelos Galanopoulos meinte, daß Platon grundsätzlich jede Zahl mit 10
multipliziert habe.[7] Galanopoulos stellte die Hypothese auf, daß Solon die
Geschichte von Atlantis nicht irgendwo *gehört*, sondern sie selbst in einer

alten Papyrusrolle gelesen habe, die man ihm in Saïs gezeigt habe, und daß er das geschriebene Symbol für die Zahl 100 mit 1000 verwechselte. Solons 9000 Jahre würden demnach also nur 900 bedeuten, daher sollte das Datum eigentlich 1400 v. Chr. lauten, also noch in der Bronzezeit liegen. Dieses Datum paßt gut mit dem zusammen, was aus archäologischen Untersuchungen erhellt, liegt aber um zwei- oder dreihundert Jahre später als das mit wissenschaftlichen Methoden ermittelte Datum.

Platons Bericht macht glauben, daß Atlantis westlich der Säulen des Herkules lag, die man seit langem als die Straße von Gibraltar deutet. Demnach müßte Atlantis im Atlantischen Ozean gewesen sein. Diese Insel wurde allerdings nicht nach dem Ozean benannt, Insel und Ozean waren nach dem Atlas benannt, und man hat im Lauf der Zeit angenommen, daß buchstäblich Hunderte von Örtlichkeiten rund um die Welt die Stätte von Atlantis gewesen sein könnten.

1872 deutete der französische Schriftsteller Louis Figuier an, Platons Atlantis könne die Insel Santorin gewesen sein, weil Teile dieser Insel offenbar im Meer versunken sind. Tatsächlich gibt es auf diesem Archipel heute heiße Quellen, wie Platon sie beschreibt, und auch schwarzes, rotes und weißes Vulkangestein. 1885 meinte der französische Archäologe Auguste Nicaise, daß zwischen dem Untergang von Atlantis und dem bronzezeitlichen Ausbruch des Thera ein Zusammenhang bestehen könne.

Im Jahr 1909 äußerte der irische Gelehrte K. T. Frost, der von Evans Entdeckungen auf Knossos wußte und dem auch der rege Handel zwischen Ägypten und dem minoischen Kreta geläufig war, daß sich hinter der Sage von Atlantis auch Kreta und der plötzliche Untergang der minoischen Kultur verbergen könne. Für die alten Ägypter könnte es so ausgesehen haben, sagte er, als ob das plötzliche Erlöschen der Handelsverbindungen mit Kreta bedeutet habe, daß diese Insel untergegangen war. Zweifellos hatten die Ägypter von minoischen Seeleuten von den Zerstörungen auf Santorin gehört, und sie könnten die beiden Inseln miteinander verwechselt haben. Die räumliche Nähe zwischen Kreta und Thera und die enge Verbindung zu den anderen Kykladeninseln könnten es plausibel erscheinen lassen, daß diese Gegend die einzige Örtlichkeit ist, die die wichtigsten Elemente der Atlantissaga zusammenführt – eine hochentwickelte Zivilisation, ein Inselreich und eine große Naturkatastrophe.

Es ist wenig zweifelhaft, daß die Geschichten von Atlantis ägyptische Eindrücke der hochentwickelten minoischen Zivilisation geben, und diese Zivilisation war auf Kreta. Und es ist ebensowenig zweifelhaft, daß der bronzezeitliche Ausbruch des Thera eine wichtige Rolle beim Verfall dieser Hochkultur spielte, wie dies in ägyptischen Texten wiedergegeben wird. Es scheint sich da, wie wir gesehen haben, in etlichen Sagen des alten Griechenland und sogar möglicherweise in einigen in der Bibel behandelten Geschichten um uralte Überlieferungen von diesem Ausbruch zu handeln.

Der Niedergang der minoischen Zivilisation der Bronzezeit ermöglichte es den mykenischen Griechen, von Mykenae nach Kreta zu ziehen und sich an die Stelle der minoischen Herrscher von Knossos zu setzen. Minoische Auswanderer aus Kreta vereinigten ihre schöpferische Kraft und ihre Kulturtechniken mit der mykenischen Kultur Griechenlands und begünstigten damit die Expansion der Mykener im östlichen Mittelmeerraum. Und minoische Schreiber auf Knossos paßten ihre geschriebene Sprache so an, daß sie damit die gesprochene Sprache ihrer griechischen Eroberer darstellen konnten, und entwickelten auf diese Weise die erste einfache Schrift des gesprochenen Griechisch.

So scheinen der bronzezeitliche Ausbruch des Thera und die ihm folgende minoische Abwanderung wichtige Gründe gewesen zu sein für den Aufstieg des mykenischen Griechenland, das in kultureller Hinsicht zum Urahn des klassischen Griechenland wurde.

Aus der Schriftsprache der Mykener entwickelte sich im Goldenen Zeitalter die griechische Schrift der Dichter und Philosophen, und das Goldene Zeitalter von Athen ließ die Werte und Philosophien neu auferstehen, die der Zivilisation zugrunde liegen, die wir heute als die westliche oder abendländische Zivilisation bezeichnen.

Der Vesuvausbruch des Jahres 79 n. Chr.

Kultureller Widerhall durch die Jahrhunderte

3

Neapel, den 13. März 1787

*»Sonntag waren wir in Pompeji. – Es ist viel Unheil in der Welt
geschehen, aber wenig das den Nachkommen so viel Freude
gemacht hätte. Ich weiß nicht leicht etwas Interessanteres.
Die Häuser sind klein und eng, aber alle inwendig aufs zierlichste
gemalt. Das Stadttor merkwürdig, mit den Gräbern gleich daran.«*

JOH. WOLFGANG VON GOETHE, ITALIENISCHE REISE

DER VESUV, EIN BERG, der 1279 Meter über die Bucht von Neapel emporragt, ist der einzige aktive Vulkanberg im festländischen Europa. Umgeben
von Städten und kleineren Orten, in denen heute vielleicht drei Millionen
Menschen leben, bildet er sowohl einen markanten Punkt in der Landschaft
als auch eine stete Bedrohung. Bei seinem Ausbruch im Jahr 79 n. Chr. tötete
er Tausende von Menschen, verwüstete das Umland und zerstörte wenigstens
acht kleinere Städte, die berühmtesten sind Pompeji und Herkulaneum. Und
er hinterließ für Kultur und Geschichte ein Vermächtnis, das noch fast 2000
Jahre später im Abendland zu bestaunen ist.

Der Vesuv ist heute der bekannteste Vulkan der Erde und einer der am
gründlichsten erforschten. Seine Eruptionen haben im Lauf der Jahrhunderte
nicht nur Städte zerstört und sehr viele Menschen getötet, sondern auch
das wirtschaftliche Leben der benachbarten Regionen berührt, zum Guten
(Verjüngung des Bodens und Förderung des Tourismus) wie zum Schlechten
(Zerstörung von Bauernhöfen und Weinbergen). Die Folgen seiner Aktivität
haben zwar keineswegs nur die Wissenschaften beschäftigt; aber man kann
sagen, daß der Ausbruch von 79 n. Chr. die Wissenschaft Vulkanologie ins
Leben rief und die Archäologie ein großes Stück voranbrachte. In der My-

thologie, den schönen Künsten, der Literatur, ja selbst in der Religion nimmt der Vesuv außerdem eine bedeutende Stellung ein. Im kollektiven Bewußtsein des Abendlandes hat er einen festen Platz.

Dieser Vulkan erhebt sich, einzigartig und wunderbar, aus den Ebenen Kampaniens, einer Region in Süditalien zwischen dem Apennin und dem Tyrrhenischen Meer. Kampanien, gesegnet mit einem gemäßigten Klima und einem sonnigen Himmel, ist überdies ein fruchtbares Land, was auch von den Nährstoffen in der Vulkanerde begünstigt wird. Vor unendlich langer Zeit siedelte sich ein Volk von Hirten, die Osker, hier an und gründete Dörfer. Um 800 v. Chr. kamen Griechen, angezogen vom milden Klima und dem Grün der Landschaft. Sie verschmelzten sich mit den Oskern, und die Zivilisation nahm ein vorwiegend griechisches Gesicht an. Zweihundert Jahre später verloren die Griechen ihre vorherrschende Stellung an die Samniter, Eindringlinge aus dem Norden, die sie dann, nach den Samniterkriegen im 4. Jahrhundert v. Chr., an die Römer abtreten mußten.

Die alten Oskerdörfer wuchsen zu kleinen Städten heran, und zwei von ihnen wurden zu Pompeji und Herkulaneum. Beide lagen an den Flanken des Vesuvs, Pompeji im Südosten und Herkulaneum mehr nach Westen zu. Im ersten Jahrhundert v. Chr. nahmen Pompeji und Herkulaneum an einer Rebellion dieser Gegend teil. Der römische Diktator Sulla schlug den Aufstand nieder und gründete anschließend in Pompeji eine Kolonie für verdiente Krieger aus seinen Armeen. Unter römischer Herrschaft gedieh Pompeji prächtig und wurde berühmt für seine Weine, seine verschiedenen Kohlarten und eine Fischsauce, die als Delikatesse sehr geschätzt wurde. Gelegen nahe der Küste am Nordufer des Flusses Sarno wurde diese Stadt ein wichtiges Handelszentrum mit dem Landesinnern. Seine Bevölkerung stieg bis auf schätzungsweise 20 000 Bewohner an.

Da Pompeji blühte, bauten sich seine wohlhabenderen Bürger prächtige Häuser, und so machten es auch reiche Römer, die sich ein Zweithaus auf dem Lande, oder eine Villa, in dem gesunden Klima Kampaniens anschaffen wollten. Diese Villen, ob auf dem Lande oder in der Stadt, waren groß, sie hatten offene Innenhöfe und viele Räume. Im Innern waren sie prächtig geschmückt. Kunstvoll gearbeitete Statuen aus Marmor und Bronze, die sich häufig von griechischer Mythologie hatten inspirieren lassen, waren in den Zimmern für die Besucher und den Innenhöfen häufig anzutreffen, und die Böden in vielen Häusern bestanden aus fein gearbeiteten Mosaiken. Die Wände waren mit farbenprächtige Fresken geschmückt, soweit sie nicht von prächtigen Landeschaftbildern geziert waren. Die Architektur war einfach phantastisch: Stilleben, zeitgenössische Szenen und Bilder aus der Sagenwelt fand man überall.

»Diese Zimmer, Gänge und Galerien aber aufs heiterste gemalt, die Wand-
fläche einförmig, in der Mitte ein ausführliches Gemälde, jetzt meist ausgebrochen, an Kanten und Enden leichte und geschmackvolle Arabesken, aus
welchen sich auch wohl niedliche Kinder- und Nymphengestalten entwik-
keln, wenn an einer andern Stelle aus mächtigen Blumenwinden wilde und
zahme Tiere hervordringen.« (Joh. Wolfgang v. Goethe)

Die Bürger von Pompeji hatten in ihrer Stadt ein großes rechteckiges Forum angelegt, mehr als 150 Meter lang und fast 40 Meter breit, das an seinen
Längsseiten und an der Südseite von Kolonnaden umgeben war, überdacht,
man konnte darin herumlaufen. An der Westseite des Forums befand sich
eine Basilika, die aus einer langen, kolonnadengesäumten Halle bestand,
dem Schiff. Die Basilika von Pompeji geht ungefähr auf das Jahr 120 v. Chr.
zurück und ist das früheste bekannte Bauwerk dieser Art. Dieser Typus von
Architektur wurde im Lauf der Jahrhunderte für eine Vielzahl von öffentlichen Gebäuden verwendet, vor allem für Kirchen.

Das größere der beiden Theater von Pompeji hatte 5000 Sitzplätze. Die
Stadt besaß wenigstens drei öffentliche Bäder, die alle drei üppig verziert
waren. Am östlichen Ende der Stadt befand sich ein riesiges elliptisches Amphitheater, in dem bis zu 20 000 Besucher Platz hatten; hier konnte man die
Gladiatoren anfeuern, die sich gegenseitig bis auf den Tod bekämpften oder
gegen wilde Tiere antraten. Dieses Amphitheater aus dem Jahr 70 v. Chr. ist
um anderthalb Jahrhunderte älter als das Kolosseum in Rom und gehört zu
den ältesten bekannten, elliptisch geformten Bauwerken.

Die historische Bedeutung von Pompeji liegt jedoch nicht so sehr in seinen
öffentlichen Bauwerken, sonden vielmehr in den vielen gut erhaltenen Gebäuden, die von ihren Eigentümern im täglichen Leben bewohnt waren.
Überreste von höchst eindrucksvollen Tempeln und Foren kann man überall
im Mittelmeerraum finden; aber es gibt keine schöneren Beispiele für Wohnhäuser und Werkstätten der gewöhnlichen Stadtbewohner.

Herkulaneum, dessen Bewohner auf 4000 bis 5000 geschätzt werden, war
beträchtlich kleiner als Pompeji. An der Küste gelegen, ungefähr 15 Kilometer nordwestlich von Pompeji, war es sowohl ein beliebter Ort, wo sich, wie
in Pompeji, wohlhabende Römer ihre Villen errichten ließen, als auch ein
Mittelpunkt der Fischerei und vielleicht auch des Schiffsbaus. Es konnte sich,
ganz wie Pompeji, eines Forums rühmen, eines Theaters und öffentlicher
Bäder. Die Bäder von Herkulaneum waren sogar noch um einiges ver-
schwenderischer ausgestattet als die von Pompeji. Die öffentlichen Bauwerke
und die Privathäuser in Herkulaneum waren mit Kunstwerken nicht weniger
reich geschmückt als die von Pompeji. In beiden Städten wurden Gemälde
und Fresken gefunden, außerdem, vor allem in Pompeji, eine Vielzahl von

Graffiti, die viel von der Gesellschaft, dem öffentlichen Leben, der Kleidung, den Berufen und der Kultur dieser Menschen verraten, die diesen Teil Italiens in altrömischer Zeit bewohnten.

———

Der Vesuv sitzt innerhalb der Caldera eines älteren Vulkans, des Monte Somma. Nur die nördliche Flanke des Monte Somma besteht noch, sie bildet einen wallförmigen Rand auf der nördlichen Seite des Vesuvs (Abbildung 3-1). In den letzten viertausend Jahren gingen aus dem Somma-Vesuv-Komplex vier größere Eruptionen hervor (1550 v. Chr. und 79, 472 und 1631 n. Chr.), die in dieser gesamten Region noch lange zu spüren waren. In den langen Zeiträumen dazwischen kam es zu etwa fünfzig weiteren Vulkanausbrüchen von nur örtlicher Bedeutung.

Der Vesuv gehört zum Vulkangürtel der Romana, die vom Monte Amiata, ungefähr 130 km nordwestlich von Rom, rund 450 km weit reicht, bis zum Monte Vulture, ungefähr 110 km östlich von Neapel (Abbildung 3-2). Der Romana Gürtel besteht aus zwei parallel zueinander verlaufenden Vulkanbögen. Der ältere Gürtel, im Osten, ist wahrscheinlich ganz erloschen. Der westliche Gürtel, zu dem auch der Vesuv gehört, ist erst einige Hunderttausend Jahre alt.

Beide Gürtel sind gen Südwesten nach außen gewölbt. Gewöhnlich deutet diese Wölbung eines Vulkanbogens an, daß die tektonische Platte auf der konvexen Seite des Bogens noch im Gleiten begriffen ist, daß sie subduziert, also unter die Platte abtaucht, auf der sich der Bogen entwickelt hat. So scheint es, daß die Tyrrhenische Mikroplatte von Westen her von Italien unter die italienische Halbinsel östlich davon hinabgleitet. Die Schwerpunkte der Erdbeben in dieser Region liegen jedoch tiefer nach Westen zu, und dies macht glauben, daß die Zone mit tektonischer Aktivität im Westen liegt, nicht im Osten. Es scheint also nicht zuzutreffen, daß die Tyrrhenische Mikroplatte nach Osten zu abtaucht, sondern daß die Apulische Mikroplatte östlich von Italien nach Westen treibt und sich unter Italien und das Tyrrhenische Meer schiebt.

Oder vielleicht wäre es zutreffender zu sagen, daß die Tyrrhenische Mikroplatte sich über die Apulische Mikroplatte schiebt? Wenn dies tatsächlich zutrifft, dann kann man den gegenwärtigen Vulkanismus im Romana-Gürtel nicht dem vertikalen Anstieg geschmolzenen Gesteins (Magma) aus einem Mantelmaterial oberhalb der Subduktionszone zuschreiben, wie dies gewöhnlich der Fall ist. Statt dessen scheint der Mantelkeil selbst an der sich westwärts neigenden Apulischen Mikroplatte seinen Weg nach oben zu su-

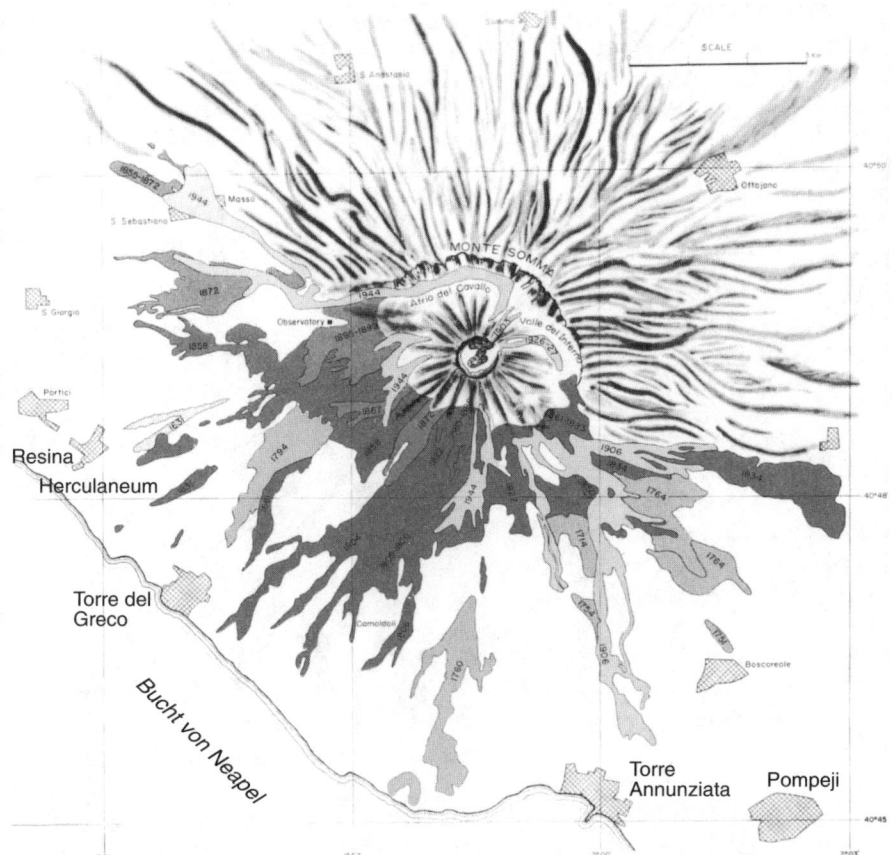

ABB. 3-1 Blick aus der Vogelperspektive auf den Vesuv und Monte Somma, mit verschiedenen Lavaströmen, die meisten erschienen erst im Verlauf der letzten 300 Jahre. Nach Bullard, Volcanoes of the Earth.

chen und sich dabei auf die Zone zuzubewegen, die diese Mikroplatte von der Tyrrhenischen trennt. Aus dieser vielfach zerbrochenen Region steigt vermutlich geschmolzenes Gestein in Magmakammern unterhalb des Vulkankomplexes von Westitalien auf.

Geophysikalische Forschungen haben ergeben, daß die Magmakammer unterhalb des Vesuvs rund fünf Kilometer unterhalb des Vulkans gelegen ist, sie ist fast zwei Kilometer hoch und hat einen Durchmesser von etwa einem Kilometer. Diese Forschungen deuten auch an, daß der Vesuv, der sich am Schnittpunkt von zwei Brüchen in der Erdkruste gebildet hat – eine nordwestlich driftende Verwerfung hat, ähnlich der, wie es im Apennin mehrere

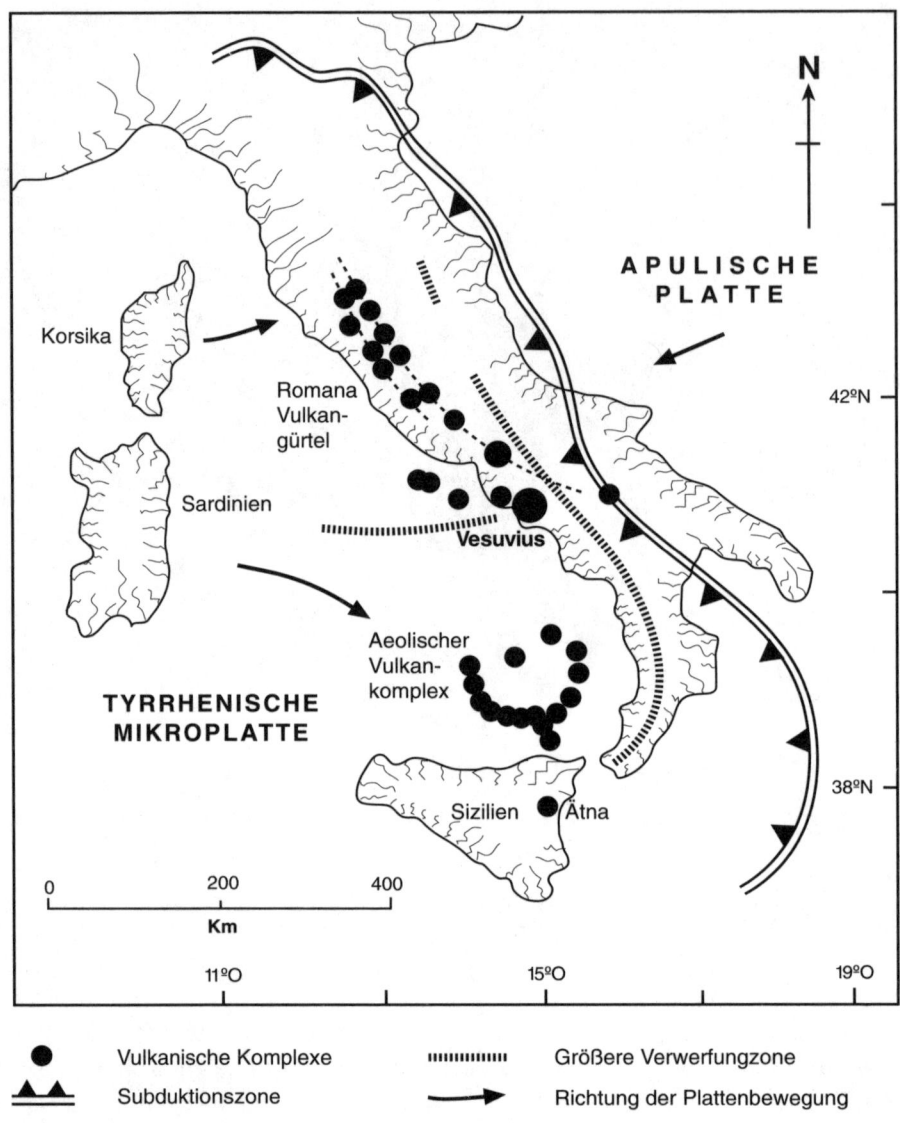

ABB. 3-2 Tektonische Struktur der italienischen Halbinsel, sie zeigt den Romana Vulkangürtel, der oberhalb der Kollisionszone zwischen der Apulischen und der Tyrrhenischen Mikroplatte entstand. Der äolische Vulkankomplex im Süden soll sich oberhalb der Kollisionszone zwischen der Afrikanischen Platte und der Tyrrhenischen Mikroplatte gebildet haben.

gibt, und eine nach Nordosten driftende, die sich an der Bucht von Neapel hinzieht.

Lange Zeit hat man angenommen, daß der Vesuv in historischer Zeit vor dem Ausbruch von 79 n. Chr. nicht aktiv gewesen sei. Aber schon im Jahr 217 v. Chr. gab es in Italien heftige Erdbeben, und da wurde von einem Dunst oder Trockennebel berichtet, der die Sonne verfinstert habe. Der griechische Biograph Plutarch erwähnt einmal »einen brennenden Himmel« nahe Neapel, und der römische Dichter Silius Italicus schrieb in einem Bericht über »Naturerscheinungen« im Jahr 217: »Der Vesuv donnerte auch und spie Flammen, die eines Ätna würdig waren, von den Klippen herab; und der feurige Kamm warf Felsen hoch hinauf in die Wolken, die bis zu den zitternden Sternen reichten«.[1] Diese Berichte werden noch gestützt von dem hohen Säuregehalt, den man bei Eiskernbohrungen auf Grönland fand und die sich auf diese Zeit zurückdatieren lassen. Die Säure – von der man annimmt, daß sie aus Wasserstoffsulfaten in der Atmosphäre stammt, die der ausbrechende Vulkan emittierte – ist ein überzeugender Beweis, daß der Vesuv auch schon rund dreihundert Jahre vor 79 n. Chr. aktiv war.

Wenn es tatsächlich im Jahr 217 v. Chr. einen Vulkanausbruch gab, dann war dieser in Kampanien im Jahr 79 n. Chr. längst in Vergessenheit geraten. Inzwischen hielt man den Vesuv für einen gutartigen Berg, der die herrliche Bucht von Neapel (damals: Neapolis) so malerisch ausschmückt und an dessen Hängen fruchtbare Weinberge gedeihen. Kaum jemand hielt den Berg für einen Vulkan, wie der höchst aktive Ätna auf Sizilien einer war oder die wilden Vulkane auf Stromboli im Tyrrhenischen Meer. Die seichte Senke am Gipfel des Vesuvs wurde nicht als Krater gedeutet – haben doch im Jahr 72 v. Chr. der Gladiator Spartakus und seine Anhänger bei ihrem Aufstand hier oben vor den Römern Zuflucht gesucht.

Ein paar Jahre früher hat jedoch der griechische Geograph Strabo (63 v. ? – 24 n. Chr.?) den Gipfel des Vesuv mit den Worten beschrieben: »Das alles ist unfruchtbar und hat die Farbe von Asche und zeigt porenähnliche Höhlen in den Gesteinsmassen ... die so aussehen, als ob sie vom Feuer herausgefressen worden seien, und daraus könnte man folgern, daß dieser Distrikt in früherer Zeit ... Krater aus Feuer barg«.[2] Strabos Beobachtungen wurden kaum zur Kenntnis genommen, aber anno 79 n. Chr., ein halbes Jahrhundert nach seinem Tod, bestätigte sich sein Hinweis auf Vulkanismus auf tragische Weise.

Die Bewohner Kampaniens waren zwar mit vulkanischen Erscheinungen vertraut, erkannten aber die Natur des Vesuvs nicht. Nur wenig westlich von Neapel, auf den Phlegräischen Feldern (siehe Abbildung 3-3), befanden sich damals – wie auch noch heute – einige pockenähnliche Krater; heute haben sich hier teils Seen gebildet, teils brodelnde Sumpflöcher und andere Öffnungen, die man Fumarolen nennt, aus denen heiße Gase entströmen. Einen dieser Krater, von den Alten seiner vulkanischen Schwefelablagerungen und seiner schwefelhaltigen Emissionen wegen »La Solfatara« genannt, hielt man für die Schmiede des Vulkan, des römischen Gottes des Feuers und der Schmiede. Geologen verwenden den Begriff Solfatara heute für alle schwefelhaltigen Fumarolen. Ein weiterer Krater erscheint in der »Äneis« des römischen Dichters Vergil als der Eingang zur Unterwelt, heute liegt hier der See Avernus. Die Phlegräischen Felder, die gut 65 Quadratkilometer umfassen, sind in einer Caldera angesiedelt, die sich vor etwa 12 000 Jahren gebildet hat. Und diese Caldera wiederum liegt innerhalb einer noch größeren Caldera, die einen Durchmesser von etwa elf Kilometern hat und vor ungefähr 37 000 Jahren entstanden ist.

Von dem italienischen Dichter Dante Alighieri (1265-1321) ist zwar nicht bekannt, daß er die Phlegräischen Felder oder den Vesuv je besucht hat, er ließ sich aber wahrscheinlich von Berichten über dieses vulkanische Gebiet inspirieren. Sein »Inferno«, ein phantastischer Bericht einer Reise, die er zusammen mit Vergil unternahm, zu den neun Ebenen der Hölle, enthält viele Merkmale, die den Phlegräischen Fumarolen und brodelnden Schlammlöchern ähneln – die brennenden Grabmäler der Ketzer beispielsweise und die kochenden Löcher, in die die armen Sünder, die sich der Simonie schuldig gemacht hatten (das sind die Verkäufer kirchlicher Ämter), kopfüber geworfen wurden. Und der üble Geruch in Dantes Hölle läßt gleichfalls an die Schwefeldämpfe von La Solfatara denken. Bei Dante sind Gotteslästerer, Sodomiter und Wucherer außerdem dazu verdammt, auf ewig über brennendheißen Sand zu laufen, der einem beständigen Feuerregen ausgesetzt ist – dies eine ganz gute Beschreibung der feurigen Aschen, die zu Dantes Lebzeiten vom Vesuv ausgespieen wurden, wie er es davor oftmals getan hat und auch seither.

Unweit vom Zentrum der Phlegräischen Felder und der Caldera liegt das Fischerdorf Pozzúoli (siehe Abbildung 3-3). In altrömischer Zeit hieß es Puteoli, weil die Fumarolen in seiner Nähe so faulig (putrid) rochen. Nur wenig davon entfernt, an der Küste, sind auf dem Meeresboden, heute aus der Luft sichtbar, die Ruinen einer älteren Stadt zu sehen, die jetzt als Port Julius bekannt ist und dessen Geschichte sich im Nebel der Vergangenheit verliert. An der Küste bei Pozzúoli befinden sich die Ruinen eines Marktes aus dem ersten Jahrhundert, und dort sind auch einige aufrecht stehende Marmorsäulen, die man lange für die Überreste eines Tempels zu Ehren des römischen Gottes Seraphis hielt. Diese Ruinen waren im Lauf der Jahrhunderte zeitweise unter Wasser und zeitweise darüber, weil der Boden um Pozzúoli sich

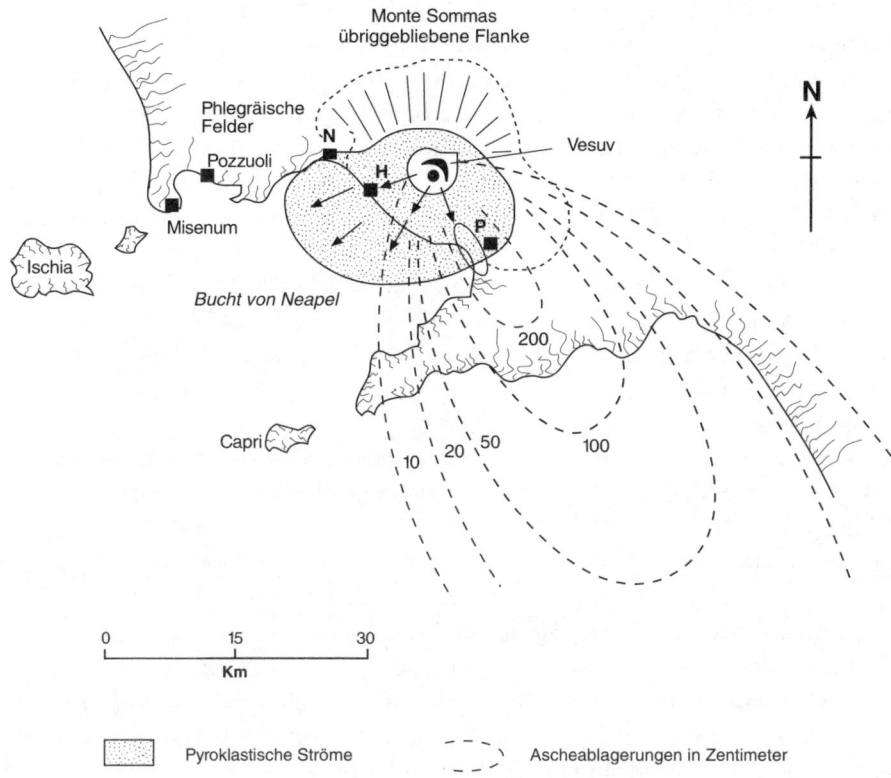

ABB. 3-3 Der Vesuv und seine Umgebung, hier zeigt sich die Reichweite der pyroklastischen Ströme und der Ascheablagerungen aus der Eruption von 79 n. Chr.
H = Herkulaneum   P = Pompeji
N = Neapel. Nach Sigursson u.a., Eruption of Vesuvius.

bisweilen anhob und dann wieder absenkte, derweil Magma unter der Caldera vordrang und sich dann seitwärts bewegte. Ähnlich hat das Absinken in ferner Vergangenheit den Untergang von Port Julius bewirkt.

1830 benützte der englische Geologe Charles Lyell eine Lithographie mit dem Titel »Tempel des Seraphis« als Fontispiece zu seinem grundlegenden Werk »Principles of Geology«. Dieses bahnbrechende Buch verschaffte der Theorie des Aktualismus (oder Praesentismus) großes Ansehen – also der Vorstellung, daß die Gegenwart den Schlüssel zur Vergangenheit bildet, daß, mit anderen Worten, Prozesse, die heute noch auf der Erde wirksam sind und über Jahrmillionen hinweg ständig wirksam waren, auch geologische Erscheinungen der Vergangenheit erklären können. Die Säulen in den Ruinen von Pozzúoli zeigten, als man sie aufgestellt und frei sichtbar gemacht hatte, waagrecht verlaufende Linien, die einst von Meeresorganismen in den Marmor gebohrt wurden. Diese Bänder beweisen, daß jene Teile der Säulen einst unterhalb des Meeresspiegels standen, und dies ist ein Beweis dafür, daß Land sich senken und wieder heben kann, wie auch geologische Zeugnisse zeigen, daß Landmassen mehrmals zum Absenken und Wiederanheben kamen.

Das ruhelose Magma unterhalb der Phlegräischen Felder hat dafür gesorgt, daß die ganze Gegend erdbebenanfällig ist. Im Lauf der Zeit haben Beben in Pozzúoli beträchtlichen Schaden angerichtet. Als die Beben in jüngster Zeit zunahmen, flüchteten viele Bewohner, aber die meisten sind inzwischen an ihre Wohnstätten zurückgekehrt.

Anno 79 n. Chr. wußte natürlich noch niemand etwas über Plattentektonik und daß Erdbeben Vorboten von vulkanischer Aktivität sein können. Erdbeben waren in ganz Kampanien häufig, aber man erklärte sie mit Sagen, in denen von unheilvollen Schlachten zwischen den Göttern und einem Stamm von Riesen die Rede war. Die Götter obsiegten zuletzt und schmiedeten die Riesen in der Unterwelt fest, und deren Befreiungsversuche bringe die Erde zum Beben.

Der römische Historiker Dio Cassius brachte die beiden Erscheinungen in einen lockeren Zusammenhang. Er erörterte den Vesuvausbruch von 79 n. Chr. mehr als ein Jahrhundert später und schrieb:

»Eine Zahl von sehr großen Menschen, die einen normalen Menschen an Größe weit übertrafen – solche Geschöpfe, wie man sich Riesen vorstellt – erschienen bald auf dem Berge, bald irgendwo auf dem Lande. ... Plötzlich war ein unheilvoller Krach zu vernehmen, als ob die Berge einstürzten; und die ersten großen Steine sausten durch die Luft, ... dann kam eine Menge Feuer und schier nicht endenwollender Rauch, so daß ... der Tag zur Nacht wurde. ... Manch einer dachte, daß die Riesen sich erneut aufrührerisch erhoben hatten (denn zu dieser Zeit waren auch einige von ihnen fern im Rauch zu erkennen...).«[3]

Vergil, der lange vor dieser Eruption lebte, hielt es für möglich, daß einer der besiegten Riesen unterhalb des Vesuvs beerdigt lag. Niemand sah jedoch zwischen der Mythologie einerseits und den Vulkanen und Erdbeben andererseits einen ursächlichen Zusammenhang.

Als im Februar 62 v. Chr. ein gewaltiges Erdbeben Kampanien erschütterte, dachte niemand daran, daß es einen Vulkanausbruch ankündigen könnte. Das Beben richtete großen Schaden an, vor allem in Pompeji und Herkulaneum, wo Straßenpflaster zerbrachen, Wände und Dächer einstürzten und Säulen umfielen. In Pompeji waren die Straßen überflutet, weil die Wasserbehälter der Stadt gleichfalls barsten. Es gab etliche Tote und Verletzte. Der römische Philosoph Seneca berichtete, daß unweit von Pompeji sechshundert Schafe verendeten, und er schrieb ihren Tod einer Pestilenz zu, Giften, die aus der Erde strömten. Seine Beschreibung macht glauben, daß infolge des Erdbebens Risse in der Erde entstanden, durch die Vulkangase an die Oberfläche strömten.

Ein weiteres Erdbeben, im folgenden Jahr, beschädigte Neapel, während Kaiser Nero, der sich für einen großen Sänger hielt, gerade ein Konzert gab. Er soll weitergesungen haben, während das Theater bebte. Der römische Senat gab für Reparaturen in der betroffenen Gegend Mittel frei. In Pompeji und Herkulaneum war man noch mit Instandsetzungsarbeiten beschäftigt, als dann im Jahr 79 n. Chr. der Vesuv den tödlichen Schlag austeilte.

Am 24. August 79 n. Chr. gingen die Menschen in Pompeji und Herkulaneum gerade ihren Alltagsbeschäftigungen nach, sei es zu Hause oder im Forum, sie saßen im Bad oder tranken in der Taverne Wein oder opferten vielleicht gerade einem Gott im Tempel, als der Vesuv mit einem betäubenden Knall detonierte (Abbildung 3-4) und ihre schöne, wohlgeordnete Welt in eine wahre Hölle verwandelte. Die Erde begann zu beben, und Asche, schaumige Stücke Bimsstein und sandkorngroße Partikel, Lapilli, wurden in einer riesigen Säule in die Atmosphäre hinaufgeschleudert. Die Spitze dieser Säule reichte bis weit hinauf in die Stratosphäre und bildete eine Wolke, die man heute, im Atomzeitalter, als Atompilz bezeichnen würde. Diese erste Phase der Eruption hielt fast zwölf Stunden an. Sie hatte schätzungsweise einen VEI von 6.

Pompeji befand sich im Fallwind des Vesuvs, ungefähr zehn Kilometer von seinem Krater entfernt. Etwa eine halbe Stunde nach dem Beginn des Ausbruchs fingen Asche und Bimsstein an, mit einer Geschwindigkeit von 15 bis 20 Zentimetern pro Stunde herabzufallen, und das Licht der Sonne zu verdunkeln. Die Menschen suchten Schutz in ihren Häusern oder flohen in Panik durch die düsteren Straßen. Viele erstickten. Am späten Nachmittag gaben die Dächer unter der Last der Schuttmassen nach, sie stürzten ein und töteten noch mehr Menschen. Die Straßen von Pompeji wurden zugeschüttet und die Toten auf der Straße von der Asche zugedeckt. Die feineren Partikel von Asche und Staub, die auf der Feuersäule ganz oben waren, wurden von den vorherrschenden Winden nach Süden getrieben und gelangten bis nach Nordafrika.

Gegen Mitternacht verursachte der nachlassende Druck in der Magma-

ABB. 3-4 Vesuvausbruch im Jahr 1779, von Neapel her betrachtet. Das Gemälde zeigt, wie der Ausbruch von 79 n. Chr. ausgesehen haben mag. Nach Alfano und Friedlaender, Die Geschichte des Vesuv, Tafel 24.

kammer unterhalb des Vulkans, daß die Säule in sich zusammensank. Eine zweite Phase begann. Kurz nach Mitternacht, am frühen Morgen des 25. August, spie der Vulkan feurige Lawinen von heißen Gasen, Asche, Bimsstein und Lapilli aus – pyroklastische Ströme –, die an den westlichen Flanken des Vesuvs (Abbildung 3-5) hinabdonnerten und die Vegetation wie auch die Wohnstätten auf ihrem Weg in Brand setzten und Herkulaneum zerschmetterten (Abbildung 3-3). Eine pyroklastische Welle in derselben Art, wie sie der Vesuv bildete, zerfällt bezeichnenderweise in zwei Teile: eine turbulente Wolke aus feinem Schutt und feurigen vulkanischen Gasen, auch als »Surge« bezeichnet, die sich sehr schnell fortbewegte, und ein sich langsamer bewegender Strom auf dem Boden, von dichterem Material, darunter außerordentlich große Steinbrocken.

Die »Surge« erreichte mit einer Temperatur von etwa 100 Grad Celsius zuerst Herkulaneum. Sie kam mit einer Geschwindigkeit von bis zu 300 Stundenkilometern und riß Dächer von den Häusern, stürzte Säulen und Statuen um, schüttete die Straßen zu und tötete buchstäblich jeden, der zu Beginn der Eruption noch in der Stadt war. Die schwerfälligere Flut kam langsam heran, aber sie war bis zu 400 Grad Celsius heiß. Sie verbrannte alles Brennbare – Gegenstände aus Holz, menschliche Körper –, das noch nicht von den Ablagerungen der ersten Surge völlig zugedeckt war, oder ließ es verkohlen, und deckte die Ruinenstätte völlig zu.

Wissenschaftler haben lange angenommen, daß Herkulaneum eher von vulkanischen Schlammfluten begraben wurde als von lockerer Asche und Bimssteinmassen, die Pompeji unter sich begruben, denn die Ablagerungen auf Herkulaneum verfestigten sich zu einer felsharten Masse, wie man das von Schlamm auf lange Sicht erwarten würde. Heute herrscht jedoch Übereinstimmung, daß die Stoffe, die Herkulaneum zuschütteten, aus einer Reihe von pyroklastischen Wellen stammten, die gleichfalls Ablagerungen hinterlassen, die kompakter und fester sind als Asche und Bimsstein.

Die erste pyroklastische Welle gelangte nicht bis Pompej, und das schaffte auch eine zweite nicht. Später an diesem Morgen erreichte ein dritter feuriger Strom die nördlichen Mauern von Pompeji, richtete aber offenbar keinen größeren Schaden an. Die dann folgende Flut von schwererem Schutt begrub jedoch alles unter sich, was von dieser Stadt noch übriggeblieben war.

Die Bewohner von Pompeji, die in ihren Häusern geblieben waren, als die erste Phase der Eruption kam, oder denen es gelungen war, rasch Schutz zu finden, überlebten etwas länger als diejenigen, die im Freien überrascht wurden, sofern sie nicht von herabfallenden Hausdächern erschlagen wurden. Aber der sich rasch auftürmende Vulkanschutt fing viele in ihren Häusern, wo sie erstickten, als am Morgen des 25. August eine vierte pyroklastische

ABB. 3-5 Ausbruch des Vesuvs im Jahr 1810, von Neapel her gesehen. Das Gemälde zeigte eine pyroklastische Welle, die der des Ausbruchs von 79 n. Chr. in deren späterem Verlauf ähnlich gewesen sein könnte. Nach Alfano und Friedlaender, Die Geschichte des Vesuv, Tafel 35.

Welle vom Vesuv eintraf und die Stadt vollkommen zudeckte. Sie stieß alle Mauern um, die noch aus der Schuttdecke herausragten, mit der die Stadt schon zugedeckt war.

Der Vesuv stieß am 25. August zwei weitere pyroklastische Ströme aus, von denen jeder größer war als die vorhergehenden. Die letzte Explosion wurde von starken Erdbeben und einer gigantischen schwarzen Wolke begleitet, die die Bucht von Neapel und das sie umgebende Land bis in eine Entfernung von gut sechs Kilometern mit Dunkelheit überzog. Aber zu diesem Zeitpunkt waren Pompeji und Herkulaneum schon tot und begraben. Sie blieben mehr als 1600 Jahre lang zugedeckt. Und das gesamte Land an den südlichen und westlichen Flanken des Vesuvs war vollkommen zerstört – Bauernhöfe, Weinberge, Villen – alles.

Asche und Bimsstein regneten in den Pausen zwischen den einzelnen pyroklastischen Wellen weiterhin herab. Abbildung 3-6 zeigt die verschiedenen Schuttmassen, die an diesen Tagen auf Pompeji herabprasselten, und die Dicke der Aschen und Bimssteinablagerungen an einer Stelle im Stadtgebiet,

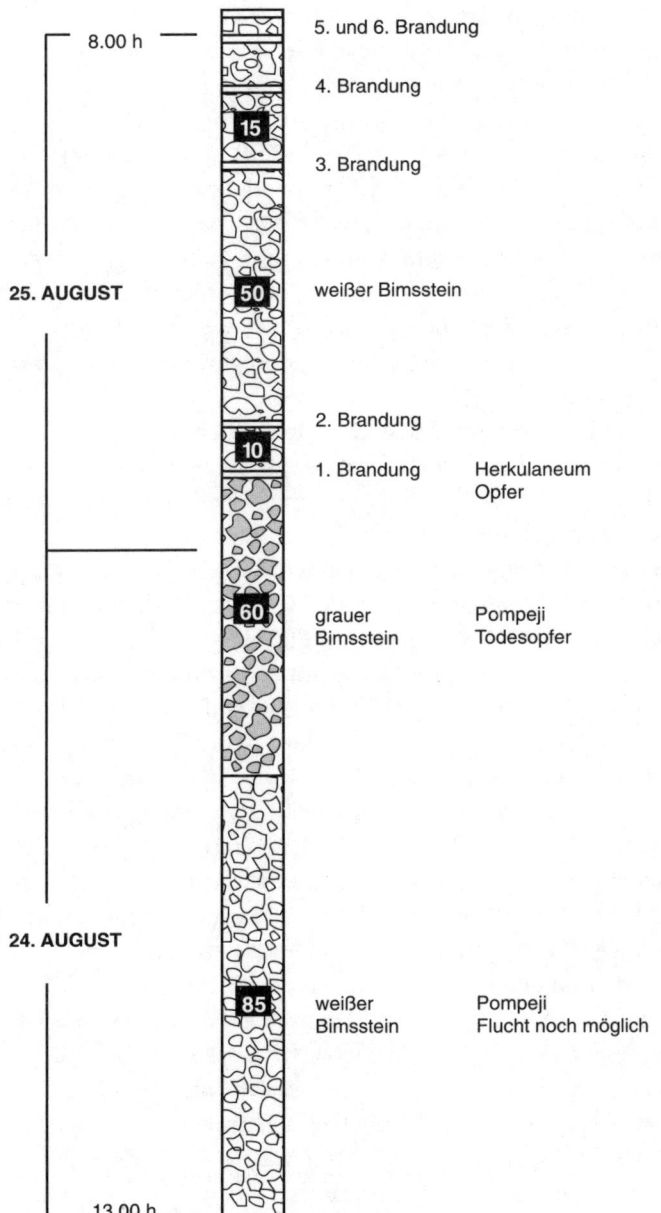

8.00 h — 5. und 6. Brandung

4. Brandung

15   3. Brandung

25. AUGUST   50   weißer Bimsstein

2. Brandung

10   1. Brandung   Herkulaneum
Opfer

60   grauer   Pompeji
Bimsstein   Todesopfer

24. AUGUST

85   weißer   Pompeji
Bimsstein   Flucht noch möglich

13.00 h

ABB. 3-6 Chronologischer Aufbau und Mächtigkeit der vulkanischen Schichten, die bei dem Ausbruch von 79 n. Chr. in verschiedenen Etappen auf Pompeji herunterkamen. Die Zahlen in den schwarzen Vierecken nennen die Stärke der jeweiligen Schicht in Zentimetern. Nach Sigurdsson u.a., Eruption of Vesuvius, S. 346.

die später ausgegraben wurde. Am Ende waren weite Teile von Pompeji von einer Schuttschicht bedeckt, die fast fünf Meter hoch war. Herkulaneum, näher am Vesuv gelegen, trug eine Schicht von zwanzig Metern. Insgesamt, so schätzte man, betrug das vom Vesuv ausgestoßene Material ungefähr acht Kubikkilometer. Die Asche bedeckte etwa 500 Quadratkilometer Boden.

Es gibt Hinweise darauf, daß Überlebende später nach Pompeji zurückkehrten und Tunnels durch diese Schichten gruben, um wertvolle Dinge herauszuholen, und ganz bestimmt suchten auch Räuber nach Beute. Doch die Tunnels in der lockeren Asche stürzten gleich wieder ein, und man gab bald auf. Die allermeisten der früheren Bewohner waren auf jeden Fall tot oder ließen sich anderswo nieder. Im Lauf der Zeit gerieten Pompeji und Herkulaneum fast in Vergessenheit.

Es gibt sogar einen zeitgenössischen schriftlichen Bericht über dieses Unglück. Ein römischer Marineoffizier namens Gaius Plinius Secundus, auch als Plinius der Ältere bekannt, Verfasser einer vielbändigen Naturgeschichte, kommandierte damals eine römische Flotte, die vor Misenum lag, also an der Halbinsel, die die nördliche Seite der Bucht von Neapel bildet. Als die Eruption begann, befehligte Plinius eine der Galeeren und fuhr los in Richtung Vesuv, weil er hoffte, den Ausbruch aus der Nähe beobachten zu können und dabei vielleicht auch einen Freund zu retten, der unweit des Vulkanbergs an der Küste lebte. Sie wurden jedoch von den heißen Aschen und den Lapilli abgetrieben, und er nahm Kurs auf Stabiae, an der Südseite der Bucht, wo ein weiterer Freund von ihm ein Landhaus besaß. Während er dort auf günstige Umstände für die Rückfahrt nach Misenum wartete, starb Plinius ganz plötzlich, wahrscheinlich das Opfer eines Herzinfarkts, während er sich durch einen schweren Ascheregen kämpfte, der die Stadt begrub.* Ein paar Jahre später bat der römische Historiker Tacitus Plinius den Jüngeren, das war der Neffe des Älteren, ihm vom Tod seines Onkels zu berichten.

Der jüngere Plinius, der zum Zeitpunkt der Eruption erst 17 oder 18 Jahre alt war, hatte mit seinem Onkel in Misenum gelebt. Er schrieb zwei Briefe an Tacitus, in denen er nicht nur das Sterben seines Onkels schilderte, sondern auch, mit etlichen Einzelheiten, den Ausbruch und das ihn begleitende Erdbeben. Diese Briefe bilden die frühesten bekanntgewordenen Augenzeugenberichte eines Vulkanausbruchs. Im ersten Brief beschreibt Plinius die Säule bei Beginn des Ausbruchs, den »Atompilz« – »an deren Aussehen kein anderer Baum mehr als die Pinie gemahnte. Denn die Wolke hob sich, wie in einem überlangen Stamme, hoch hinauf und verzweigte sich in etliche Äste«,

---

* Stabia blieb, wie Pompeji und Herkulaneum, jahrhundertelang zugeschüttet. Heute steht an dieser Stelle die Stadt Castellamare di Stabia.

76

schrieb er.[4] Vulkanologen verwenden heute das italienische Wort *pino*, wenn sie solche Säulen erwähnen, und hochexplosive Eruptionen wie die des Vesuvs vom 24. August 79 werden daher als *plinianisch* bezeichnet.

In seinem zweiten Brief an Tacitus beschreibt Plinius eine erstaunliche Erscheinung in der Bucht von Neapel. »Wir ... sahen, wie das Meer zurückgesaugt wurde«, schreibt er, »durch das Erdbeben gleichsam zurückgeschoben« (*mare in se resorberi [...] quasi repelli videbamus*).[5]

Dieser Wechsel in der Höhe des Meeresspiegels wurde höchstwahrscheinlich nicht von einem Erdbeben verursacht, sondern von einer Tsunami, hervorgerufen von einer pyroklastischen Welle, als diese in der Bucht von Neapel eintraf (siehe Abbildung 3-3). Gewöhnlich ziehen sich die Wasser von der Küste zurück, unmittelbar bevor eine Tsunami zuschlägt.

Paradoxerweise bewahrte das große Unglück, das Pompeji und Herkulaneum zerstörte, diese beiden Städte vor dem Vergessen. Sie waren zwar nur noch Ruinen, wurden aber als solche bewahrt, wie Insekteneinschlüsse in Bernstein, um Jahrhunderte später wiederentdeckt zu werden. Die meisten antiken Städte, ob durch Kriegshandlungen zerstört oder unter späteren Neubauten begraben oder einfach in sich zusammengefallen, sind für immer verschwunden. Die Stoffe, die der Vesuv ausschleuderte, haben Pompeji und Herkulaneum nicht nur dem Vergessen entrissen, sie begruben – und beschützten somit –, was noch übrig war von ihnen. Straßen, Hauswände und öffentliche Gebäude, großartige Kunstwerke und Überreste von Menschen blieben der Nachwelt gut erhalten, sie nehmen sich aus wie ein Schnappschuß aus dem Jahr 79 n. Chr. Pompeji zählt heute zu den bedeutendsten solcher Örtlichkeiten, die uns aus der antiken Welt überliefert sind. Kein noch so großes Museum könnte uns einen besseren Einblick in eine antike Kultur verschaffen. Pompeji und Herkulaneum sind Stätten, wo die Vergangenheit beinahe wieder lebendig geworden ist.

Die Entdeckung dieser beiden Städte geschah in mühsamen Etappen. Erste Hinweise erfolgten am Ende des 16. Jahrhunderts, als man einen Kanal grub, um Wasser aus dem Sarno zu einem Dorf nördlich davon fließen zu lassen. Die Arbeiter entdeckten einige Marmorstücke und ein paar Münzen aus der Zeit des Kaisers Nero. Später, im Jahr 1689, als man in dieser Gegend einen Brunnen aushob, wurden ein paar eiserne Schlüssel gefunden und einige Steine mit lateinischen Inschriften, von denen die eine ›Pompeji‹ lautete. Aber man nahm an, daß diese Gegenstände aus einem Landhaus stammten.

Seltsamerweise war eine etwas höher gelegene Fläche offenen Landes, unmittelbar nördlich des Sarno, den dortigen Bauern als ›la Città‹ bekannt, d. h. die Stadt. Eine uralte Erinnerung? Auf jeden Fall grub ein Forscher namens Giuseppe Macrini zu dieser Città ein Tunnel; und in einem Buch, das 1699 erschien, behauptete er, Hinweise auf Häuser und Stadtmauern gefunden zu haben. Macrini hatte Pompeji entdeckt, aber, und das ist wieder unglaublich, kein Mensch scheint dem die geringste Aufmerksamkeit geschenkt zu haben.

Jetzt zu Herkulaneum. Im Jahr 1709 ließ der Fürst d'Elboeuf, ein Offizier der österreichischen Armee, die damals gerade das Königreich Neapel besetzte, in dem benachbarten Portici ein Landhaus errichten. Er erfuhr, daß in einem Brunnen oder einer Quelle ein paar bearbeitete Marmorstücke gefunden worden waren. Daraufhin heuerte er ein paar Arbeiter an und ließ sie einen Schacht graben, in der Hoffnung, weitere Mamorfragmente zu finden. Er fand die Überreste des Theaters von Herkulaneum, das er mit Hilfe einiger Tunnels nach Bronze und Marmorstatuen durchsuchen ließ, mit denen er sein Haus schmücken wollte.

D'Elboef wußte nicht, oder es kümmerte ihn nicht, daß dieser Schatz ein Teil des antiken Herkulaneum war. Er verkaufte sein Landhaus ein paar Jahre später, und es kam letztendlich in den Besitz des Bourbonenkönigs Karl von Neapel und Sizilien. Die Grabungen wurden fortgesetzt, und man fand wertvolle Statuen und Marmortafeln, die bald die Landhäuser adliger Villenbesitzer schmückten. 1738 wurde eine Inschrift gefunden, die auch den Namen der Stadt erwähnte. Aber das Interesse richtete sich nach wie vor auf das Auffinden weiterer Schätze, nicht auf Spuren der Vergangenheit. Man grub weiter, ohne jedes System, und wo keine wertvollen Dinge gefunden wurden, wechselte man sogleich den Grabungsort.

Nach der Entdeckung von Herkulaneum belebte sich das Interesse für La Città erneut, und wieder begann man hier zu graben. 1763 fanden Arbeiter Teile einer Statue mit dem Namen Pompeji, und schließlich erkannte man, daß la Città tatsächlich die Örtlichkeit der untergegangenen Stadt war. Es wurde hektisch weitergegraben, chaotisch. Man betrachtete Pompeji und Herkulaneum als eine Art Steinbruch, wo man Kunstwerke für die Reichen finden konnte, nicht als Örtlichkeiten, die sich aufgrund ihres historischen Werts zu studieren lohnten.

Die Wissenschaft Archäologie, sagt man, begann mit den Entdeckungen von Herkulaneum und Pompeji; aber ihre systematische Vorgehensweise ließ noch hundert Jahre auf sich warten. Nach der Vereinigung Italiens im Jahr 1860 wurde ein Archäologe namens Giuseppe Fiorelli zum Oberaufseher aller Ausgrabungen in Süditalien ernannt. Unter seiner Aufsicht wurde erstmals mit etwas mehr System ausgegraben. Er unterteilte beispielsweise die

Stadt Pompeji in mehrere archäologische Zonen, ließ jeden Fund in einem Journal eintragen und gründete sogar eine Archäologische Lehranstalt.

In Pompeji gingen die Ausgrabungen viel rascher vonstatten als in Herkulaneum. Pompeji lag unter trockenen, lockeren Aschen, Bimsstein und Lapilli – Stoffe, die man ziemlich leicht beseitigen kann. In Herkulaneum erwiesen sich die Grabungen als schwieriger, weil die darüberliegenden Schichten, pyroklastische Ströme, sehr viel mehr verhärtet waren. Außerdem lag Herkulaneum sehr viel tiefer begraben als Pompeji. Die heutige Stadt Ecolano liegt fast zwanzig Meter über dem größeren Teil der begrabenen Stadt, vieles von Herkulaneum kann man nur durch unterirdische Tunnels erreichen. Pompeji war zum größten Teil von Ackerland bedeckt, und es bleibt heute nur noch weniger als ein Fünftel der Stadt neu zu entdecken.

Fraglos haben einige Menschen in Pompeji wie auch in Herkulaneum die ersten Stunden der Eruption überstanden, aber wahrscheinlich überlebten nur wenige die folgende pyroklastische Flut. Man glaubte lange Zeit, folgerte dies aus der Anzahl von menschlichen Überresten, die gefunden wurden, daß nur etwa 2000 Menschen in Pompeji den Tod fanden. Neuere Schätzungen haben diese Zahl indes gewaltig angehoben, manche sprechen von 16 000 Toten – man muß ja auch den Tod von vielen Menschen in nächster Nachbarschaft zu dieser Stadt berücksichtigen.

Die Ausgrabungen von Pompeji haben menschliche Überreste in zwei grundverschiedenen Formen zutage gefördert. Das sind zum einen die Opfer, die in ihrem Haus gefangen waren – weil sie dachten, sie könnten den ersten Ascheregen abwarten oder vielleicht, weil sie ihre Wohnung und ihren Besitz ungern verließen –, sie wurden von herabstürzenden Hausdächern getötet oder von den pyroklastischen Strömen erstickt und anschließend von Asche und Lapilli zugedeckt. Wasser und Luft drangen letztlich durch die lose geschichteten Stoffe und die organischen Gewebe, wie auch Kleidung, Holz und andere vergängliche Stoffe, sie verrotteten im Lauf der Zeit. Skelette von Mensch und Tier wurden dort gefunden, wo sie der Tod ereilt hatte – einige in Ecken zusammengekauert, wo sie vergebens Schutz gesucht hatten. In einigen Fällen zierte noch immer gut erhaltener Schmuck diese Skelette, als sie gefunden wurden, und gleich daneben lagen Münzen, die Börsen entfallen waren, die lange zuvor verrottet waren.

Jene Pompejianer, andererseits, die auf der Straße den Tod fanden, erstickt von herabstürzender Asche, hinterließen keine Skelette, sondern einfach Gußformen, Umrisse ihrer Körper. Die Asche verklumpte sich um sie herum, als sie niederstürzten. Im Lauf der Zeit drang Feuchtigkeit aus dem Grundwasser ein und bewahrte ihre Form, wie ein Abdruck in Lehm, während die

Körper zerfielen. Giuseppe Fiorelli entdeckte in den 1860er Jahren, daß man flüssigen Gips in diese Formen gießen und auf diese Weise Abdrücke der Opfer anfertigen konnte, wie sie zum Zeitpunkt ihres Todes ausgesehen hatten – ihre Körperhaltung, Abdrücke ihrer Kleidung und in einigen Fällen sogar den Ausdruck auf ihren Gesichtern. Was am Ende herauskam, war furchteinflößend, ja sogar makaber und wirklich bewegend.

Aus Herkulaneum gibt es solche Körperformen nicht, weil der erste Ascheregen diese Stadt nicht erreichte. Nur etwa ein Dutzend menschlicher Skelette wurde in den vor 1982 ausgegrabenen Ruinen gefunden. Seinerzeit legten Arbeiter einen Entwässerungsgraben dort an, wo die Stadt zuvor aufs Meer hinausgeschaut hatte, und dabei fanden sie mehrere Gewölbe, die die darüberliegenden Gebäude trugen. In diesen Gewölben bewahrten die Fischer ihre überzähligen Boote und andere Dinge auf, ein Lagerraum also. Hier fand man einige Skelette von Personen, die zweifellos hierher geflohen waren, als der Ausbruch begann, um mit dem Boot zu entkommen. Aber vielleicht gab es nicht genügend Boote, vielleicht war aber auch das Meer zu stürmisch, wie auch immer, die Flüchtigen starben, als die erste pyroklastische Welle die Stadt traf.

Die in Herkulaneum gefundenen Skelette sind in einem viel besseren Erhaltungszustand als die von Pompeji. Grundwasser, das durch die vulkanischen Schuttmassen sickerte, bedeckte ihre Gebeine, schloß sie luftdicht gegen Oxidierung ab und schützte sie auf diese Weise gegen die Schwankungen der Außentemperaturen und der Feuchtigkeit. Die Gebeine aus diesen Gewölben wurden von Anthropologen untersucht, weil sie wissen wollten, wie alt die Toten gewesen waren, in welchem Gesundheitszustand und welche Art von Arbeit sie verrichtet hatten. Die meisten waren gesund und wohlgenährt. Untersuchungen der Stellen, wo die Sehnen an den Knochen ansetzen, ergaben, daß einige von ihnen fraglos Sklaven waren, die schwer geschuftet hatten. Andere, vermutlich Wohlhabende oder Adlige, hatten kaum körperliche Arbeit verrichtet. Man fand bei einigen Leichen sehr gut erhaltenen Schmuck, einiges davon wirklich prächtig, auch er bezeugt, welche soziale Stellung sie zu ihren Lebzeiten eingenommen hatten. Männer und Frauen, Kinder, Adlige und Sklaven – sie starben hier Seite an Seite, wie Gleiche fanden sie ihr Grab.

Für die Wissenschaft Physische Anthropologie bedeuteten die Skelette aus Herkulaneum wahrhaftig einen seltenen Fund. Normalerweise verbrannten die Römer ihre Toten, so daß Anthropologen wenig unmittelbare Kenntnisse über diese Menschen selbst bekamen. Dieselben äußeren Umstände, die diese Skelette so gut bewahrten, beschützten auch andere Artefakte, die in Pompeji schon seit langer Zeit verrottet waren. Verschiedene Gegenstände, hölzerne

Möbelstücke, Fischernetze, ja selbst Nahrungsmittel, obschon verkohlt, fanden sich hier fast so, wie sie an jenem Schicksalstage, dem 24. August 79 n. Chr., bestanden hatten. Und so haben uns die Ruinen von Herkulaneum einen Schatz an neuen Erkenntnissen über das antike Rom vermittelt.

Die Wissenschaft Vulkanologie, so könnte man sagen, bekam vom Vesuv wichtige Impulse. Abbildung 3-7, aus der berühmten »Encyclopédie« des Denis Diderot (1713-1784), zeigt Menschen, die ganz aus der Nähe – und wirklich hingerissen – einem Ausbruch des Vesuvs im Jahr 1754 zuschauen. Dieses frühe Zeugnis von wissenschaftlicher Neugierde könnte das spätere wissenschaftliche Interesse an Vulkanismus vorwegnehmen. Sir William Hamilton, der von 1764 bis 1800 in Neapel als englischer Gesandter tätig war, beobachtete mehrere Eruptionen des Vesuvs und ließ sich von diesem Berg in den Bann schlagen. Er war ein ausgezeichneter Beobachter und ein eifriger Erforscher dieses Vulkans und unternahm mehrere Besteigungen, bis hinauf zum Gipfel, selbst während der Vesuv gerade spie. Seine Beobachtungen, die er in vielen Briefen niedergeschrieben hat, würden zwar heute nur als halbwissenschaftlich gelten, wurden aber in den »Philosophical Transactions of the Royal Society of London« abgedruckt. Darüber hinaus schrieb Hamilton zwei Bücher über vulkanische Erscheinungen. Seine »Observations on Mount Vesuvius, Mount Etna, and Other Volcanoes« erschienen 1774; zwei Jahre später veröffentlichte er »Campi Phlegraei«. Das sind die ersten modernen Schriften über Vulkanologie, und obschon er Diplomat war und nicht Wissenschaftler, wurde er er doch mit Recht als »Vater der Vulkanologie« bezeichnet.

Die Errichtung eines Observatoriums hoch oben am Rand, an der Nordwestflanke des Vesuvs, bedeutete einen einzigartigen Fortschritt für die Wissenschaft. Solide aus Stein erbaut, ausgestattet mit Seismographen und anderem Instrumentarium, und außerdem mit einer Bibliothek und Schlafstätten und dergleichen, wurde es 1845 fertiggestellt. 1856 wurde Luigi Palmieri, ein Physiker der Universität Neapel, zum Leiter dieses Observatoriums bestellt, und im Jahr 1872 verweilte er während eines größeren Ausbruchs dort oben. Palmieri kam im Lauf der Jahre zu dem Ergebnis, daß die Ausbrüche des Vesuvs einem zyklischen Muster zu folgen scheinen; er war der erste, der das Verhalten eines Vulkans vorherzusagen suchte.

Seit 79 n. Chr. ist der Vesuv mehr als fünfzigmal ausgebrochen. Besonders zerstörerische Eruptionen gab es in den Jahren 472, 512 und 1139, und eine ganz besonders unheilvolle Eruption, mit pyroklastischen Wellen, geschah

ABB. 3-7 Eine Abbildung aus der berühmten »Encyclopédie«, die der französische Philosoph Denis Diderot seit Mitte des 18. Jahrhunderts herausgab. Sie zeigt einen Ausbruch des Vesuvs im Jahr 1754 und zugleich das Interesse einer breiteren Öffentlichkeit, solche Begebenheiten aus der Nähe zu sehen. Derlei – ganz neuartige – Neugierde könnte sehr wohl das wissenschaftliche Interesse für Vulkanismus angekündigt haben. In Privatbesitz.

1631. Ein Mönch, Fra Angelo, beobachtete von einem nahegelegenen Kloster den Ausbruch und sah sogar sieben Lavaströme aus Erdspalten an der Südwestflanke des Berges zur Bucht von Neapel hinabfließen. Was er als Lavaströme bezeichnete, waren in Wirklichkeit pyroklastische Wellen. Drei Städte wurden damals schwer beschädigt: Granasello, Resina und Torre del Greco, es sollen dabei 18 000 Menschen den Tod gefunden haben, die meisten in Torre del Greco, weil die kommunale Obrigkeit zögerte, die Stadt räumen zu lassen. Als sie dies schließlich befahl, war es zu spät. Bevor die Menschen abziehen konnten, rasten pyroklastische Wellen mit der Schnelligkeit von Hochgeschwindigkeitszügen über die Stadtmauern hinweg in die Stadt hinein und durch die engen Gassen und erstickten seine in Panik geratenen Bewohner.

In dem Dorf Portici wurde nach der Eruption von 1631 eine Marmorplakette angebracht, mit einer Warnung an die Bürger, daß der Vesuv eine große Gefahr für sie darstellt. Diese Inschrift lautet:

»Nachgeborene, Nachgeborene, Euch betrifft es ...
Seid auf der Hut.
Zwanzig Male seit Erschaffung der Sonne
stand der Vesuv in Flammen, niemals ohne eine schreckliche
Zerstörung all derer, die zu flüchten zögerten.
Dies ist eine Warnung, damit es niemals
Euch überraschend ergreife.
Der Schoß des Berges ist trächtig, er besitzt
Bitumen, Alaun, Gold, Silber, Nitrat,
und Fontänen von Wasser.
Früher oder später entzündet er sich ...
Wenn Ihr klug seid, hört die Worte dieses Steines.
Vergeßt Heim und Herd, vergeßt Eure
Güter, Euer Vieh, es gibt kein Zögern.
Flieht!«[6]

Es gibt den lebhaften Bericht eines Augenzeugen einer weiteren Eruption, vom Oktober 1767, von einem Priester, Padre Torre, der folgendes schreibt:

»Plötzlich, gegen Mittag, vernahm ich ein lautes Geräusch aus dem Bergesinneren, und an einem Fleck, der ungefähr mehrere Hundert Meter von mir entfernt war, öffnete sich der Berg; und unter großem Getöse schoß ... eine Fontäne von flüssigem Feuer mehrere Meter kerzengerade in die Höhe und brauste dann wie ein Strom auf uns zu. ... Binnen Sekunden verursachten schwarze Wolken und Aschen fast rabenschwarze Nacht; die Explosionen ... waren viel lauter als jeder Donner, den ich je gehört, und der Schwefelgeruch war äußerst widerlich.«[7]

Ein Grund, warum diese frühen Ausbrüche des Vesuv so gut überliefert sind, liegt darin, daß römisch-katholische Geistliche in der Kathedrale von Neapel ihren Schutzpatron anriefen, den hl. Januarius oder San Gennao, sobald der Vulkan die Stadt bedrohte (siehe Abbildung 3-8). Januarius, Bischof von Beneventum, starb um 300 n. Chr. in Puteoli (heute Pozzúoli) im Verlauf der von Kaiser Diokletian befohlenen Christenverfolgungen den Märtyrertod. Seine Reliquien, der Schädel des Heiligen und einige Ampullen mit seinem

Blut, wurden jedesmal, wenn der Vesuv ausbrach, bei Prozessionen durch die Stadt getragen, damit er helfe und die Stadt beschütze. Jede dieser Bittprozessionen, und im Lauf der Jahrhunderte waren es viele, fand in schriftlicher Form ihren Niederschlag im Diözesanarchiv.

Als Pater Torre nach dem Ausbruch von 1767 wieder in Neapel war, fand er diese Stadt in großer Erregung. Er schrieb:

»Die Kirchen waren gut gefüllt, in den Straßen drängten sich die Prozessionen, wo Heilige vorbeigeführt wurden, und etliche Bittgottesdienste wurden abgehalten, um die Angst vor der Wut des Berges zu bekämpfen.

In der Nacht zum 20. ... zündete der Mob die Tore des Kardinalerzbischöflichen Palastes an, weil der Kardinal sich geweigert hatte, die Reliquien des hl. Januarius herauszugeben. Der 21. war ein ruhiger Tag, aber am 22., als die Eruption sich fortsetzte, gingen die Gewalttätigkeiten weiter .... Es regnete reichlich Asche auf die Straßen von Neapel herab. ...

Inmitten all dieser Ängste zwang der Mob, der immer aufrührerischer und ungeduldiger wurde, den Kardinal, den Kopf des hl. Januarius herausbringen zu lassen ...; und es ist gut belegt, daß der Vulkanausbruch in dem Augenblick aufhörte, als der Heilige den Berg gewahrte.«[8]

Auf der Brücke zwischen Neapel und San Giorgio kann man bis zum heutigen Tag eine Statue des hl. Januarius mit erhobenen Armen sehen. Viele Neapolitaner glauben, daß bei dieser Statue ursprünglich die Arme herabhingen und in der Nacht vom 30. April 1832, als der Vesuv wieder einmal ausbrach und Lava ausströmte, der Heilige die Arme hob und auf den Vulkan deutete. Der Lavastrom kam bald zum Erliegen, Neapel wurde gerettet. In Kampanien ist der Glaube an diesen Heiligen nach wie vor stark verbreitet, und seine Reliquien werden immer noch durch die Straßen getragen, wenn der Vesuv sich zu regen beginnt.

Zuletzt war der Vesuv im März 1944 aktiv, also während des Zweiten Weltkrieges, als eine mächtige Eruption die Städte San Sebastiano und Massa und auch eine amerikanische Luftwaffenbasis zerstörte. Der italienische Schriftsteller Curzio Malaparte hat in seinem Roman »La Pelle« (Die Haut) darüber geschrieben:

»Gen Osten tat sich der Himmel in einer gewaltigen Wunde auf und färbte das Meer in blutigem Rot. Der Horizont versank, stürzte herab

ABB. 3-8 Diese alte Lithographie stellt den Ausbruch des Vesuvs im Jahr 1631 dar. Sie zeigt den hl. Januarius (San Gennaro), wie er aus der Höhe den Vulkan bittet, seine zerstörerische Wut zu zügeln. In Privatbesitz.

in einen Abgrund aus Feuer. Die Erde war von tiefem Schluchzen erschüttert, sie zitterte und bebte, die Häuser schwankten in ihren Fundamenten, und man hörte Ziegel und Mauerwerk mit dumpfem Gepolter aufs Straßenpflaster stürzen. Ein unheimliches Geräusch erfüllte die Luft, als ob Knochen zerbrechen. Und über diesem Lärmen, über dem Jammern und Angstgeschrei der Menschen, die wie blind kreuz und quer über die Gasse taumelten, erhob sich, den Himmel aufreißend, ein schreckliches Brüllen. ... Ein riesiger Baum aus Feuer entquoll dem Schlunde des Vulkans himmelwärts, und eine riesige Rauchsäule erklomm das Firmament ... An den Flanken des Berges strömten Lavabäche herab zu den im Grün der Weingärten verstreuten Dörfern.«[9]

Die Zeit seit 1944 bildet den längsten Zeitraum, in dem der Vesuv in neuerer Zeit ruhig geblieben ist.

———

Seit Pompeji und Herkulaneum, diese antiken Städte, ausgegraben wurden, haben sie wie auch der Vesuv in der abendländischen Kultur eine große Bedeutung. Der Vesuv ist der in der abendländischen Kunstgeschichte am häufigsten abgebildete Vulkan. Vielen Malern wurde er, ob in Ruhe oder in Aufruhr begriffen, zum liebsten Objekt: für die Franzosen Edgar Degas und Pierre-Auguste Renoir, für den Niederländer Pieter Brueghel, für den Engländer William Turner und die Amerikaner Albert Bierstadt und Thomas Cole. Selbst Pop-Küstler wie Andy Warhol haben diesen Berg gemalt. Viele Künstler, namentlich Thomas Cole, aber auch die Italiener Giambattista Piranesi und Giovanni Cipriani, auch Angelika Kauffmann, eine gebürtige Schweizerin, haben Szenen aus Pompeji und Herkulaneum dargestellt. Kauffmanns Bild »Der jüngere Plinius und seine Mutter in Misenum« zeigt den Ausbruch des Vesuvs, wie Plinius ihn gesehen haben muß.

Die in Pompeji und Herkulaneum gefundenen Kunstwerke haben die Kenner und die Historiker nicht weniger entzückt, seit diese altrömischen Städte ausgegraben wurden, zumal aus dem alten Rom selbst nur sehr wenige Kunstgegenstände erhalten blieben, diese kaiserliche Stadt wurde von den Vandalen und anderen Völkerschaften im Lauf der Jahrhunderte gründlich ausgeplündert. Doch die Künstler, die die in diesen vergrabenen Städten Häuser und öffentliche Bauwerke verzierten, haben uns die wichtigsten Zeugnisse ihrer künstlerischen Techniken aus römischer Zeit hinterlassen. Sie schmückten Zimmerwände mit Landschaften – man kann sogar sagen, sie haben die Landschaftsmalerei erfunden –, auf denen die Natur realistisch abgebildet wurde und die dem Betrachter die Illusion von Raum vermitteln. Sie schaufen Gemälde, Fresken und Szenen aus dem Volksleben der römischen und griechischen Mythologie wie aus dem Alltagsleben, Szenen, die für das Verständnis des Alltagslebens der einfachen Leute im ersten Jahrhundert nach Christus von unschätzbarem Wert sind. Viele Skulpturen waren Kopien von inzwischen längst verlorenen griechischen und römischen Originalkunstwerken. Sie waren ausgezeichnet gearbeitet, wahre Juwelen – Kameen, Trinkgefäße, Lampen, Kandelaber und Haushaltsmobiliar.

Die in Pompeji und Herkulaneum erhalten gebliebenen und später aufgefundenen Kunstwerke ermöglichten es dem 18. Jahrhundert, den Neoklassizismus in der dekorativen Kunst hervorzubringen. Diese Kunstrichtung betonte Ordnung und Einfachheit, im Gegensatz zu den raffinierten Ornamenten des späten Rokoko. So kam es, daß die Architektur, Möbel, Keramik, Schmuck, Textilien und selbst die Tapeten des späten 18. und frühen 19. Jahrhunderts mit Motiven aus Pompeji verziert wurden.

Vor allem die neoklassische Kunst des schottischen Architekten Robert Adam ließ sich von dem Stil Pompejis anregen. Die Reichen ließen sich in ihren Wohnungen »Pompejianische Räume« einrichten, Vertäfelungen und Medaillons wie in Pompeji, Gipsarbeiten mit eingearbeiteten Motiven. Ein solcher von Adam gestalteter Raum, das Wohnzimmer eines Gutsbesitzers in Lansdowne, England, wurde später in Einzelstücke zerlegt und in die Vereinigten Staaten von Amerika gebracht, es gehört heute zu den ständigen Exponaten des »Philadelphia Museum of Art«. Kunstgegenstände aus Pompeji und Herkulaneum wurden für die verschiedensten dekorativen Stücke nachgeahmt, für vielerlei Kunstwerke: vom Kandelaber bis zum Blumenständer. Dieses Kopieren von Kunstwerken aus Pompeji hat sich bis weit ins 19., ja in abgeschwächter Form sogar bis ins 20. Jahrhundert hinein erhalten.

Zu den Ornamenten im Landhaus von Lansdowne zählten auch Bas-Reliefs mit Tänzern. Der erste Marquis von Lansdowne erwarb, als er einmal durch Italien reiste, von Straßenhändlern etliche solcher Bas-Reliefs aus Gips. Zu Hause in England, zeigte er sie seinem Freund Josiah Wedgwood, dem englischen Porzellanfabrikanten, der davon Kopien anfertigen ließ. Wedgwood übertrug diese tanzenden Figuren auf seine irdenen Vasen und sein Porzellan, wie auch auf Plaketten und Leuchter, und selbst auf kleine Medaillons, mit denen man Möbelstücke verzierte. Diese Muster sind bis zum heutigen Tag beliebt.

Als es darum ging, die Öffentlichkeit, vor allem in Großbritannien, mit der Kunst von Pompeji vertraut zu machen, hat niemand sich größere Verdienste erworben als Sir William Hamilton, der als Sammler von Antiquitäten bekannt war. Hamilton erwarb (nicht immer legal) viele Kunstwerke aus den Ausgrabungen von Pompeji, vor allem Vasen und Statuen, und verkaufte sie an wohlhabende Sammler oder an das British Museum in London, wo sie großes Interesse erweckten und viel beitrugen, die Begeisterung einer größeren Öffentlichkeit für Pompeji und somit auch für des antike Rom zu wecken, und zwar nicht nur in England, sondern auch in den USA und anderswo.

In den Vereinigten Staaten wurden wenigstens zwei bekannte Gebäude nach römischen Landhäusern gestaltet, die beide aus Pompeji stammten. Das eine steht in Saratoga Springs (New York), errichtet anno 1888, sein Interieur wurde nach dem Haus der Pansa in Pompeji gestaltet; es diente zuerst als Museum und Touristenattraktion, später als Freimaurertempel und danach als Synagoge. Erst in den letzten Jahren sind hier Geschäfte eingezogen.

Das andere Gebäude befindet sich in Malibu (Kalifornien), unweit von Los Angeles, es ist der Villa dei Papiri bei Herkulaneum ziemlich getreu nachgebildet. Der Ölmagnat J. Paul Getty ließ es in den 1970er Jahren errichten, er wollte seine große Sammlung griechischer und römischer Kunst darin unterbringen. Dieses Bauwerk samt seinem Innenhof und den Gärten stellt eine erstklassige Kopie des Originals dar und ist in seiner Art selbst ein Kunstwerk.

Die Villa dei Papiri zählt zu den größten Häusern in Privatbesitz, die aus dem Römischen Reich stammen, sie befand sich einst außerhalb der Stadtmauern von Herkulaneum, mit einem Blick auf die Bucht von Neapel. Ausgegraben wurde sie 1754. Zu den wichtigsten Entdeckungen in ihren Ruinen zählt ein kleiner Raum, der mehr als 2000 Papyrusrollen enthielt, die zwar insgesamt schwere Brandschäden aufwiesen, aber doch noch da und dort lesbar sind. Sie enthalten zum größten Teil Abhandlungen des Philosophen Philodemus, der im ersten Jahrhundert nach Christus unweit des Sees von Galilea lebte. Diese Papyrusrollen haben der Villa ihren Namen gegeben; der ursprüngliche Besitzer ist nicht bekannt.

Das kulturelle Vermächtnis von Pompeji fand in der Literatur wie auch in den dekorativen Künsten großen Widerhall. Die Tragödie, die sich hier einst abspielte, hat vor allem Schriftsteller angezogen. Sir Walter Scott soll ausgerufen haben: »Die Stadt der Toten! Die Stadt der Toten!«, als er durch ihre Straßen lief. Charles Dickens schrieb in seinen »Pictures from Italy«: »der Berg ist eigentlich der Genius loci hier, ... wir schauen auf den Vesuv, der nur auf seinen Augenblick wartet, ... als das Schicksal und das Verhängnis dieses schönen Landes.« Zusammen mit einigen Freunden stieg Dickens zum Gipfel des Vesuvs empor und schilderte, im selben Buch, seine Eindrücke von dem Krater: »große Feuerflächen strömen herab, beleben die Nacht mit flammendem Rot, schwärzen sie mit ihrem Rauch und übersäen sie mit feurigheißen Steinen und Aschen, die wie Federn in die Luft emporgewirbelt werden und niederfallen wie Blei. Wo sind die Worte, die Düsternis und den Glanz dieses Schauspiels zu malen.«[10]

Johann Wolfgang v. Goethe hat den Vesuv auf seiner großen Italienreise im Frühjahr 1787 bestiegen. Er schrieb:

»Wir versuchten noch ein paar Schritte, aber der Boden ward immer glühender; sonneverfinsternd und erstickend wirbelte ein unüberwindlicher Qualm. ... gingen wir umher, noch andere Zufälligkeiten dieses mitten im Paradies aufgetürmten Höllengipfels zu beobachten. ...

Der herrliche Sonnenuntergang, ein himmlischer Abend erquickten mich auf meiner Rückkehr; doch konnte ich empfinden, wie sinneverwirrend ein ungeheurer Gegensatz sich erwiesen. Das Schreckliche zum Schönen, das Schöne zum Schrecklichen, beides hebt einander auf und bringt eine gleichgültige Empfindung hervor. Gewiß wäre der Neapolitaner ein anderer Mensch, wenn er sich nicht zwischen Gott und Satan eingeklemmt fühlte.«[11]

Der französische Schriftsteller Marie-Henri Beyle, der Nachwelt besser unter dem Namen Stendhal bekannt, besuchte Pompeji 1817 und schrieb darüber: »Pompeji ... ist das erstaunlichste, faszinierendste und unterhaltsamste Spektakel, dem ich jemals begegnet bin. Kein anderer Anblick kann einem ein solches Verstehen der alten Welt vor Augen führen.«[12]

Zu den ältesten Büchern über die Katastrophe des Jahres 79 n. Chr. gehört »The Last Days of Pompeii«, ein Roman, der 1834 von dem englischen Schriftsteller Edward Bulwer-Lytton veröffentlicht wurde und auf breites Gefallen stieß. Obschon er, für den Geschmack der heutigen Leser, allzu sentimental und melodramatisch ist, gewährt er doch einen faszinierenden Einblick in das Leben Pompejis im ersten Jahrhundert und ein lebendiges Bild der Vorgänge, als die Erde bebte, die Wände einstürzten und Asche und Lapilli auf die Stadt herabprasselten und den Tag in Nacht verwandelten.

Bluwer-Lytton spinnt den Faden seiner Geschichte um einen gewissen Glaucus, die ihm anvermählte Ione und ein blindes Blumenmädchen namens Nydia, das in Glaucus verliebt ist. Auf dem Höhepunkt dieser Geschichte, während Menschentrauben von Verzweifelten durch die Dunkelheit drängen, um aus Pompeji zu entkommen, führt die blinde Nydia, »gewohnt, durch eine immerwährende Nacht die gewundenen Gassen der Stadt wie an einem Faden zu durchschreiten«, Glaucus und Ione an die Meeresküste und bringt sie an Bord eines Schiffes in Sicherheit. Da ihre Liebe unerfüllt bleibt, läßt sie sich unbemerkt ins Wasser gleiten und ertrinkt. Der Amerikaner Henry Broker nahm 1836 diese Nydia und machte sie zur Darstellerin in einem Stück, und der amerikanische Skulptor Randoph Rogers gestaltete für sie eine Büste. Einen in mancher Hinsicht ganz ähnlichen Roman, bezogen auf Inhalt und Titel, schrieb in den 1970er Jahren der englische Autor Alan Lloyd, wobei er den Titel »Alive in the Last Days of Pompeii« wählte.

Mark Twain besuchte Pompeji 1867 und schrieb darüber:

»Man findet dort die langen Reihen solide gebauter Häuser aus Backstein (ohne Dach), wie sie schon vor 1800 Jahren dort standen, heiß in der glühenden Sonne, und die Fußböden, sauber gefegt, und nicht ein helles Fragment ist verkommen oder fehlt in den fein ausgearbeiteten Mosaiken, die sie verzieren, mit Tieren, Vögeln und Blumen, die wir heute in Teppichen nachzuahmen versuchen, und dort an den Wänden von Wohnzimmern und Schlafräumen sind die Figuren der Venus, der Bacchus und des Adonis, verliebt und trunken, in Fresken mit feinen Schatten, und dort begleiten sehr schmale Gehsteige die engen Straßen, die gepflastert sind mit Fliesen aus guter, harter Lava, tief zerfurcht von den vielen Wagenrädern, die hier einst fuhren, die Gehwege zertreten von Pompeijanern, von Menschen aus längst vergangenen Zeiten.«[13]

Im Jahr 1909 veröffentlichte der amerikanische Romancier Henry James einen Bericht über seine Italienreise, »Italian Hours«. Darin schrieb er, daß der Tourist in Pompeji »die Füße auf römisches Pflaster setzt, die Hände auf römische Steine, die Augen auf römischen Raum, seine Phantasie schließlich wird ihm wirklich von Nutzen sein, sie könnte ihn scheinbar zurückversetzen in jene unauslöschlich vergangene Zeit«.[14]

Es erscheinen immer noch Bücher, in denen der Vesuv das Herzstück oder zumindest den Hintergrund bildet. 1992 veröffentlichte die amerikanische Publizistin Susan Sontag den Roman »The Volcano Lover«, in dem sie das Leben Sir William Hamiltons erzählt. Sie versteht es höchst einfühlsam, Hamiltons Begeisterung für den Vesuv darzustellen, sein Bedürfnis, darüber zu schreiben, seine Obsession, Artefakte von Pompeji zu sammeln – und seine Freundschaft mit Lord Nelson, Englands großem Marinestrategen, der jahrelang eine skandalträchtige Affäre mit Lady Hamilton unterhielt.

Den Vesuv gibt es sogar als Oper. »La Muette der Portici« (Die Stumme aus Portici) wurde 1828 von dem französischen Komponisten Daniel Auber geschrieben, die Oper wurde bekannt, weil sie die Eruption auf der Bühne nachzumachen versucht. Diese Oper, die auch als »Masaniello« bekannt ist, handelt von einem Aufruhr der neapolitanischen Bevölkerung, 1647, angeführt von einem Fischer namens Masaniello, gegen die spanische Herrschaft. Die Oper endet mit dem Ausbruch des Vulkans, der das göttliche Urteil symbolisiert. Eine Aufführung im Jahr 1830 in Brüssel löste Studentenunruhen aus, die wiederum einen Umsturz nach sich zogen und die Loslösung Belgiens aus niederländischer Herrschaft.

Die Zerstörung von Pompeji läßt sich ganz ausgezeichnet im Film darstellen, es gibt wenigstens vier solcher Filme: »The Last Days of Pompeji«, auf italienisch »Ultimi Giorni di Pompeii«. Der erste Streifen wurde 1897 von einem Italiener gedreht, ein weiterer italienischer Film kam 1926, ein amerikanischer 1935 und 1959 dann noch einmal ein italienischer.

Es kann nicht weiter erstaunen, daß gerade Dichter sich über den Vesuv und Pompeji am ergriffensten äußerten. 1819 schrieb der englische Historiker Thomas Babbington Macaulay über den Vesuv:

»Sahest Du, wie wild, wie rot, wie hell sein Licht
Die Dunkelheit dieses Mittagsdunkel durchbrach,
Als der wilde Vesuv sich ergoß über das Tal,

Seine rasenden Flammen und Tücher von brennendem Hagel
Erschütterten der Hölle bleiche Blitze aus glühendem Kegel
und vergoldeten den Himmel mit Meteoren, die nicht die
    seinen waren.«[15]

1819 schrieb der romantische englische Dichter Percy Bysshe Shelley nach
einem Besuch von Pompeji:

»Ich stand in der ausgegrabenen Stadt;
Und vernahm die herbstlichen Blätter wie leichtes Schlurfen
Von Geistern, die durch die Straßen gehn; und hörte
Bisweilen des Berges schläfrige Stimme
Durch jene unbedeckten Räume schrillen;
Unheilkündender Donner, der den Schock durchdrang
Die lauschende Seele in meinem erwartungsvollen Blut;
Und spürte, daß die Erde aus ihrem tiefsten Innern sprach.«[16]

————

Unsere Begeisterung für den Vesuv, für Pompeji und Herkulaneum ist noch
nicht erloschen. Es ist so, wie Susan Sontag in dem Roman »The Volcano
Lover« schreibt: »Der Berg ist ein Symbol für alle Formen von Tod im
Großen: für die Sintflut, das große Feuer..., aber auch fürs Überleben, für das
Fortbestehen des Menschen. In diesem Fall hat eine Natur, die Amok lief,
auch Kultur und Artefakte hervorgebracht, ... indem sie die Geschichte
zu Stein verwandelte. Bei solchen Unglücksfällen gibt es auch viel zu be-
wundern.«[17]
    Der Vesuv und Pompeji, wie auch Herkulaneum, inspirieren nach wie vor
Schriftsteller und Künstler, sie fesseln Wissenschaftler und ziehen die Neugierigen an. Der Vulkan und die Stadt, die er bewahrte, indem er sie zerstörte,
bilden ein zeitloses Nebeneinander von Leben, Tod und Wiederauferstehung.

Island

Wenn in der Mitte die Naht aufgeht ...

4

»Dieser lange Spalt in der Erdkruste ... war der Mittelatlantische Scheitelgraben. Er verlief ... entlang der längsten Gebirgs- kette der Erde, an die 44 000 Kilometer lang, hervorgegangen aus Vulkanismus, und das alles unterhalb der Meeresoberfläche. Und der Meeresboden riß auf, unaufhörlich, ungefähr mit derselben Geschwindigkeit, mit der ein Fingernagel wächst.«

JOSEPH HAYES, ISLAND ON FIRE

ISLAND IST EINE VULKANINSEL, mit 103 000 Quadratkilometern fast ebenso groß wie Baden-Württemberg und Bayern zusammen (106 000), sie liegt zu beiden Seiten des Mittelatlantischen Rückens, etwa 370 Kilometer östlich von Grönlands Südspitze. Island zählt zu den Gebieten mit den meisten aktiven Vulkanen. Seit dem 9. Jahrhundert, seitdem sich hier Wikin- ger niedergelassen haben, wurde von etwa einhundertfünfzig Eruptionen be- richtet, viele von ihnen gingen nicht von Vulkanbergen aus, sondern von Erd- spalten. Das Gesicht dieser Insel, die zum größten Teil unbesiedelt ist, wird von wildem Terrain und einigen großen Gletschern – oder *jökulls* – und weit- läufigen Eisfeldern bestimmt. Der Vatnajökull-Gletscher im Südosten Islands hat eine Fläche von 8400 Quadratkilometern, er ist an einigen Stellen tau- send Meter dick. Er bildet den drittgrößten Gletscher dieser Art auf der Erde; größer sind nur die in der Antarktis und auf Grönland. Unfruchtbare Hoch- flächen machen etwas mehr als die Hälfte von Island aus, Lavafelder elf und Gletscher zwölf Prozent. Infolge seiner häufigen vulkanischen Aktivitäten und der weitläufigen Gletscher kann es nicht wundernehmen, daß Island als »das Land von Feuer und Eis« bezeichnet wird.

Die Grenze zwischen der Nordamerikanischen und der Eurasischen Platte verläuft am Mittelatlantischen Rücken. Der östliche Teil Islands bewegt sich mit der Eurasischen Platte ostwärts; der westliche Teil wandert mit der

Nordamerikanischen Platte nach Westen. Island wird also mit einer Geschwindigkeit von ungefähr zwei Zentimetern pro Jahr buchstäblich in der Mitte auseinandergerissen (Abbildung 4-1). Aber aus seinen Erdspalten und Vulkanen brechen ständig Gesteinschmelze oder Magma hervor und füllen diese Spalten wieder aus.

Island liegt aber nicht nur auf einem vulkanischen Rücken inmitten des Meeres, es liegt überdies auch noch auf einem *hot spot* – also auf einer an der Erdoberfläche sichtbaren Manifestation einer heißen Blase aus Magma, die aus dem oberen Teil des Erdmantels bis an die Oberfläche kommt. Seismische Aufzeichnungen deuten an, daß ein Teil dieser Blase ungefähr 300 Kilometer breit ist, man kann sie bis in eine Tiefe von etwa 400 Kilometer verfolgen. Die nach oben gerichtete Kraft der aufsteigenden Masse von geschmolzenem Gestein hat in der Lithosphäre (die Kruste und der feste obere Mantel) eine Wölbung verursacht, deren Durchmesser etwa doppelt so groß ist wie die Blase selbst.

Einige Geologen nehmen an, daß die auseinanderstrebenden tektonischen Platten diese heiße Blase im Erdmantel in die Lage versetzten, ihren Weg nach oben zu finden; andere hingegen meinen, daß die aufsteigende Blase die Ursache dafür ist, daß die Platten überhaupt auseinanderdriften. Geowissenschaftler stimmen aber überein, daß sie insofern sehr große Bedeutung hat, als dies der einzige Ort auf Erden ist, wo man sowohl eine Mantelblase als auch einen mitten im Meer befindlichen Rücken auf festem Land studieren kann. Unmittelbar südlich von Island befindet sich die Grenze der Platte in einer ziemlich langgestreckten Furche, die neben der Achse eines breiten Stückes des Mittelatlantischen Rückens folgt, bekannt unter dem Namen Reykjanes-Rücken. Nördlich von Island gibt es etwas Ähnliches, den Kolbeinsey-Rücken, er reicht unterhalb der Dänemark-Straße nach Norden. Der Aufbau von Grönland selbst ist komplexer (siehe Abbildung 4-1). Die Kluft von Reykjanes kommt von Südwesten her auf die Insel, unweit von Reykjavik, und scheint im Mittelteil Islands zu enden. Die Kolbeinsey-Bruchzone kommt von Norden her und scheint bis an die isländische Nordküste zu reichen. Im Osten ist eine dritte solche Zone, sie erstreckt sich vom nördlichen Island bis zu einem vulkanischen Archipel vor seiner Südküste, zu den Vestmanm-Inseln, den Vestmannaeyjar. In jeder dieser breiten Rifttäler tut sich eine Unzahl von Erdspalten auf. Von Osten nach Westen verlaufende Verwerfungen, an denen immer wieder Erdbeben auftreten, ziehen von den vermeintlichen Enden der Reykjanes- und Kolbeinsey-Rücken zur Riftzone im östlichen Island.

Der Scheitelgraben im Osten Islands beheimatet Islands jüngste Vulkangesteine. Die meisten von ihnen entstanden aus Lavaströmen, die aus den lang-

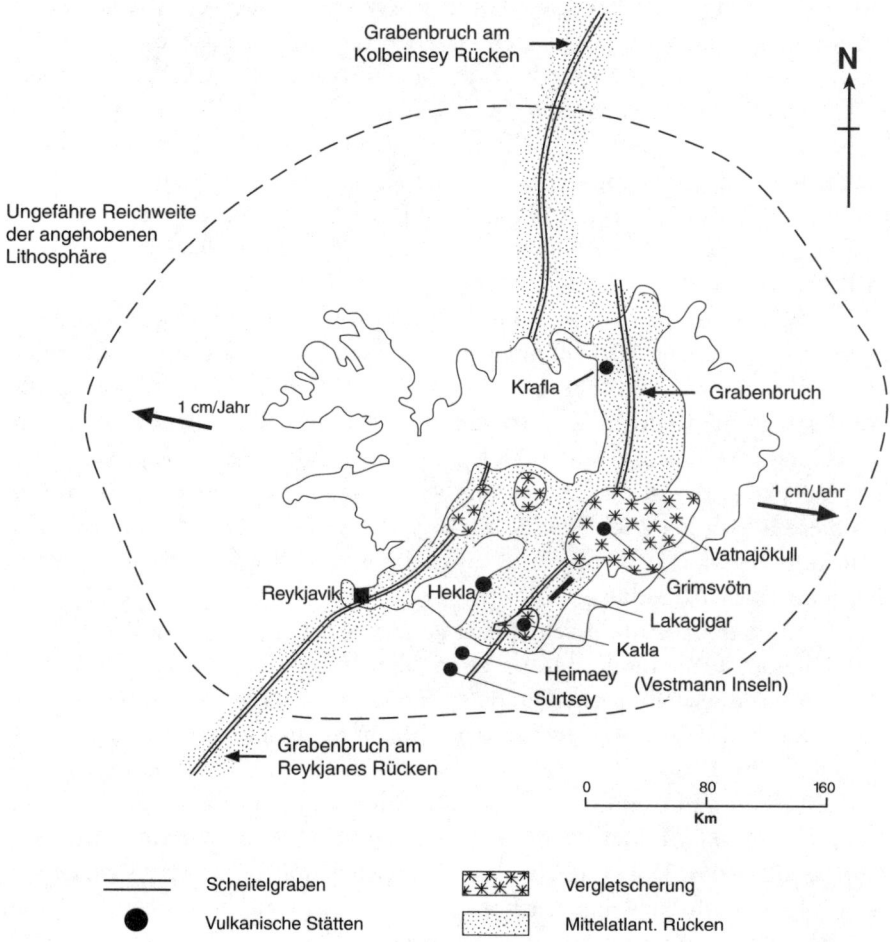

Grabenbruch am
Kolbeinsey Rücken

N

Ungefähre Reichweite
der angehobenen
Lithosphäre

Krafla   Grabenbruch

1 cm/Jahr

1 cm/Jahr

Vatnajökull

Reykjavik   Hekla   Grimsvötn

Lakagigar

Katla

Heimaey   (Vestmann Inseln)

Surtsey

Grabenbruch am
Reykjanes Rücken

0   80   160

Km

Scheitelgraben   Vergletscherung

Vulkanische Stätten   Mittelatlant. Rücken

ABB. 4-1 Die tektonische Lage von Island oberhalb einer heißen Magmablase im
Erdmantel. Sie zeigt die großen Bruchzonen und die vulkanischen Örtlichkeiten, die
hier behandelt werden. Die Nordamerikanische und die Eurasische Platte treiben
etwa mit einer Geschwindigkeit von zwei Zentimetern pro Jahr auseinander (jede
etwa einen Zentimeter in die jeweils entgegengesetzte Richtung).

gestreckten Spalten dieses Grabens hervorgingen. Die Eruptionen brachen an
verschiedenen Stellen aus, einmal da und einmal dort, weil immer wieder ältere Spalten sich verstopften und neue sich an ihrer Seite öffneten, um Platz
zu machen für neue Lavaströme.

Die ältesten Vulkangesteine, 16 bis 22 Millionen Jahre alt, findet man an der Ost- und an der Westküste Islands, wie man es von einem Eiland erwarten würde, das sich auf zwei auseinanderdriftenden tektonischen Platten befindet. Die Strömungen unterhalb des Meeresspiegels, gen Osten wie gen Westen, sind noch älter. Die ältesten Gesteine, die die Vulkantätigkeit oberhalb der mehr oder weniger ortsfesten heißen Blase im Erdmantel hervorgebracht hat, liegen entlang der westlichen Küsten von Schottland und Irland und an der Ostküste von Grönland frei, sie bilden einen überzeugenden Beweis dafür, daß sich der Nordatlantik öffnet. Diese Gesteine sind 40 bis 50 Millionen Jahre alt.

Die Vulkangesteine an der anderen Seite Grönlands, entlang seiner Westküste, sind ungefähr 70 Millionen Jahre alt und sollen gleichfalls oberhalb dieser Blase entstanden sein. Folglich muß sich Grönland im Zeitraum von vor 70 bis vor 40 Millionen Jahren oberhalb der Blase befunden haben. Wenn man die Bewegung der Nordamerikanischen Platte über diese Blase hinweg rekonstruiert, macht dies glauben, daß vor 120 bis 70 Millionen Jahren diese Bewegung auch eine Nord-Süd-Richtung hatte, und daß in diesem Zeitraum zuerst Ellesmere-Island und dann die Baffin-Insel über der Blase gelegen haben (Abbildung 4-2).

Es muß ganz bestimmt sehr lange gedauert haben, bis diese Blase durch den äußeren Erdmantel so weit nach oben stieg. Die dicke kontinentale Lithosphäre oberhalb der heißen Blase behinderte anfangs das Aufsteigen der Hitze und hatte zur Folge, daß in der Umgebung dieser großen Magmamassen sehr hohe Temperaturen entstanden. Als der nach oben gerichtete Druck schließlich die Lithosphäre sprengte, strömte Magma in die vielen Risse ein, erstarrte dort und bildete schmale Schichten von Stein, die man Gang oder Gangstock nennt. Das Magma, das sich zwischen älteren Gesteinsschichten nach oben hindurchzwängte, erstarrte zu massiven, tafelförmigen Körpern, die man als Lagergang (eng. *sills*) bezeichnet. Überall dort, wo das Magma die Erdoberfläche erreichte, brachte es riesige Lavaströme hervor, welche die Erdkruste verstärkten und die Insel schufen, die heute den Namen Island trägt.

Was die Blase von sich gab, war einmal groß und einmal weniger groß. Am höchsten scheint dieser Ausstoß vor siebzig bis vierzig Millionen Jahren und noch einmal in den letzten zwanzig Millionen Jahren gewesen zu sein. Seit dem Beginn der Eiszeitalter vor ungefähr zwei Millionen Jahren hat diese Blase 400 bis 500 Kubikkilometer Lava abgegeben, sie haben mehr als 12 000 Quadratkilometer Land bedeckt. Etwa 32 Kubikkilometer Lava und 10 Kubikkilometer Vulkanschutt sind aus verschiedenen Vulkanen und Spalten an die Oberfläche gedrungen, seit im Jahr 874 n. Chr. die ersten Siedler nach Island kamen. Seither waren auf, oder in der Nähe, der Insel mehr als

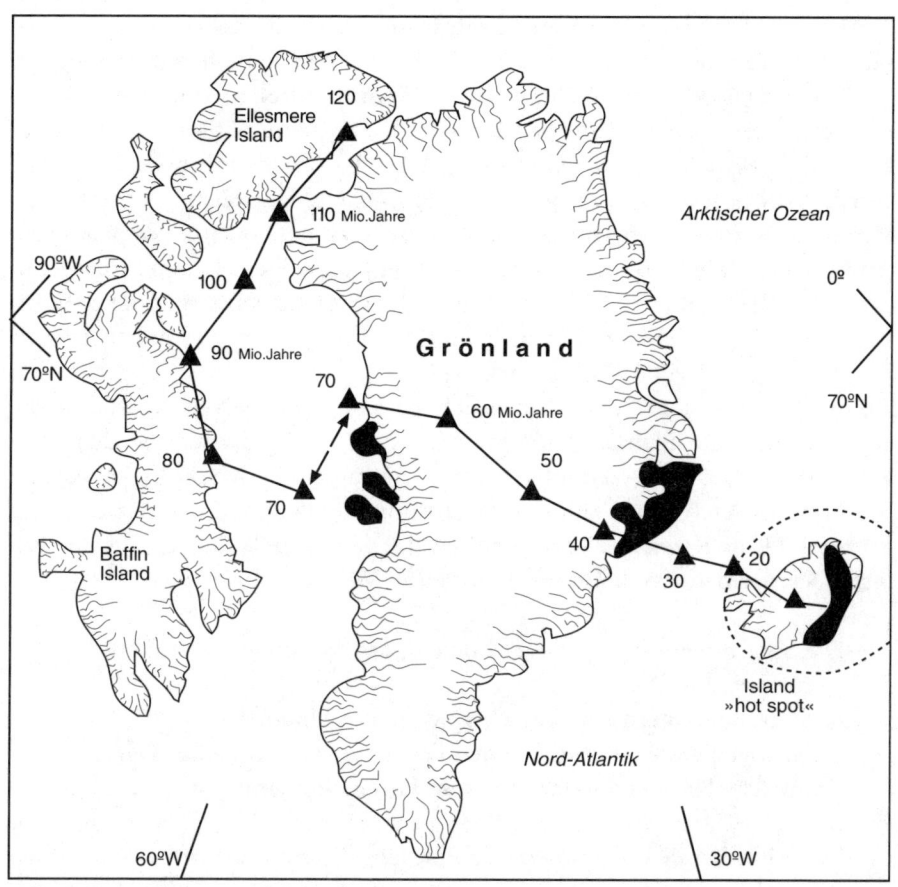

● Vulkankomplexe

▲ Zeitweise oberhalb einer Mantelblase

ABB. 4-2 Diese Zeichnung zeigt die ungefähre Lage der Inseln Grönland, Baffin Island und Ellesmere-Insel, die sich vor langer Zeit über einen *hot spot* hinwegbewegten. Sie zeigt auch die wechselnden Richtungen, in die sich die tektonischen Platten bewegten, nachdem sie sich von der Eurasischen gelöst hatten – diese Bewegung öffnete den Nordatlantischen Ozean. Nach Lawver und Mueller, Iceland Hot Spot Track, S. 311.

dreißig vulkanische Stätten aktiv. Die Lavamengen, die bei den einzelnen Ausbrüchen ausgestoßen wurden, waren unterschiedlich groß, von weniger als einem bis zu zwanzig Kubikkilometer.

Vulkane sind in Island gewöhnlich inmitten ganzer Schwärme von Spalten entstanden. Die Vulkane auf Island neigen dazu, in explosiver Weise auszubrechen, weil ihr Magma ziemlich zähflüssig ist, damit stehen sie im Gegensatz zu Eruptionen aus Spalten, die ihre Lava gewöhnlich relativ langsam ausströmen lassen. Zwei Vulkane im südlichen Mittelteil von Island unterstreichen diesen Sachverhalt: Katla, an der Küste, hatte seit seinem ersten bekannten Ausbruch im Jahr 934 n. Chr. zehn Ausbrüche mit hohem VEI, sie wurden auf Stärken zwischen 4 und 5 geschätzt. Der Hekla, ungefähr 56 Kilometer nordwestlich vom Katla, hatte seit seinem ersten dokumentierten Ausbruch im Jahr 1104 n. Chr. neun solcher Eruptionen. In ganz Island gab es seit der Besiedlung 27 Ausbrüche, also durchschnittlich zwei oder drei pro Jahrhundert, mit VEIs zwischen 4 und 5. Diese Ausbrüche haben Islands Bevölkerung und seine Kultur stark geprägt.

Von einem frühen Vulkanausbruch berichtet die berühmte isländische Saga *Völuspá*, die in einer Handschrift aus dem 13. Jahrhundert vorliegt, der *Edda*. Diese Dichtung erzählt die alte skandinavische Mythologie von der Erschaffung der Welt bis zu ihrer Zerstörung und dem Tod der Götter in der Endzeit, die als *Ragnarok* bezeichnet wird. Die folgenden Zeilen aus der *Völuspá* beschreiben zweifellos einen größeren Vulkanausbruch:

»Die Sonne beginnt sich zu verdunkeln; der Kontinent versinkt
    erblassend im Meer;
Die gänzenden Sterne, sie verschwinden vom Himmel;
Rauch wirbelt aus den brennenden Feuern und zerstört die Welt;
Gigantische Flammen lodern bis zum Firmament empor.«[1]

Höchstwahrscheinlich liegt dieser Schilderung ein richtiger großer Ausbruch zugrunde, dessen Erinnerung schließlich in die Sagenwelt einging. Skandinavische und germanische Mythen enthalten viele Hinweise auf die Zerstörung der Welt, da treten immer wieder Feuer und Rauch auf, die die Sterne verdunkeln lassen, auch lang anhaltende Kälteperioden und die Endschlacht der Götter. Von den Ausbrüchen in historischer Zeit, wie dem des Tambora in Indonesien im Jahr 1815, wissen wir, daß Vulkanasche und Aerosole in der Atmosphäre genug Sonnenlicht absorbieren können, so daß der Anteil der Wärme, der die Erde erreicht, sinkt und eine längere Kaltwetterperiode verursacht. Diese Kaltzeiten können mehrere Monate anhalten, ja sogar Jahre. Der irische Schriftsteller Padraic Colum schildert in seinem Buch *Orpheus: Myths of the World* sehr lebhaft ein solches Ereignis, und er zitiert aus der isländischen Saga *Ragnarok*, vom Schicksal der Götter:

»Schnee fiel auf die vier Ecken der Welt; eisige Winde bliesen aus allen Richtungen; Sonne und Mond lagen vom Sturm versteckt ... es gab weder Frühling noch Sommer; kein Herbst brachte Ernte und Frucht; und aus dem Winter ging neuer Winter hervor.

Es war drei Jahre lang Winter. Der erst hieß der Winter der Winde: Stürme bliesen und Schnee fiel zur Erde, die Fröste waren gewaltig. Diesen schrecklichen Winter überstanden die Kinder des Menschengeschlechts kaum.

Der zweite Winter war der Winter des Schwertes: Wer noch am Leben war, beraubte seinen Nächsten oder schlug ihn tot, um sich an seinen Resten zu nähren; Bruder tötete Bruder; weitumher auf der Welt wogte Schlachtengetümmel.

Und der dritte Winter wurde der Winter des Wolfes genannt. Damals fütterte die alte Hexe, die in den Eisernen Wäldern lebte, den Wolf Managarm mit unbestatteten Männern und mit den Leichen derer, die im Kampf gefallen waren. ... Die Helden von Walhall fanden ihre Throne übergossen mit Blut, das Managam aus seinem Maul gespritzt war; dies war das Zeichen an die Götter, daß die letzte Schlacht näherrückte.«[2]

Diesem letzten Gefecht zwischen den Göttern und den Riesen in der isländischen Sagenwelt folgte eine Zeit des Friedens und des Glücks. Odin, der Göttervater, richtete einen neuen Himmel und eine neue fruchtbare Erde ein, da gab es weder das Böse noch Elend oder Armut.

Die Sage von Ragnarok könnte nach einer großen Eruption entstanden sein, die im 9. Jahrhundert stattgefunden haben soll und auf die drei Jahre mit eiskalten Sommern folgten eine allgemeine Hungersnot und blutige Kämpfe. Diese Eruption könnte vom Bardabunga ausgegangen sein, einem Vulkan unterhalb dem Eise des Vatnajükull, der um das Jahr 900 n. Chr. eine größere Eruption hervorgebracht haben soll. Einige Geologen halten es jedoch für wahrscheinlicher, daß die geschilderte Begebenheit einen Ausbruch des Katla beschreibt, der im Südwesten liegt, unterhalb einer dünneren Eisschicht, die den Namen Myrdalskjökull trägt (siehe Abbildung 4-1). Die dann anhebenden sozialen und politischen Unruhen könnten durchaus der Grund gewesen sein, daß die Häuptlinge von Island im Jahr 930 n. Chr. bei Thingvellir, etwa vierzig Kilometer nordöstlich vom heutigen Reykjavik, ein – inzwischen historisch gewordenes – Treffen veranstalteten, wo sie das Althing einrichteten, aus dem das erste demokratische Parlament der Welt hervorging.

Als man das Jahr 1000 schrieb, war dieses Althing über der Frage, ob die Bevölkerung Islands das Christentum annehmen oder weiterhin seine alten nordischen Götter verehren solle, heftig zerstritten. Aus alten Aufzeichnungen geht hervor, daß im Verlauf einer Sitzung, als besonders heftig darüber diskutiert wurde, ein Bote mit der Nachricht eintraf, daß unweit von Reykjavik Lava aus einem Erdspalt strömte und dort das Bauernland bedrohte. Die Anhänger der alten Religion deuteten dies als ein Zeichen, daß ihre Götter sich von dem Gerede über die Annahme des Christentums verletzt fühlten. Aber ein Verfechter der christlichen Lehre sei aufgesprungen, habe auf Thingvellirs trostlose Vulkanlandschaft gedeutet und die Frage gestellt, was wohl die Götter verletzt habe, als das Vulkangestein, auf dem sie saßen, in Feuer ausgebrochen sei. Diese rhetorische Frage soll den Ausschlag zugunsten des Christentums gebracht haben.

Der britische Historiker Thomas Carlyle schrieb im 19. Jahrhundert über Island und seine sagenhafte Herkunft:

»In jenem wunderlichen Eiland, Island, das, wie die Geologen sagen, aus Feuer vom Grunde des Meeres entstand; ein wildes Land, unfruchtbar und von Lava bedeckt; verschlungen, jahraus, jahrein, viele Monate lang, von finsteren Stürmen, und trotzdem ein Land von wilder glänzender Schönheit, wenn der Sommer dies erlaubt; das dort emporragt, grimmig streng, im Nordatlantik, mit seinen schneebedeckten Yokuls, seinen zischenden Geysiren und Schwefelquellen, seinen schrecklichen vulkanischen Klüften, wie ein leergeräumtes Schlachtfeld von Frost und Feuer – dort wo man, ausgerechnet dort, am wenigsten nach schöner Literatur und schriftlichen Zeugnissen suchen würde, ausgerechnet dort, wurden Berichte von derlei Vorfällen niedergeschrieben. An der Küste dieses wilden Landes, wo das Vieh genügend zu fressen bekommt, und mithin auch Menschen vom Vieh und dem, was das Meer ihnen gibt, leben können; und es scheint, daß dies dichterisch begabte Menschen waren, Menschen, aus deren Innern tiefe Gedanken kamen, die sie so lyrisch zum Ausdruck brachten. Wäre Island nicht aus der See emporgestiegen, unentdeckt gelieben von den Männern des Nordens, ach, wie viel wäre verloren!«[3]

Die Literatur und die Musik Skandinaviens und Deutschlands ließen sich von der Sagenwelt Islands stark beeinflussen. Das beste Beispiel ist wohl die vierteilige Oper »Der Ring des Nibelungen« von Richard Wagner (1812-1883). Die letzte Szene von Wagners monumentalem Werk, »Die Götterdämmerung«, beruht in Teilen auf der *Edda*.

———

In der Vergangenheit war der aktivste Vulkan Islands der Hekla, der seit der Besiedlung Islands mehr als zwanzigmal ausgebrochen ist, im Durchschnitt also alle vierzig Jahre einmal. Er reckt sich, östlich von Reykjavik, nur 1497 Meter in die Höhe, umgeben von einer dünnen Erdschicht mit spärlicher Vegetation, und die Ödnis seiner Umgebung gibt dem felsigen Gipfel ein bedrohliches Aussehen. Im Mittelalter hielt man Vulkane für Pforten zur Unterwelt. Die schwarzen Lavaströme auf den Flanken des Hekla mit seinem rauchenden Gipfel und die Scharen von Raben, die ihn umkreisen – man hielt sie für die Seelen von Verstorbenen –, überzeugten viele, daß der Hekla tatsächlich die Eingangspforte zur Hölle bildet.

Im späten 12. Jahrhundert berichtete ein französicher Kleriker namens Herbert von Clairvaux in seinem *Liber miraculorum et visionum* folgendes über den Hekla:

»Dieser Berg, ... der aus brennender, zischender Flamme besteht, steht immerfort da wie ein Feuer, das sich über seine Flanken ergießt und ihn von außen und innen zerstört ... Jener berühmte Feuerkessel in Sizilien [der Ätna], der als Tor zur Hölle bezeichnet wird und der, wie oftmals bestätigt wurde, die Seelen der Verdammten aufnimmt, um sie zu verbrennen, sie werden täglich herbeigeschleppt – man sagt, er sei nur wie ein gewöhnlicher Ofen im Vergleich zu den riesigen Gruben der Hölle. ... Zu unseren Lebzeiten wurde ein so heftiger Ausbruch bezeugt, daß es den größten Teil des Landes ringsumher zerstörte. ... Wer ist so abartig und ungläubig, daß er die ewigen Feuer leugnen könnte, welche die Seelen leiden lassen, wenn er doch mit eigenen Augen jenes Feuer erblickt, von dem wir hier sprechen?«[4]

Wahrscheinlich hat Herbert durch seinen Freund Eskil, den Erzbischof von Island, vom Hekla gehört. Knapp vierhundert Jahre später schrieb der deutsche Arzt Caspar Peucer:

»Aus dem tiefsten Abgrund des Hekla, oder wohl eher aus der Hölle selbst, steigen erbärmliche Schreie und Jammern so laut empor, daß dieses Gestöhn weitumher zu hören ist. Kohlschwarze Raben und Geier umkreisen diesen Berg, sie haben hier ihre Nester. Hier kann man die Pforte der Hölle finden. Man hat seit langer Zeit beobachtet, daß immer dann, wenn große Gefechte ausgetragen werden oder wenn auf der Erde irgendwo sehr viel Blut fließt, aus diesem Berg schreckliches Heulen zu hören ist, Weinen und Zähneknirschen.«[5]

1675 veröffentlichte ein Franzose namens Matinière einen Reisebericht, in dem er schrieb, daß der Teufel dann und wann die Seele von Sündern aus dem Feuer des Hekla herausziehe und sie gleich daneben im Eis des Meeres eintauche, um sie dann wieder hinab in die Hölle zu stoßen – vemutlich wollte er damit ihre Qualen noch verstärken.

––––––

Ungefähr 120 Kilometer nordöstlich vom Hekla befindet sich ein weiterer höchst aktiver Vulkan, der Grimsvötn, der unter dem Eis des Vatnajökull liegt. Dieser Vulkan ist seit dem 13. Jahrhundert zwanzigmal oder noch öfter ausgebrochen, zuletzt 1998. Seine eisübersäte Caldera bedeckt zwanzig Quadratkilometer und ist 250 bis 300 Meter tief.

Die dem Magma der eisbedeckten Vulkane Grimsvötn und Katla entströmende Hitze bringt riesige Mengen Schmelzwasser hervor. Die Wärme von einem Kubikmeter Magma reicht aus, 14 Kubikmeter Eis zu schmelzen, und daraus werden dann 13 Kubikmeter Schmelzwasser. Das Wasser sammelt sich in den Kratern oder in den Calderen an, bis es durch Risse in ihren Flanken ausfließt oder bis es zu einer Eruption kommt, bei der es sich freisetzt. Es sammelt sich unter dem Gletscher zu riesigen Strömen, in Island nennt man sie *jökulhlaups,* die nach dem Aufbrechen bis zu zwei Wochen lang fließen können.

Das Volumen solcher *jökulhlaups* soll schon so groß gewesen sein wie die Wassermassen großer Flüsse. Gletscherabbrüche vom Grimsvötn trugen Massen von Eis und von Sand, Kiesel und großen Steinen mit sich hinunter an die Südküste Islands, wo der angeschwemmte Schutt eine riesige Ebene aufs Meer hinausgeschoben hat. Einige Steine aus diesen Schuttmassen, die in Eisblöcken verbacken waren, trieb es aufs Meer hinaus, und sie wurden einige Hundert Kilometer vom Land entfernt in Bohrkernen gefunden, die man aus Sedimenten vom Ozeanboden entnahm.

In den ersten Oktobertagen 1996 fand an einer langen Spalte unterhalb des Vatnajökull, ungefähr 15 Kilometer nordwestlich von Grimsvötn, wo das Eis mehr als 500 Meter dick ist, eine Eruption statt. Infolge der Landbildung unterhalb des Gletschers floß das Schmelzwasser aus dieser Eruption auf die Caldera des Grimsvötn zu und füllte sie schnell. Bis zum 5. November 1996 waren schätzungsweise vier Kubikkilometer Wasser beisammen, die riesige Stücke Eis aus der Caldera mit sich führten und nach Süden flossen. Dieser Erguß, der größte, der in Island je vom *jökulhlaups* beobachtet wurde, strömte über die unbewohnten kargen Ebenen wie eine riesige Dampfwalze. Bis zu fünf Meter tief, zerstörte das heranbrechende Wasser Überlandleitungen, schwemmte befestigte Betonbrücken weg und beschädigte wenigstens 15 Kilometer Straße. Gottlob gab es auf ihrem Weg keine menschlichen Siedlungen.

Fast zweihundert Jahre früher brach eine Eruption aus Erdspalten hervor, die in Verbindung stand mit dem Grimsvötn und ebenso verheerend war wie das Ereignis, das in der *Völuspá* geschildert wird. Im Jahr 1783 begann ein sehr großer Ausbruch aus Spalten, die sich südwestlich vom Vatnajökull (Abbildung 4-3) öffneten, er hielt acht Monate lang an und zog riesige Verwüstungen nach sich. Es begann am 8. Juni 1783, nach drei erdbebenerfüllten Wochen.

Die Spaltenzone, die sich damals auftat, war fast 27 Kilometer lang und bestand aus zehn abgrenzbaren Segmenten, die nacheinander von Südwest nach Nordost auftauchten. Solche fortschreitende Öffnung einzelner Spalten, die dann mit Vulkanausbrüchen einhergehen, scheint für die Aktivitäten der tektonischen Platten an Islands östlicher Spaltenzone charakteristisch zu sein. An der Erdoberfläche zeigten sich diese Spaltenzonen an wenigstens 140 einzeln gut sichtbaren Öffnungen in Gestalt von speienden Kegeln (Abbildung 4-4), die aus vulkanischen Aschen und Schlacken bestehen und aus glasförmigen, grobklotzigen Stoffen, die man als Gesteinsschlacken bezeichnet. Der größte der Kegel, bis zu 90 Meter hoch, muß von Fontänen aus feurigem Material gebildet worden sein, die bei ihrem Ausbruch eine Höhe von mehreren Tausend Metern erreichten.

Es begann mit explosiven Ausbrüchen, bei denen neben großen Mengen an vulkanischen Gasen viel fragmentiertes Material hoch in die Atmosphäre geschleudert wurde. Die stärksten Euptionen hatten schätzungsweise einen VEI von 4, und die Menge an Auswurfstoffen belief sich wahrscheinlich auf etwa einen Kubikkilometer. Turbulenzen in der Atmosphäre und die vorherrschenden Winde bliesen den Staub und die Gase über weite Teile Islands und sogar bis nach Europa und Nordamerika. Die vulkanischen Aschen und schweren Gase senkten sich auf die isländischen Felder und verursachten schwere Ernteschäden.

Im Juni 1783 begannen die 22 konisch geformten Vulkane, die sich entlang einer Erdspalte aufreihen und von einem kleinen, älteren Vulkan, dem Laki, bekrönt werden, gewaltige Massen an Lava auszuspeien. Die Lavaströme vereinigten sich und bildeten einen breiten Strom, der dem mäandrierenden Verlauf des Flusses Skaftá folgte, der gewöhnlich Schmelzwasser vom Vatnajökull nach Süden führt. Seine Wasser verwandelten sich zu Dampf, und Lava begann das Flußbett zu füllen, 500 Meter breit und 120 bis 180 Meter tief. Die Lava strömte nun zu einem See und füllte ihn auf. Im August 1783 begann eine weitere Menge Lava auszufließen, sie nahm sich diesmal

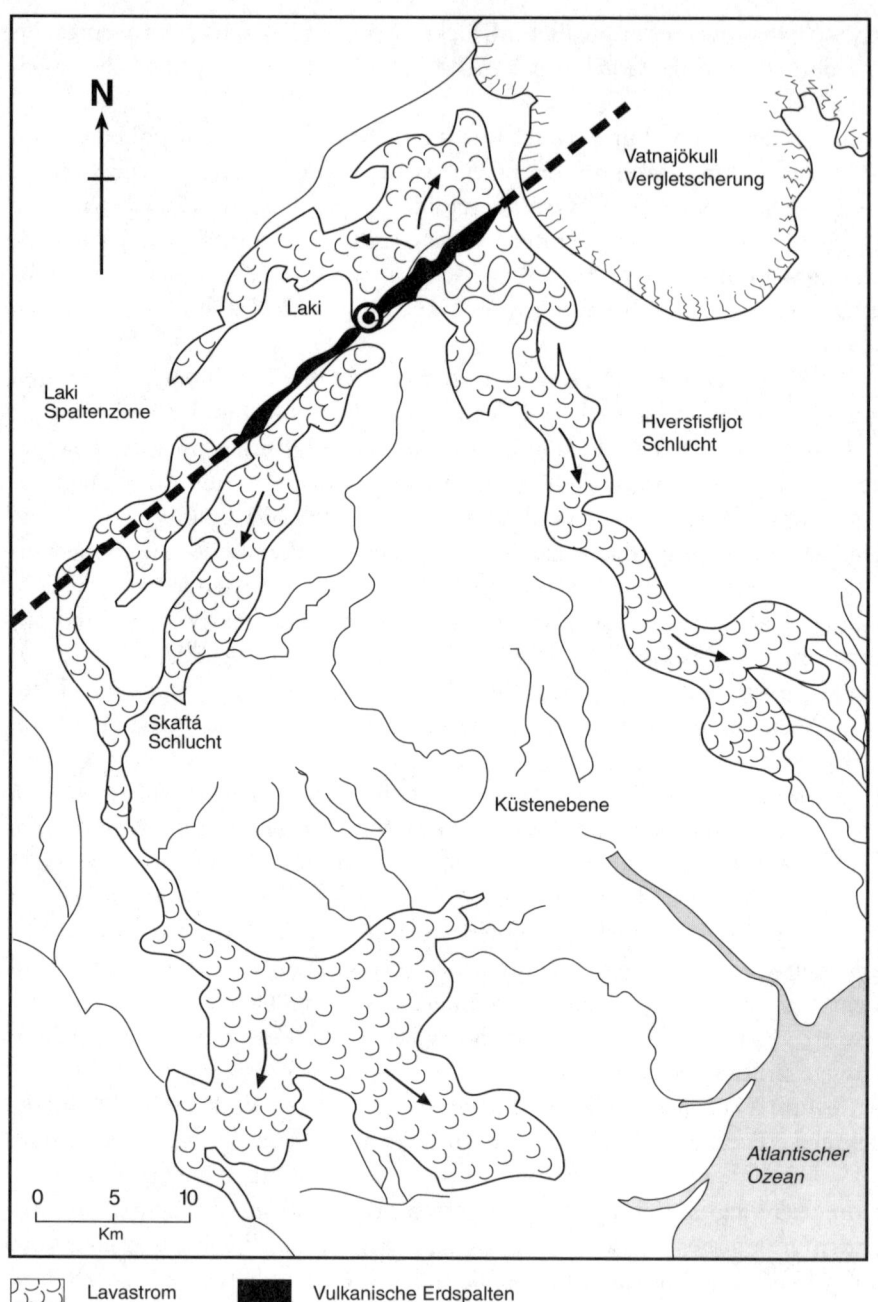

ABB. 4-3 Die große Spaltenzone am Laki und das Ausmaß der Lavaströme von 1783 und 1784.

das Bett eines anderen Flusses, des Hveerfisflót, der den Skaftá eine Strecke weit in nordöstlicher Richtung begleitet. Als diese beiden Flüsse die Küstenebene erreichten, waren sie auf eine Breite von 20 Kilometern oder mehr angeschwollen. Diese niedriggelegenen Zonen waren seinerzeit schon besiedelt, und die sich ausbreitende Lava übergoß zwei Kirchen und 14 Bauerngehöfte und zog dreißig weitere Höfe in Mitleidenschaft. Sodann suchten sich die beiden Flüsse neue Wege, da ihre alten Flußbetten verlegt waren. Riesige Fluten, die teils aus geschmolzenem Schnee und Eis bestanden, teils von den blockierten Flußbetten, ergossen sich nun über das Land.

Ein Hirte namens Jón Steingrímsson beobachtete die Eruption und beschreibt sie folgendermaßen:

»Zuerst schwoll die Erde an und verursachte dabei ein großes Geheul, dann kam ein jäher Aufschrei, der sie in Stücke zersprengte und ihr, wie ein tollwütiges Tier seine Beute in Stücke reißt, das Gedärm öffnete. Den kleinsten Löchern in der Lava entströmten Flammen und Feuer. Große Steinbrocken und Rasenstücke wurden hoch in die Luft emporgeschleudert, bis in unsagbare Höhen; dann und wann erfolgten mächtige Schläge, Blitze, Strahlen aus Sand und Licht oder dichtem Rauch. ... Fast ständig bebte die Erde. Ach, wie schrecklich das anzusehen war, solche Anzeichen eines wütenden Gottes! ... es war höchste Zeit, mit Gott zu sprechen.«[6]

Erst im Februar 1784 fand dieser Ausbruch schließlich ein Ende, aber Gase strömten weiterhin aus der sich abkühlenden Lava empor, mehrere Jahre lang. Etwa 565 Quadratkilometer Land lagen unter 12 bis 15 Kubikkilometern Lava begraben, es war dies der größte Lavastrom auf unserer Erde in historischer Zeit. Neben dieser Lava, die bis zur Erdoberfläche durchbrach, verblieb eine große Menge an Magma, das genaue Ausmaß ist nicht bekannt, in den Spalten, kühlte ab und erstarrte dort zu Gangstöcken. Oder das Magma wurde in Felsspalten gepreßt und bildete dort *sills*. Insgesamt muß diese Menge sehr groß gewesen sein, denn viele der Erdspalten reichten bis in Tiefen von wenigstens 10 Kilometern hinab.

Diese Eruption in den Jahren 1783/84 wird gewöhnlich als der Ausbruch des Laki bezeichnet, in Island nennt man sie auch Skaftáeldar (d. h. Skaftáfeuer), weil damals so viele feurige Fontänen aus den Vulkankegeln neben dem Laki und dem Fluß Skaftá emporschossen. Die reihenförmige Anordnung der Ausbruchslöcher wird als Lakagigar oder auch als Skaftáreldagigar (Abbildung 4-4) bezeichnet.

Im Verlauf dieser achtmonatigen Eruption strömten aus diesen Erdspalten am Laki riesengroße Mengen von verschiedenen Gasen in die Atmosphäre, von denen einige hochgiftig waren. Der Ausbruch selbst und die großen Temperaturunterschiede zwischen den heißen vulkanischen Auswurfstoffen einerseits und dem gleich daneben befindlichen Eis des Vatnajökull andererseits verursachten Turbulenzen in der Atmosphäre. Sie waren so gewaltig, daß die mit Gas angereicherten Säulen bis in Höhen von 12 oder 13 Kilometern aufstiegen und somit den unteren Teil der Stratosphäre erreichten. Winde, vorwiegend von Nordwest, trieben die vulkanischen Aschen- und Gaspartikel nach Südosten in Richtung Europa. Infolgedessen nahm die Menge an Sonnenlicht und somit auch die Wärme ab, und in ganz Island, eigentlich sogar im gesamten Gebiet des Nordatlantiks, war es 1783 und 1784 für die jeweiligen Jahreszeiten zu kalt.

Die Gase bestanden zum größten Teil aus Wasserdampf, enthielten aber auch fünf bis sechs Prozent Kohlendioxid, drei Prozent Schwefeldioxid und ein Prozent Wasserstoffchlorid und Fluorine. Genau diese Gase waren es, die auf Island soviel Schaden anrichteten. Obschon das Schwefeldioxid nur ungefähr drei Prozent des Gases ausmachte, waren davon schätzungsweise fünfzig Millionen Tonnen in der Luft, und dies verursachte über Island, dem Nordatlantik und Teilen der Nachbarkontinente einen Trockennebel. Außerdem vereinigte sich viel von diesem Schwefeldioxid mit dem Wasserdampf in der Atmosphäre und bildete an die 150 Millionen Tonnen eines schwefelsäuregeschwängerten Aerosols. Die Säure regnete tropfenweise auf Island mit herab, erhöhte dort den Säuregehalt des Bodens und behinderte das Wachstum des Grases, auf das Pferde, Rinder und Schafe angewiesen waren. Dichte Wolken von giftigen schweren Gasen, wie Kohlendioxid und Fluorine, senkten sich herab, da sie schwerer sind als Luft, und verursachten in den niedriggelegenen Zonen, wo die Tiere grasten, einen bläulichen Nebel.

Infolge der extrem beschränkten Weidemöglichkeiten und der fluorinvergifteten Luftströme starben in Island 1783/84 die Hälfte der Rinder und drei Viertel der Pferde und Schafe. Die Einheimischen lebten damals hauptsächlich von der Viehzucht und vom Fischfang. Da nun diese Nahrungsquelle für eine Zeitlang versiegte, kam es zu einer Hungersnot, die Isländer nennen sie die »Blaunebel-Hungersnot«. Jón Steingrímson berichtete: »Die gefährliche Asche- und Schwefelregen verursachten in der Luft und in der Erde eine solch ungesunde Witterung, daß sich das Gras rosafarben und gelb verfärbte und bis in die Wurzeln vertrocknete. Die Tiere, die auf den Wiesen weideten, bekamen gelbe Füße und offene Wunden, und auf dem Fell von neugeborenen Schafen, die sogleich wieder starben, zeigten sich gelbe Flecken.«[7]

Warum hat man in dieser Zeit, als der Hunger regierte, sich nicht mehr

ABB. 4-4 Der Lakagigar, eine Kette von vulkanischen Kegeln oberhalb der Laki-Spalte. Photo von Emmanuela Baer, mit freundlicher Erlaubnis.

auf den Fischfang verlegt, um die vielen hungrigen Münder zu füllen? Das war nicht möglich, weil starke Winde, ungewöhnlich hohe Wellen und langes Zufrieren der Häfen – dies alles eine Folge des Vulkanausbruchs – weit bis ins Jahr 1785 anhielten und es verhinderten, daß die Fischer auf See hinausfuhren.

Der Ausbruch des Laki geschah in einer Zeit, als das Klima (die »Kleine Eiszeit«) seit langem schwer auf der isländischen Bevölkerung lastete. Niedrigere Wassertemperaturen hatten die Populationen des Kabeljau vermindert, und die langen Winter hatten die Lagerhaltung an Tierfutter geleert. Die vulkanischen Aschen und giftigen Gase, Folge des Ausbruchs, verschlechterten diese Notlage urplötzlich ganz drastisch. Mehr als ein Viertel der isländischen Bevölkerung kam in dieser nationalen Katastrophe ums Leben.

––––––

Der Ausbruch des Jahres 1783 hatte so weitreichende Folgen, weil die vorherrschenden Winde die Gase aus dem Laki über weite Teile der nördlichen Hemisphäre bliesen. Der trockene, schwefelhaltige Dunst breitete sich mit einer Geschwindigkeit von etwa 50 Kilometern pro Tag ostwärts und südostwärts über Europa aus. Von überall gibt es Berichte über absterbende Vegetation gerade zur ungelegensten Zeit, als nämlich alles im Wachsen begriffen war. Ein Niederländer, S. J. Brugmans mit Namen, schrieb in einem Brief an die Universität Leiden, daß in Groningen, das ungefähr 1500 Kilometer südöstlich vom Laki liegt, der Nebeldunst von einem starken Schwefelgeruch begleitet war, der Kopfschmerzen und Atemschwierigkeiten hervorrief. Am 25. Juni 1783 sah es dort auf dem Land, das um diese Zeit gewöhnlich ganz grün ist, schlimm aus. Die Blätter welkten und fielen von den Bäumen. Auch aus Mitteleuropa kamen bestürzende Nachrichten über die Witterung, das geht aus Meßdaten hervor, die von der »Societas Meteorologica Palatina« gesammelt wurden. Als besonders bemerkenswert wurde immer wieder hervorgehoben, daß man damals mit ungeschütztem Auge direkt in die Sonne habe blicken können.[8]

Benjamin Franklin, der damals gerade die Vereinigten Staaten am Hof des französischen Königs Ludwig XVI. vertrat, bemerkte im Sommer 1783, daß seine Augen brannten, weil schwefelhaltige Dämpfe in der Luft waren. Im folgenden Winter brachte er, ganz richtig, die anomalen Temperaturen mit diesem Dunst in Verbindung, ja er dachte sogar, dies könnte mit der Vulkantätigkeit in Island zu tun haben. Im Mai 1784 schrieb er in einem Brief an die Literarische und Philosophische Gesellschaft im englischen Manchester, daß der Dunst die Sonnenstrahlen so blaß erscheinen lasse, daß »der sommerliche

Effekt, der die Erde aufwärmt, stark vermindert war« und daß »folglich die Erdoberfläche schnell gefroren« war. Und weiter:

> »Folglich blieben die ersten Schneefälle liegen, ohne wieder wegzu-
> tauen, und es kam ständig neuer dazu.
> Infolgedessen war der Winter von 1783/84 wohl strenger als jeder
> andere seit mehreren Jahren.
> Die Ursache dieses überall auftretenden Nebels ist noch nicht sicher
> bekannt. Ob sein Auftreten zufällig war und lediglich ein Rauch, der
> von dem Feuer ausströmte, welches uns gelegentlich bei unserer ra-
> schen Umrundung um die Sonne begegnet, ... *oder ob es Teil dieser rie-*
> *sigen Menge von Rauch war, der in diesem Sommer lange Zeit kam aus*
> *Hecla, auf Island, ... der vielleicht von verschiedenen Winden über die*
> *nördlichen Teile der Erde strömte, ist noch nicht sicher.*«(Hervorhe-
> bung durch die Verf.)[9]

Franklin war der erste, der erkannte, daß Vulkantätigkeit möglicherweise das Wetter beeinflussen könnte.

Der Winter 1783/84 war in Nordamerika wie auch in Europa ungewöhn-lich kalt. In der Umgebung von Philadelphia waren die Durchschnittstempe-raturen schon im Herbst 1783 niedriger als gewöhnlich, und zwischen De-zember 1783 und Februar 1784 sanken sie bis auf minus 4 Grad Celsius, ein Tiefststand. Der Delaware River war in Philadelphia von Ende Dezember bis Mitte März zugefroren. Der Hafen von New York war zehn Tage lang von Eisbrocken blockiert. Der Hafen von Baltimore blieb vom 2. Januar bis 25. März 1784 zugefroren, und selbst der größte Teil der Chesapeake-Bucht war zugefroren. Selbst in Charleston, South Carolina, fror im Februar der Hafen zu. Am bemerkenswertesten aber war das Zufrieren des Mississippi bei New Orleans. Als das Eis aufgebrochen war und die Schiffe wieder aus-fahren konnten, trieben ihnen im Golf von Mexiko, bis 100 Kilometer süd-lich von New Orleans, Eisschollen entgegen.

Im Westen von Alaska, in Dörfern an der Beringstraße, nahe dem heuti-gen Nome, verhungerten 1783 viele Eingeborene, weil sich in diesem Jahr in der Arktis der Sommer nicht zeigte. Die Jahreszeit, in der man fischen oder jagen oder Beeren sammeln konnte, war kurz. Die Eingeborenen konnten in diesem Jahr für den folgenden Winter keine Vorräte anlegen, ja es reichte nicht einmal für diesen kurzen Sommer.

Die Luftverschmutzung als Folge der Laki-Eruption ließ in Nordame-rika und Europa auch während der Jahre 1784 und 1785 die Durchschnitts-temperaturen unter die Normalwerte absinken. Eiskernbohrungen in Grönland zeigen das gleiche Bild, auch hier gibt es Schichten, die für die Jahre 1783 und 1784 eine signifikante Konzentration von Schwefelsäure aufweisen.*

Rätselhaft ist, daß es im Sommer 1783, als die bläulichen Trockennebel die Atmosphäre vergifteten, in einigen Teilen Europas wärmer war als gewöhnlich. Gilbert White, Vikar des englischen Dorfes Selbourne berichtete in seiner Schrift »The Natural History of Selbourne« folgendes:

> »Der Sommer 1783 war ein erstaunlicher und zugleich unheilvoller, voller schrecklicher Erscheinungen; ... es gab seltsamen Dunst oder rauchigen Nebel, der viele Wochen lang auf dieser Insel vorherrschend war ... eine höchst ungewöhnliche Erscheinung, ganz anders als alles, was sich der Mensch im Gedächtnis bewahrt hat. ... Die Sonne sah zur Mittagszeit aus so blank wie ein bewölkter Mond und warf ein rostfarbenes, wie von Eisen erfülltes Licht auf die Erde ... Die ganze Zeit über war es so heiß, daß man das Fleisch vom Metzger schon am Tag nach der Schlachtung kaum noch verzehren konnte ... und es gab wirklich Grund selbst für die aufgeklärtesten Menschen, besorgt zu sein.«[10]

Der offenkundige Widerspruch zwischen den Beobachtungen von Franklin einerseits und White andererseits läßt sich wahrscheinlich aus den Folgen erklären, welche Kohlendioxid in der tieferen Atmosphäre und säurehaltige Aerosole weiter oben hinterlassen. Das Kohlendioxid, das sich über Europa ausbreitete, verursachte einen »Greenhouse effect«, indem es einstrahlende Wärme festhielt und zunächst wärmere Witterung hervorrief. Aber wie sich das Gas verflüchtigte, nahmen die Einflüsse des Aerosolschleiers zu, der die von der Sonne kommende Hitze zurückstrahlte, so daß nun kaltes Wetter einsetzte.

Die Schwärme von Erdspalten, die den Grimsvötn mit dem Laki verbinden, ziehen sich südwestwärts bis zu den vulkanischen Vestmann-Inseln, die ein paar Kilometer vor der Südküste von Island liegen. Ihr Name stammt von frühen keltischen Siedlern, die die nordischen Bewohner Islands »Westmänner« nannten. Kelten aus den Wikingersiedlungen auf den Britischen Inseln

---

* Eiskerne aus Grönland lassen auch erkennen, daß eine Eruption in Island anno 53 n. Chr. beinahe zweimal soviel Schwefeldioxid ausstieß wie 1783/84 der Laki. Höchstwahrscheinlich folgten auch hierauf in weiten Teilen Nordamerikas und Europas beträchtliche Veränderungen in der Witterung.

gehörten zu den ersten Menschen, die sich, zusammen mit Wikingern, in Island niederließen.

Schon um das Jahr 800 n. Chr., also mehr als siebzig Jahre vor den ersten dauerhaften Siedlern, segelten keltische Mönche aus Irland, die die Einsamkeit suchten, nach Island, um hier der Askese und Kontemplation nachzugehen. Sie folgten damit dem Geist des hl. Brendan, einem irischen Geistlichen aus dem 6. Jahrhundert, der auf der Suche nach dem »versprochenen Land der Heiligen« mit einer Gruppe von Gefolgsleuten über den Nordatlantik gesegelt ist und der dabei diese sagenumwobene Insel entdeckt haben soll, die man heute als die Insel des hl. Brendan bezeichnet.

Der folgende Bericht von einer seiner Reisen aus einer alten Handschrift, die den Titel trägt »Navigatio Sancti Brendani« scheint einen Vulkanausbruch auf dem Meer zu beschreiben, der wahrscheinlich bei den Vestmann-Inseln stattfand:

»Sie kamen in Sichtweite einer Insel, die sehr formlos aus Fels beschaffen war, ganz bedeckt mit Schlacken, ohne Bäume oder Strauchwerk, aber voller Schmieden ... Sie hörten das Geräusch von Blasebälgen, die wie Donner bliesen ... Bald ... trat einer der Einwohner hervor ..., er war stark behaart und garstig anzusehen, vollgeschmiert mit Feuer und Rauch. Als er die Diener Christi nahe dem Eilande erblickte, zog er sich in seine Schmiede zurück und rief laut: »Weh! Weh! Weh!« St. Brendan ... sagte zu seinen Brüdern: ›Setzt mehr Segel und taucht die Ruder schneller ein, damit wir rasch von diesem Eiland fortkommen.‹ Als der wilde Mann dies hörte ... eilte er hinab an die Küste, in seinen Händen hielt er eine Zange mit glühenden Schlacken ..., welche er sogleich den Dienern Christi nachwarf ... wo es in die See fiel ... stieg großer Rauch auf, wie von einem Feuerofen ... alle Bewohner dieser Insel drängten sich an den Strand, sie trugen ... brennende Schlacke, welche sie ... den Dienern Gottes nachwarfen; und dann kehrten sie zu ihren Schmieden zurück, in denen sie mächtige Flammen anfachten, so daß die ganze Insel wie ein einziges großes Feuer aussssah und die See zu allen Seiten kochte und aufschäumte wie in einem Kessel ... und ein widerlich stinkender Rauch war selbst in großer Entfernung zu spüren.«[11]

Vielleicht beschreibt dies, was der hl. Brendan sah, nämlich Vulkanismus auf einer soeben neugeborenen Insel, wie es auch im November 1963 geschah, als Feuer und Lava aus den Tiefen nahe dem Vestmann-Archipel hervorbrachen. Diese Eruption mit einem VEI von 6 gebar eine neue Insel, die auf den Namen Surtsey getauft wurde, nach Surtur, einem Riesen, der in der nordischen Mythologie mit einem feurigen Schwert aus dem Süden kam und Feuer in die Länder des Nordens trug.

Die Vulkanaktivität, aus der Surtsey hervorging, wurde erstmals am frühen Morgen des 14. November 1963 bemerkt. Gegen 7.00 Uhr morgens beobachtete die Mannschaft eines Fischerboots ein paar Kilometer südwestlich von Geirfuglasker, das war damals die südlichste der Vestmann-Inseln, einen widerlichen Geruch und spürte unregelmäßige Bewegungen des Bootes, während das Meer ringsumher rollte. Das Wasser war an dieser Stelle mehr als 120 Meter tief. Ein paar Minuten später gewahrten sie, ungefähr anderthalb Kilometer südöstlich von ihnen, dunklen Rauch aus der See aufsteigen. Zuerst dachten sie, hier liege ein brennendes Schiff, aber dann sahen sie eine Säule aus Asche, Dampf und Rauch mit feurigen Blitzen hervorbrechen. Bis 8.00 Uhr erreichte diese eine Höhe von 60 Metern. Die Fischer funkten diese Neuigkeiten an isländische Behörden, und wenig später flog ein Flugzeug mit Geologen und Presseleuten an Bord über diese Stelle. Bis 11.00 Uhr war die Eruptionssäule auf eine Höhe von etwa 3700 Metern angestiegen. Gegen 15.00 Uhr war sie mehr als sechs Kilometer hoch und war von Reykjavik, das mehr als 110 Kilometer entfernt ist, zu sehen.

Bis zum Folgetag, dem 15. November 1963, hatte der Vulkankegel, der aus den Tiefen der See emporkam, eine kleine Insel gebildet. Sie wuchs schnell, da die Eruptionen weitergingen, und der Vulkan schleuderte Gesteinsbomben in alle Himmelsrichtungen. Ein isländischer Geologe, Sigurdur Thorarinsson, besuchte die Stelle an Bord eines Schiffes der Küstenwache und schrieb darüber:

»Der Vulkan war höchst aktiv, die Eruptionssäule schoß immerfort in die Höhe, und als die Dunkelheit einsetzte, zeigte sie sich als eine Säule aus Feuer. Der ganze Kegel glühte, derweil glühende Bomben über die Abhänge in den weißen Schaum rund um das Eiland hinabrollten. Blitze beleuchteten die Eruptionswolke, und Donner krachte über unseren Häuptern. Der Lärm des Donners, das Rumpeln aus der Eruptionswolke und die heftigen Schläge von den in die See krachenden Steinbomben verursachten eine eindrucksvolle Sinfonie.«[12]

Am 28. Dezember 1963 entwich, ungefähr in 2,5 Kilometern Entfernung nordöstlich von Surtsey, etwa auf der halben Strecke zwischen der neuen Insel und Geirfugklasker, Dampf aus dem Ozean. Der Ausbruch endete im Januar 1964, ohne daß eine weitere Insel entstanden wäre. Surtsey indessen wuchs weiter, und bis Mitte Januar 1964 hatte der Vulkan einen ansehnlichen Kegel hervorgebracht. Bald entwickelte sich im Krater ein See von glü-

hender Lava, und glühende Lava begann die Flanken des Kegels hinabzuströmen. Die Zukunft von Surtsey war gesichert. Lose Stoffe aus Vulkanen
werden schnell von Wind und Wellen erodiert, vor allem wenn Stürme auftreten, aber erstarrte Lava kann den Jahrtausenden auch bei heftigem Wel-
lengang widerstehen. Als die Eruptionen schließlich spät im Jahr 1965 auf-
hörten, war Surtsey bis auf eine Höhe von fast 170 Metern angewachsen und
maß etwa drei Quadratkilometer. Insgesamt hatten sich im Verlauf von zwei
Jahren etwa ein Kubikkilometer Lava und Bruchmaterial hier im Meer auf-
gehäuft, auf dem Meeresboden, und dabei das zweitgrößte Eiland der Vestmann-Inseln gebildet.

Nur eine der Vestmann-Inseln ist bewohnt. Sie heißt Heimaey (d.h. Hei-
matinsel) und hat eine Fläche von mehr als elf Quadratkilometern, sie ist eine
der größten dieser Inseln. 1973 tat sich auf Heimaey ein Spalt auf und feurige
Fontänen von vulkanischem Bruchmaterial traten hervor, denen ausgiebige
Lavaströme folgten. Vulkanaschen ergossen sich fast über die ganze Stadt auf
dieser Insel, die wie der Archipel selbst heißt, Vestmannaeyjaer. Schlimmer
noch, die Lavaströme überrannten Teile der Stadt und drohten den Hafen zu
versperren. Die Zerstörung des Hafens wäre ein nationales Unglück gewesen, denn Vestmannaeyjaer ist der wichtigste Fischereihafen in diesem Land,
das so stark vom Fischexport abhängig ist.

Die Bevölkerung von Heimaey, unterstützt von Freiwilligen aus ganz
Island und Gerätschaften aus vielen Ländern, pumpte in einem heldenhaf-
ten Kampf bis zu acht Millionen Tonnen Meerwasser auf die Lava, um das geschmolzene Gestein abzukühlen und seinen weiteren Zustrom in den
Hafen zu unterbinden. Das war das einzige Mal, daß so viele Menschen aus
vielen Ländern bei einem Vulkanausbruch mitgeholfen haben. Der amerikanische Schriftsteller Joseph Hayes hat einen aufschlußreichen Roman über
Heimaeys Heimsuchung geschrieben, »Island on Fire«. An einer Stelle zeigt
Hayes ganz anschaulich, wogegen diese Menchen anzukämpfen haben: »In
der Stadt [waren] ... Feuer, die von etlichen Vulkanbomben überflogen wurden, hier sah man brennende Öfen, die einstmals als Wohnungen gedient
hatten, und menschliche Gestalten, die umherrannten und winzig kleine kris-
tallklare Wasserfontänen auf das Inferno richteten, das sie wie Zwerge erscheinen ließ, neben den... Türmen von Flammen und feurigen und schwarzen
Aschen.«[13]

Im Lauf der Jahre hatten die Bewohner von Heimaey wenig Grund, sich
wegen des Vulkanismus graue Haare wachsen zu lassen, da der einzige Vulkan auf ihrer Insel, der Helgafell, in historischer Zeit noch nie ausgebrochen
war und für erloschen galt. Die Geologen meinten, daß der Helgafell zuletzt
vor 5000 Jahren aktiv war. Trotzdem waren sie 1963 besorgt, als der Vul-

kanismus von Surtsey sich nach Nordwesten bewegte, auf den Geirfuglasker zu – und nur zehn Jahre später brach aus neuentstandenen Spalten auf Heimaey Magma aus. Anfang Januar 1973 rissen diese Spalten bis zu einer Länge von anderthalb Kilometern auf und zogen sich über den östlichen Teil der Insel von Küste zu Küste (siehe Abbildung 4-5). Dieser Ausbruch fand nur ungefähr 200 Meter östlich von Vestmannaeyjar statt, einer Stadt mit 5300 Einwohnern.

Der Eruption ging, wie das üblich ist, ein kleines Beben voraus, hervorgerufen von den eruptiven Strömen aus den Spalten in der Tiefe. Am 22. Januar 1973 erfolgten mehrere Erschütterungen, und vier Stunden vor der eigentlichen Eruption kamen weitere Schocks. Die stärksten wurden gegen 1.45 h nachts registriert, 15 Minuten bevor das geschmolzene Magma die Erdoberfläche erreichte. Ein isländischer Schriftsteller berichtete darüber:

»Die Erde begann leicht zu beben ... Dann schien ihre Oberfläche anzuschwellen und gleich darauf aufzubrechen. Es war, als ob man ein scharfes Messer über das Fleisch der Erde ziehe und Blut herausspritzte. Bloß daß es kein Blut war, sondern Feuer und Glutaschen. Innerhalb von Minuten riß ein kilometerlanger Spalt auf ... Sogleich begann Lava hervorzutreten und feurige Ascheteilchen wurden hoch in die Luft geschleudert.«[14]

Spätere Forschungen ergaben, daß aus den Stellen, wo die Erdbeben ihren Ursprung nahmen, das Magma etwa 10 Kilometer in weniger als 24 Stunden aufgestiegen war. Das Beben war so stark, daß Pipelines und Unterseekabel zerrissen wurden, die vom Festland herkamen und Vestmannaeyjar mit frischem Wasser, Elektrizität und Telefon versorgen.

Im Verlauf der ersten drei Tage schossen spektakuläre Feuervorhänge aus Lava aus mehreren Erdöffnungen senkrecht in die Höhe; aber der Ausbruch konzentrierte sich bald auf die Mitte des Spaltes, auf eine Stelle ungefähr 800 Meter nordöstlich vom Helgafell. Große Schuttmassen wurden hoch in die Luft geschleudert – feiner Aschenstaub bis hin zu größeren Bomben aus geschmolzener Lava. Innerhalb von zwei Tagen hatte sich ein Aschenkegel von mehr als hundert Metern Höhe über dem Meeresspiegel gebildet. Er wurde Eldfell genannt, d. h. feuriger Berg. Auf ihrem Höhepunkt hatte die Eruption etwa einen VEI von 4. Der Vulkan erreichte zuletzt eine Höhe von 224 Metern und ist heute eigentlich ein Zwillingsbruder des Helgafell, der im Verlauf der Ereignisse von 1973 nicht in Aktion trat.

Binnen einiger Stunden nach Beginn der Eruption brachten Fischerboote und Flugzeuge die meisten der Bewohner von Heimaey auf der großen Insel

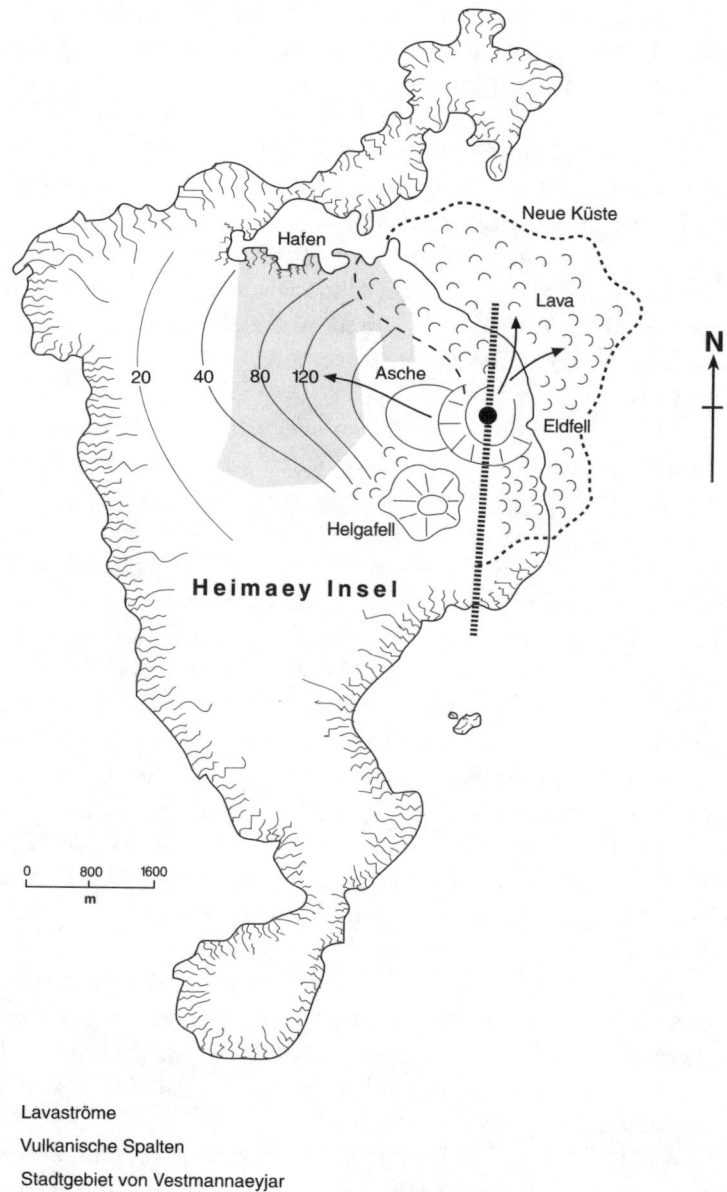

ABB. 4-5 Insel Heimaey, die Abb. zeigt, wo sich 1973 Spalten öffneten. Lava, die aus Öffnungen an der Spaltenzone strömte, drohte den Hafen der Insel vom Meer abzuschneiden und fügte der bestehenden Insel fast zweieinhalb Quadratkilometer neuen Landes hinzu. Die Umrisse zeigen die ungefähre Mächtigkeit (in Zentimetern) des vulkanischen Bruchmaterials, das sich auf der Stadt Vestmannaeyjar absetzte.

in Sicherheit. Zwei- oder dreihundert Freiwillige blieben zurück – und es gingen sogar Isländer aus allen Landesteilen als Helfer nach Heimaey –, um die Stadt Vestmannaeyjar und ihre wichtigsten wirtschaftlichen Einrichtungen zu retten. Der Ausbruch hielt mehr als fünf Monate an und hinterließ schätzungsweise 250 Millionen Kubikmeter Bruchstoffe und eine von groben Mustern durchzogene Lava, die man mit ihrem hawaiianischen Namen als »aa-Lava« bezeichnet. Vulkanasche bedeckte die Stadt wie schwarzer Schnee, an einigen Stellen bis zu fünf Metern tief. Ganze Straßenzüge waren mit Asche gefüllt, und die Häuser lagen, wie im antiken Pompeji, darunter begraben. Einige konnte man nur noch als kleine Erhebungen in der Asche wahrnehmen. Ein Schneesturm kam auf und zauberte eine schwarzweiße Landschaft hervor.

Feuerrote Lavabomben regneten weiterhin auf Vestmannaeyjar herab, durchschlugen die Hausdächer und hielten die Feuerwehr auf Trab. Wer sich im Freien befand, hielt, wie in Kriegszeiten, die Augen offen, falls irgendwo etwas niederging. Man gewöhnte sich daran, nicht davonzulaufen, sondern einfach zu schauen, bis man sich sicher war, wo das Geschoß einschlagen würde, und notfalls noch zur Seite springen konnte.

Im Januar und Februar 1973 ergoß sich geschmolzene Lava aus dieser Spalte mit einer Menge von vielleicht 40 bis 50 Kubikkilometern pro Sekunde, sie floß nach Osten und Norden, in küstennahe Gewässer, und fügte Heimaey letzten Endes zweieinhalb Quadratkilometer neues Land hinzu. Im März ergoß sich vom Eldfell ein weiterer Lavastrom nach Nordwesten, er drang in den östlichen Teil von Vestmannaeyjar ein. Langsam, aber unabänderlich verschlang eine Wand von Blocklava, die gut 20 Meter hoch war, etliche Häuser und eine der drei fischverarbeitenden Fabriken in der Stadt. Größer indes war der Kummer um die Bedrohung für den Hafen von Vestmannaeyjar. Die Lava drohte nämlich den Zugang zum Hafen zu versperren.

Die Stadt Vestmannaeyjar hat den einzigen brauchbaren Hafen an der ganzen Südküste von Island. Heimaey liegt, und das ist ein weiterer Vorteil, im Herzen der isländischen Fischereigründe, von hier kommen 8 bis 10 Prozent des aus Exporten stammenden Erlöses. Die Isländer konnten diese Insel nicht einfach dem Eldfell überlassen.

Staatliche Vertreter erörterten eine Reihe von Vorschlägen, wie man die Lava von der Stadt fernhalten könnte. Einer davon lautete: den Vulkan zu bombardieren. Bomber der US-Luftwaffe konnten vielleicht von der NATO-Basis in Keflavik aus, die nur 130 Kilometer von Heimaey entfernt ist, die östliche Seite des Berges wegsprengen. Dann würde die Lava, dachte man, ins Meer fließen, ohne größeren Schaden anzurichten. Oder die Schiffe der US-Navy sollten den Vulkan mit Geschossen bewerfen. Beide Möglichkeiten wurden verworfen, weil der Eldfell zu nahe an der Stadt lag und die Folgen somit unabsehbar waren.

Eine weitere Möglichkeit bestand darin, die Vorderseite des unter dem Meeresspiegel liegenden Lavastroms, unmittelbar unterhalb des Hafens von Vestmannaeyjaer, zu bombardieren. Es war anzunehmen, daß die Bomben die isolierende Kruste an der Spitze des Lavaflusses brechen würden, so daß die feurigheiße Lava schneller abkühlen würde. Die Regierung von Island und die amerikanische Marine hatten schon einen Plan gefaßt, aber einen Tag vor der Ausführung wiesen Wissenschaftler darauf hin, daß das überstürzt sich vermischende Meereswasser und die geschmolzene Lava vielleicht eine explosive Verbindung eingehen würden, die sich als katastrophal erweisen könnte. Daraufhin gab man diesen Plan wieder auf. S. A. Colgate vom New Mexico Institute of Mining and Technology und Thorbjörn Sigurgeirsson von der Universität Island erklärten: »Wir erkannten, welche schrecklichen Entwicklungen beginnen könnten, wenn erst einmal das Vermischen begonnen hätte und es dann von selbst weitergehen würde, weil der produzierte Hochdruckdampf es fortsetzen würde, bis die gesamte Lava ihre Hitze mit dem darüberliegenden Wassser ausgetauscht hat. Die dadurch befreite Energie könnte sich auf zwei bis vier Megatonnen belaufen.«[15]

Die fürchterliche Explosivkraft einer solchen Bombe kann man am besten ermessen, wenn man sie mit der Atombombe vergleicht, die am 6. August 1945 Hiroshima zerstörte. Die Energie dieser Bombe entsprach der von 15 000 Tonnen oder – 15 Kilotonnen – TNT. Eine Zwei-Megatonnen-Explosion, wie sie nun in Island befürchtet wurde, wäre also 130mal größer gewesen.

Anfang Februar 1973 schlug jemand vor, Wasser auf die Lava zu spritzen, um sie abzukühlen und damit ihr Vorrücken zu verlangsamen oder ganz anzuhalten. Löschfahrzeuge wurden an die vorrückende Lavafront herangeschafft, und die Nation schaute im Fernsehen zu, wie Feuerwehrmänner mit Schläuchen Wasser auf die langsam vorrückende zähflüssige Masse spritzten. Aber das war lächerlich wenig und zeigte kaum Wirkung, so daß man darüber sogar zu witzeln begann. Ein Witz machte in der Nation die Runde, das sei wie »pissa a hraunid, a hraunid«, d. h. »wie auf die Lava pissen«.

Das Wasser zeigte jedoch eine abkühlende Wirkung, und ein Teil der Lava an der vordersten Front der Stromes verfestigte sich rascher. Das Problem bestand jetzt darin, daß die riesige geschmolzene Masse, die dahinter kam, einfach weiterlief und dabei das bißchen Lava vorne überrannte, das schon hart geworden war. Sehr viel mehr Wasser war also nötig, wenn man die Stadt und den Hafen retten wollte.

Anfang März 1973 wurde ein Baggerschiff, die »Sandey«, von Reykjavik in den Hafen von Vestmannaeyjaer geführt. Man begann, mit seinen mächtigen Pumpen Meerwasser auf die Lava zu pumpen, etwa 20 000 Liter in der Minute. Aus den USA wurden riesige Pumpen herangeschafft und auf Barken an die Küste und in den Hafen gebracht. Um das Wasser dorthin zu schaffen, wo man es benötigte, weit hinten, weit entfernt von der Front des Lavastroms, mußten Bulldozer lange Pipelines über die Kruste der vorrückenden Lava zerren.

Nur noch etwa ein halber Meter soliden, aber immer noch heißen Lavagesteins trennte die Arbeiter und die Traktoren von der geschmolzenen Lava, die Temperaturen von fast tausend Grad Celsius aufwies. Den Arbeitern brannten die Sohlen an den Stiefeln, und die Ketten der Traktoren wurden so heiß, daß der Stahl sich blau verfärbte; doch die Arbeit ging weiter. Das verdampfende Wasser entließ riesengroße Dampfwolken, die die Arbeit auf der Lava noch schwieriger machten.

Anfang April 1973 wurden jede Sekunde tausend Liter Meerwasser auf die vorrückende Lava gepumpt. Das Wasser sickerte in die Bruchstellen der Kruste ein, kühlte die Lava an der Oberfläche auf ungefähr 100 Grad Celsius ab, und bildete ein Vulkangestein, das man als Basalt bezeichnet. Basalt ist bei Temperaturen zwischen 1000 und 1200 Grad flüssig, aber unter 800 Grad erstarrt es und hört zu fließen auf. Allmählich begann die Lava langsamer zu fließen.

Mitte Februar brach ein Teil der Nordflanke des Eldfells ein. Wie Eisberge, die sich von einem Gletscher lösen, so wurden jetzt große Stücke aus dem festen Debris locker und flossen langsamer auf dem Lavastrom nach Norden. Das größte Stück ähnelte einem kleinen Berg mit einer Spitze obendrauf, der an der Basis mehr als dreieinhalb Hektar groß war, sein Gewicht wurde auf zwei Millionen Tonnen geschätzt. Jemand taufte ihn »Flakkarinn«, d. h. der Wanderer. Während Flakkarinn schwergewichtig nach Norden strebte, schob er in der geschmolzenen Lava Wellen vor sich empor, und neue Lava füllte den Trog, der sich hinter ihm auftat. Innerhalb von zwei Wochen hatte der schwimmende Miniberg einen dreiviertel Kilometer zurückgelegt. Es wurde erzählt, Menschen seien auf diesen Flakkarinn gestiegen und sozusagen auf ihm mitgeritten.

Dieser Flakkarinn trieb jetzt gerade in Richtung auf den Eingang des Hafens von Vestmannaeyjar zu. Falls er tatsächlich soweit kam, wären alle Bemühungen, den Hafen zu retten, vergeblich gewesen. Die Lavawellen vor dem Flakkarinn würden die Hindernisse überwinden, die man errichtet hatte, und der Berg hätte ganz bestimmt den Hafen versperrt. Nun wurden alle verfügbaren Pumpen eingesetzt, sie pumpten insgesamt an die einhundert Millionen Liter Wasser südöstlich vom Hafeneingang auf die Lava. Das

Wasser kühlte die Lava genügend ab und ließ sie erstarren, so daß eine Basaltbarrikade entstand, die stark genug war, so hoffte man, den Berg Flakkarin anzuhalten. Als es dann zum Zusammenstoß kam, hatte er einige Ähnlichkeit zwischen der Begegnung einer unwiderstehlichen Gewalt mit einem unbeweglichen Gegenstand. Der Flakkarinn, der sich mit der Langsamkeit eines Elefanten näherte, machte eine halbe Kehrtwendung und brach schließlich in Stücke. Der Basaltdamm hielt. Der Hafen von Vestmannaeyjar war gerettet.

Nach der ersten Woche im Februar ließ die Lavaproduktion nach, und als es langsam wärmer wurde, hatte sie gänzlich aufgehört. Nur an einem unter Wasser gelegenen Segment an der Spalte ging die Vulkantätigkeit vielleicht weiter. Am 26. Mai 1973 bemerkte die Mannschaft eines Fischerbootes, ungefähr 6 Kilometer nordöstlich von Heimaey, noch immer ein Rumoren unter dem Meeresspiegel, nur drei Kilometer von der isländischen Küste entfernt. Die Vulkantätigkeit setzte sich an einer in nordöstlicher Richtung verlaufenden Spalte fort, sie ähnelte der von Surtsey und der des Laki der Jahre 1783/84. Dies erinnert an die alte Sage von Surtur, der aus dem Süden Feuer heranschaffte, und man fragt sich, ob es für die Entstehung dieser Geschichte nicht eine reale Grundlage gab.

Wo Lava aus dem Eldfell ins Meer floß, nahm die Insel an Fläche zu, um fast 20 Prozent. Heute gibt es dort, wo vor 1973 Fischer ihrem Gewerbe nachgingen, dreißig Meter hohe Basaltkliffs. Manchmal, bei Sturm, brechen Wellen über diese Kliffs hinweg; und schon haben sich zu ihren Füßen, zwischen Felsen und Kieselsteinen, die von Wellen abgeschliffen sind, Strände gebildet.

Der Hafen von Vestmannaeyjar, den so viele Menschen so mutig und entschlossen verteidigten, ist heute sicherer als vor den Stürmen, sicherer als je zuvor. Vor der Eruption war die Hafeneinfahrt mehr als einen dreiviertel Kilometer breit und lag ungeschützt vor dem Ostwind, jetzt ist sie infolge des Lavastroms nur noch einhundertfünfzig Meter breit und daher besser geschützt.

Innerhalb von zehn Jahren nach diesem Ausbruch wurde Vestmannaeyjar noch einmal der führende Fischereihafen von Island. Die Anstrengungen seiner Bewohner, den Vulkanausbruch zu beherrschen und ihre Stadt zu retten, brachten neue Verfahren hervor, die eines Tages helfen könnten, andere Städte in anderen Ländern zu retten. Und Eldfell und seine Lavaströme wurden für Geologen zu einem wichtigen natürlichen Labor, zu einer Attraktion für Touristen und einem überzeugenden Beweis für die Unbezähmbarkeit eines Volkes.

———

Island

Die Katastrophe des Völuspá, der Ausbruch des Laki, die Geburt von Surtsey und die heldenhafte Verteidigung von Vestmannaeyjaer – sie alle sind Teil der Saga von Island, dem Eiland, das auf dem Mittelatlantischen Rücken sitzt. Geologisch betrachtet, bildet die eine Hälfte Islands einen Teil der Eurasischen Platte und die andere Hälfte gehört zur Nordamerikanischen. Da diese tektonischen Platten unaufhörlich und unabbänderlich auseinanderrücken, wird die Insel langsam auseinandergezogen. Zugleich strömt Magma aus den Tiefen der großen Risse empor. Während neues Magma sich seinen Weg durch die Spalten und Vulkane nach oben erzwingt, schweißt es die beiden Hälften zusammen und erneuert somit immerzu jenes Land von Feuer und Eis.

Der Ausbruch des Mount Tambora im Jahr 1815 und »Das Jahr ohne Sommer« 1816

5

Die leuchtende Sonne war erloschen, und die Sterne
Wanderten, sich verdunkelnd, im unendlichen Raume,
Ohne Strahlen, ohne Pfad, und die eisige Erde
Raste blind und dunkel durch die mondlose Luft;
Der Morgen kam und verging – und kam erneut, es wollte Tag
*   nicht werden,*
Und die Menschen vergaßen in all ihrer Not ihre Leidenschaften
In all dieser Trostlosigkeit.

LORD BYRON, »DARKNESS«

INNERHALB NORDAMERIKAS waren die Vereinigten Staaten 1815 ein junges Land, Ohio, Kentucky, Tennessee und Louisiana waren ihre westlichsten Grenzen. Kanada war damals noch eine englische Kolonie. In beiden Ländern, den USA wie auch Kanada, war die Landwirtschaft beherrschend, es gab nur wenige Städte. Die meisten Einwohner lebten auf Bauernhöfen, ihr Auskommen war stark bestimmt vom Wetter.

Auf der anderen Seite der Erdkugel, auf der Insel Sumbawa, die einen Teil von Niederländisch-Ostindien ausmachte, heute Indonesien, explodierte im April 1815 ein Vulkan, der Mount Tambora, und zwar in der größten Eruption, die in historischen Zeiten bekanntgeworden ist. Er löschte viele Menschenleben aus, zerstörte Wälder und überschüttete Reisfelder mit einem Regen von vulkanischen Aschen. Auf Sumbawa und den Nachbarinseln wurden möglicherweise mehr als 70 000 Menschen getötet – und zwar entweder durch die unmittelbaren Folgen der Eruption oder in den folgenden Monaten, indem die Bewohner verhungerten oder an Krankheiten starben.

Der Vulkanausstoß sandte ungeheuere Mengen von Staub und Gasen hoch empor in die Stratosphäre, sie zogen dort mehrere Jahre lang um den Erdball und verminderten die Einstrahlung der Sonne, die die Oberfläche der

Erde erreichte. Die Temperaturen sanken, fast überall, und die Niederschlagsmengen veränderten sich von Ort zu Ort gewaltig. Trockene Gebiete hatten plötzlich viel Regen, regenfeuchte Zonen wurden trocken. Im folgenden Jahr, 1816, kam es in vielen Ländern zu Mißernten. In Europa wurden Länder, die noch immer gegen die Zerstörungen der Napoleonischen Kriege ankämpften, die erst im Juni 1815 mit der Schlacht von Waterloo zu Ende gegangen waren, von Hungersnöten und sozialen Unruhen heimgesucht.

1816 wurde in Nordamerika als »das Jahr ohne Sommer« bekannt. Die gewaltigen Veränderungen der Witterung erwiesen sich gerade für die Landwirtschaft als verhängnisvoll. Es kam selbst in den Sommermonaten zu Schneestürmen und kalten, keimtötenden Frösten. Menschen und Tiere erlitten einfach den Hungerstod. Die Mißernte beschleunigte noch den Zug vieler Menschen aus dem äußersten Nordosten der USA westwärts in die jungen Staaten von Ohio und in die noch weiter westlich gelegenen Gebiete.

Es gab nach wie vor sehr wenig Kommunikation von Land zu Land. Die Zeitgenossen konnten daher das Wetter in Europa und Nordamerika nicht mit der Eruption des weit entfernten Tambora in Verbindung bringen.

———

Die Republik Indonesien, früher Niederländisch-Ostindien, besteht heute aus mehr als 13 000 Inseln, von denen ungefähr die Hälfte bewohnt sind. Diese Inselkette erstreckt sich, entlang des Äquators, über mehr als 5000 Kilometer, zwischen Australien und dem festländischen Hinterindien. Zu dieser »Smaragdkette«, wie man sie auch nennt, gehören die Inseln Sumatra, Java, Kalimantan (früher Borneo genannt), Sulawesi (früher Celebes) und Irian Jaja (früher Niederländisch Neu-Guinea). In Indonesien gibt es mehr als 76 aktive Vulkane, die meisten auf Sumatra, Java und den Kleineren Sunda-Inseln, zu denen auch Bali, Lombok und Sumbawa gehören, auf ihr liegt der Mount Tambora.

Die fruchtbaren Vulkanerden, reichliche Niederschläge und das tropische Klima erlauben es vielen Gebieten, zwei oder drei Ernten pro Jahr einzubringen, nicht nur von Reis, sondern auch von Zuckerrohr und einer Vielzahl von Gemüsesorten. Darüber hinaus werden in großen Teilen des Landes Kaffee, Tee, Tabak und Gewürze angebaut. Ursprünglich waren die meisten Landesteile von tropischem Urwald bedeckt, aus dem, auch heute noch, viel Holz genommen wird.

Auf den indonesischen Inseln lebten einige der ältesten bekannten Frühmenschen, darunter einer, der vormals als »Pithecantropus erectus« oder »Java-Mensch« bezeichnet wurde, heute als »Homo erectus«. Sie wanderten zweifellos während der Eiszeit ein, als die seichte Sundastraße trocken war, vom asiatischen Festland her. Die Wanderbewegungen hielten an, als jedoch nach dem Ende der letzten Eiszeit der Meeresspiegel anstieg, gerieten diese Bevölkerungen auf ihren verschiedenen Inseln in Isolation. Es entwickelten sich völlig verschiedene Sprachen und Kulturen, sie reichen von den Dajak-Kopfjägern auf Kalimantan bis zu den künstlerisch verfeinerten Gesellschaftsformen auf Bali.

Die Nachfrage der Europäer nach Gewürzen führte Portugiesen, Engländer und Niederländer auf ihren Erkundungsfahrten zu den »Gewürzinseln«, wie man diese Inseln auch nannte. Die Europäer, vor allem die Niederländer, unterwarfen am Ende des 18. Jahrhunderts die einheimischen Völker. 1811, noch während der Napoleonischen Kriege, besetzten die Briten Java. An die Stelle des niederländischen Gouverneurs, einer Kreatur Napoleons, setzten sie einen Engländer namens Thomas Stamford Raffles und gaben ihm den Titel eines Stellvertretenden Gouverneurs. Raffles, der später Singapur gründete und in den Adelsstand erhoben wurde, regierte die Inseln bis 1816, in diesem Jahr wurde die Verwaltung wieder an die Niederländer zurückgegeben. Als 1815 der Tambora ausbrach, fiel dies in Raffles' Zuständigkeit.

Eingeborene Priester im östlichen Java deuteten vulkanische Erscheinungen, die die Ausbrüche begleiteten, als Anzeichen dafür, daß die Götter die Insel bald von der Herrschaft der Europäer befreien würden. Aber die Unabhängigkeit kam tatsächlich erst 130 Jahre später, nach dem Zweiten Weltkrieg. Gleich zu Beginn dieses Krieges eroberten japanische Truppen diese Inseln, und die politischen Unruhen, die 1945 ihrer Kapitulation folgten, führten zu einer nationalistischen Erhebung. Sodann wurde die Unabhängigkeit proklamiert; aber erst im Jahr 1949 übertrugen die Niederländer die Souveränität förmlich an Indonesien.

———

Der größere Teil der Halbinsel Sanggar an der Nordküste von Sumbawa, das ist eine der Inseln in der Kette des indonesischen Vulkanbogens, war früheren Eruptionen des Tambora zuzuschreiben. Dieser lange, nach Süden zu konvex geformte Inselbogen erstreckt sich von Sumatra bis zur Insel Damar, wo er eine Krümmung nach Norden macht und dann wie eine Schnur von submarinen Vulkanen weiterzieht. Dieser Bogen entstand oberhalb der Zone, wo die riesige tektonische Platte von Eurasien und die viel kleinere Indo-Australische Platte aneinanderstoßen. Satellitenphotos zeigen, daß sich die Eurasische Platte mit einer Geschwindigkeit von ungefähr zweieinhalb Zentimetern pro Jahr nach Osten bewegt, während die Australische Platte mit fast acht Zentimetern pro Jahr nach Nordosten gleitet. Die nordostwärts gerichtete Bewegung der Australischen Platte vollzieht sich also so schnell, daß ein Teil der Australischen Platte langsam unter den indonesischen Rand der Eurasischen Platte gerät. Es ist diese Subduktion, die in Indonesien zu Vulkanismus führt, da sehr heiße Flüssigkeiten, zum größten Teil Wasser, aus dem subduzierten Teil der Platte herausgepreßt werden. Die heißen Flüssigkeiten bewegen sich, wie im 1. Kapitel dargestellt, nach oben und senken durch chemische Interaktionen die Schmelztemperaturen in den darüberliegenden Gesteinsschichten des Erdmantels und bilden somit das geschmolzene Gestein, das Magma.

Der Tambora befindet sich etwa 340 Kilometer nördlich vom Sunda-Graben, an dem sich diese Subduktion vollzieht, und 160 bis 190 Kilometer über der nach unten gleitenden Australischen Platte. Magma kann nur dann aus dem darunterliegenden Mantel in die feste Erdkruste eindringen, wenn es in der Kruste Risse gibt. Der Tambora entstand oberhalb der Sumba-Verwerfungslinie, die von Nordwesten nach Südwesten verläuft und unmittelbar westlich von Java den Sunda-Graben etwas ausgleicht (Abbildung 5-1). Solche Verwerfungen, die vorherrschende tektonische Trends überlagern, bezeichnet man gemeinhin als überkreuzende Verwerfungen.

Die Sumba-Verwerfung entwickelte sich infolge von Unterschieden im Aufbau der Australischen Platte. Westlich von Sumbawa, unterhalb der Inseln Lombok, Bali und Java, besteht die Lithosphäre – das ist die Kruste samt der festen Oberfläche des Mantels – aus einer ozeanischen Platte. Sie ist relativ dünn und dicht. Östlich von Sumbawa hingegen, unterhalb von Sumbawa, Flores und Timor, ist die Australische Lithosphäre, sie ist kontinentalen Ursprungs, sie ist dicker und weniger dicht, daher fällt ihr das Schweben leichter. Diese geologischen Unterschiede haben eine unterschiedliche Beweglichkeit zur Folge, außerdem die Entwicklung einer Bruchzone zwischen den ozeanischen und den kontinentalen Teilen der Platte, die in nordöstlicher Richtung subduziert wird. Solche kreuzenden Verwerfungen verbreiten sich auch in den darüberliegenden Plattenrand und bilden dem aufsteigenden Magma einen idealen Durchgang.

Das Alter des Tambora ist unbestimmt. Die älteste, auf diesem Vulkan freiliegende Lava ist ungefähr 50 000 Jahre alt. Aber der Berg ist zweifellos sehr viel älter. Im Verlauf von Äonen bildete sich ein Vulkan, der sich vor seiner Eruption von 1815 wahrscheinlich bis auf über 4000 Meter über das Meer erhob. Er zählte zu den höchsten Vulkanen der Ostindischen Inseln, und die Schiffe auf hoher See konnten sich an ihm gut orientieren.

Das jüngste vulkanische Gestein auf Tambora besteht aus mächtigen Schichten aus Asche und grobem Schutt aus der Eruption von 1815. Sie ruhen auf Vulkangestein, das etwa 5000 Jahre alt sein könnte. Dieser Unter-

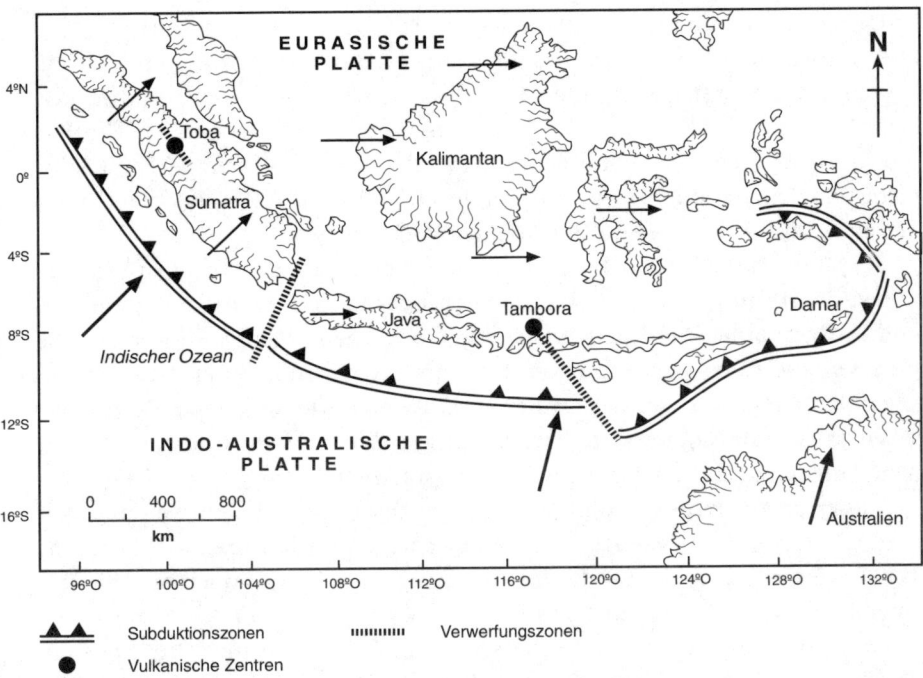

ABB. 5-1 Die tektonische Struktur Indonesiens zeigt den gegenwärtigen Nordostdrift der Indo-Australischen Platte und die dadurch bedingte Subduktion unter die nach Osten treibende Eurasische Platte sowie die daraus resultierenden vulkanischen Zentren Tambora und Toba.

schied im Alter deutet darauf hin, daß vor der riesigen Explosion von 1815 hier lange Zeit Ruhe herrschte. Der Ausbruch von 1815 senkte die Höhe des Berges von über 4000 auf seine 2853 Meter von heute und hinterließ eine riesige Caldera, 1200 Meter tief (Aus einigen Berichten geht hervor, daß vor der Eruption von 1815 auf dem Tambora bereits eine Caldera bestand, die mehr als 43 000 Jahre alt war.).

Etwa seit 1812 begann der Vulkan anscheinend wieder mit Erdbeben und einem sanften Ausblasen von Dampf aus dem Krater, dem dann und wann Explosionen und dunkle Wolken von vulkanischer Asche folgten. Solche kleinen Eruptionen deuten an, daß das langsam aufsteigende Magma mit Wasser in Berührung kam, das sehr tief ins Erdinnere eingedrungen war. Daraufhin nahm der Dampfdruck zu und verursachte diese periodisch wiederkehrenden Ausbrüche. Asche aus diesen Ausbrüchen schichtete sich auf den höhergelegenen Flanken des Vulkans auf, aber nur einige Zentimeter stark.

Die erste bedeutende Eruption ereignete sich am Abend des 5. April 1815. Die Verbreitung ihrer Auswurfstoffe, ihre Zusammensetzung und Größe deuten auf eine heftige Eruption hin, die eine Säule von Asche und Rauch hervorbrachte, die bis zu 25 Kilometer hoch gewesen sein könnte. Die Explosionen wurden in Batavia (heute Jakarta) gehört, das beinahe 1300 Kilometer entfernt westlich liegt, auf der Insel Java, und auf der kleinen Insel Ternate, 1400 Kilometer nordöstlich des Vulkanberges.

Soldaten, die im Osten Javas stationiert waren, wurden von den Detonationen derart aufgeschreckt, daß sie nach Revolutionären Ausschau hielten, und in Batavia ließ der Stellvertretende Gouverneur, Raffles, Boote auf die Java-Sea aussenden, um etwaigen in Seenot geratenen Schiffern zu Hilfe zu eilen. Auf Makassar, auf der großen Insel Celebes (heute Sulawesi), die zwischen Java und Ternate liegt, wurde ein bewaffnetes Schiff ausgesandt mit dem Auftrag, nach Seeräubern Ausschau zu halten.

Dieser ersten Euption folgten an den nächsten fünf Tagen weitere, kleinere, sie zogen einen weniger großen Ascheregen nach sich. Am Abend des 10. April setzte jedoch eine Reihe von gewaltigen Explosionen ein, die mit einer Säule von Rauch, Asche und Bimsstein begannen und, so wurde berichtet, 40 Kilometer in die Höhe schossen. Es folgten mehrere Tage mit großen Ausbrüchen, der größte von ihnen hatte wahrscheinlich einen VEI von 7.

Nach jedem Ausbruch strömten feurigrote Wolken von Gasen, Asche und größeren Brocken die Flanken des Berges hinab. Diese als pyroklastische Ströme bekannten Fluten breiteten sich über weite Teile der Halbinsel aus und flosssen auch ins Meer. Sie bedeckten den Meeresboden und töteten im Wasser alles Leben in einem Umkreis von 30 oder 40 oder mehr Kilometern. Diese heißen Massen aus dem Vulkan reagierten auf das kalte Meereswasser in sog. sekundären Ausbrüchen, bei denen große Mengen von feiner Asche in die Atmosphäre hochgeschleudert wurden. Die Aschenmengen aus diesen Sekundäreruptionen sollen etwa zehnmal so groß gewesen sein wie die Asche aus der ursprünglichen Eruption. Die gesamte Menge an Asche, die von den Eruptionswolken und den pyroklastischen Strömen hervorgebracht wurde, könnte eine Menge von ungefähr 50 Kubikkilometern oder mehr von vormals dichtem Gestein betragen haben.

Das würde bedeuten, daß die Eruption des Tambora vermutlich größer war als die des Krakatau von 1883, und im VEI sogar um zwei Stellen größer als die des Mount St. Helens im Jahr 1980. Die tatsächliche Menge an Auswurfstoffen zu bestimmen ist indes schwierig. Man nimmt an, daß die Magmakammer des Vulkans ziemlich flach war, weniger als fünf Kilometer tief. Während der Eruption brach ihr Dach ein und hinterließ eine Caldera, die ungefähr sechs Kilometer breit ist und 1200 Meter in die Tiefe reichte. Der Tambora verlor ungefähr ein Viertel seiner ursprünglichen Höhe von gut 4000 Metern. Wenn das zutrifft, beläuft sich das ausgesprengte Volumen auf ungefähr 34 Kubikkilometer. Die gesamte Masse an ausgeworfenen Schuttstoffen beträgt indessen, wie oben angedeutet, ungefähr 50 Kubikkilometer – also wesentlich mehr als das gegenwärtige Volumen der Caldera. Der Unterschied könnte sich daraus erklären, daß nach dem Beginn der Eruptionen am 10. April geschmolzene Gesteinsmasse in die Magmakammer nachströmte, was sodann den Boden der ursprünglichen Caldera ansteigen ließ.

Die Ausbrüche, die am 10. April begannen, wurden bis ins westliche Sumatra gehört, also mehr als 2500 Kilometer westlich vom Tambora. Die Erde bebte, und atmosphärische Schockwellen erschütterten Häuser in einer Entfernung von 800 Kilometern, im Osten von Java kamen abwechselnd Asche und Staub nieder, mit nachlassender Intensität, bis zum 17. April 1815.

In Saggar, einer kleinen Stadt in etwa 40 Kilometern Entfernung östlich vom Ausbruchszentrum, beschrieb der Radscha drei Feuersäulen, die hoch in den Himmel emporstiegen und über dem Vulkan einen richtigen Feuersturm hervorriefen. Er berichtete, daß Augenblicke später ein Meer von feuriger Lava (wahrscheinlich pyroklastische Ströme) sich über den ganzen Berg ergoß. Nach einer angsterfüllten Stunde regneten, den Berichten des Radscha zufolge, dunkle Wolken Vulkanasche auf die Stadt herab, und Steine, einige von der Größe einer Faust, fielen vom Himmel herab. Der Ascheregen nahm rasch zu und wurde von turbulenten Winden mit der Gewalt eines Hurrikans begleitet, die Bambushütten aus ihren Verankerungen rissen, Bäume entwurzelten und Menschen, Vieh und ganze Dörfer an der Küste in die See schwemmten. Pyroklastische Ströme, die in die See krachten, verursachten Tsunamis, die bis zu fünf Meter hoch waren. Die Wellen rissen Fischerboote aus ihrer Verankerung und trugen mit den Winden Schutt zurück auf die Insel.

In dem Dorf Bima, 65 Kilometer östlich vom Tambora, wurden die Leute während der Nacht des 10. April von lauten, fast ständigen Detonationen erschüttert, die fast vier Tage anhielten, während die ganze Gegend von einer dichten Aschewolke umhüllt war. Das Gewicht der niederstürzenden Asche ließ die Dächer der meisten Häuser in dem Dorf einbrechen, und wie in Saggar, so überfluteten auch hier Tsunamis die Küste und verwüsteten die an der Küste gelegenen Landesteile. Überall in Sumbawa wurden Dörfer aufgegeben, da die meisten Häuser zerstört waren. Eine von Raffles entsandte Untersuchungskommission fand zahllose Leichen und Tierkadaver auf der Erde herumliegen oder im Meer treiben.

Im September 1815 legte Raffles der Naturhistorischen Gesellschaft von

Batavia einen Bericht über diese Eruption vor. Der englische Geologe Charles Lyell (1797-1875), den man zu den Begründern der modernen Geologie zählt, hat einige von Raffles' Informationen in sein bahnbrechendes Buch »Principles of Geology« mit aufgenommen, welche die Wirkungen der Ausbrüche beschreiben:

> »Im April 1815 ereignete sich in der Provinz Tomboro [Tambora], auf der Insel Sumbawa, einer der schlimmsten Vulkanausbrüche, die in der Geschichte registriert wurden. ... In der Provinz Tomboro überlebten aus einer Bevölkerung von 12 000 nur 26 Personen. Heftige Wirbelwinde trugen Menschen, Pferde, Rinder und manch anderes, das in ihren Bannkreis kam, in die Höhe empor, rissen die größten Bäume aus und bedeckten das gesamte Meer mit Treibholz. Große Teile Land waren von Lava [pyroklastischen Strömen] bedeckt, mehrere Ströme davon, die aus dem Krater des Mount Tombora kamen, flossen bis zum Meer. ... Die treibenden Vulkanaschen bildeten an der Westseite von Sumbawa, am 12. April, eine etwa 60 Zentimeter dicke Schicht, mehrere Kilometer in Ausdehnung, durch die die Schiffe ihren Weg sich kaum bahnen konnten.
>
> Die von den Aschen auf Java verursachte Dunkelheit war selbst tagsüber derart, daß man zuvor, selbst in dunkelster Nacht, noch niemals etwas Ähnliches erlebt hatte.«[1]

1855 schätzte Heinrich Zollinger, ein Missionar, daß bei diesem Ausbruch auf Sumbawa bis zu 10 000 Menschen umkamen.[2] Auf Sumbawa und den Nachbarinseln Lombok und Bali vergiftete die saure Asche die Reisfelder, verstopfte das ausgeklügelte Bewässerungssystem und zerstörte die Ernten, von denen Mensch und Tier abhingen. Der Tambora setzte auf Sumbawa bis zu 100 Zentimeter Asche ab, 60 Zentimeter auf Lombok und 30 auf Bali. Die dann folgende Hungersnot und die damit verbundenen Krankheiten kosteten, Zollinger zufolge, auf Sumbawa weitere 38 000 Menschenleben, 36 000 Überlebende verließen diese Insel und gingen nach Java. Auf Lombok starben bis zu 20 000 Menschen, an die 100 000 sollen nach Java abgewandert sein. Da Java ohnehin sehr dicht besiedelt war, führten diese Zuwanderungen nach dem Eintreffen der Flüchtlinge in Ost-Java zu sozialen Konflikten.

Je weiter man sich vom Tambora entfernte, desto dünner wurde die Aschendecke, aber kleine Mengen erreichten auch das südliche Sumatra, das südliche Kalimantan und Sulawesi sowie das westliche Timor. Die Asche bedeckte ein Areal von mehr als 500 000 Quadratkilometern (Abbildung 5-2).

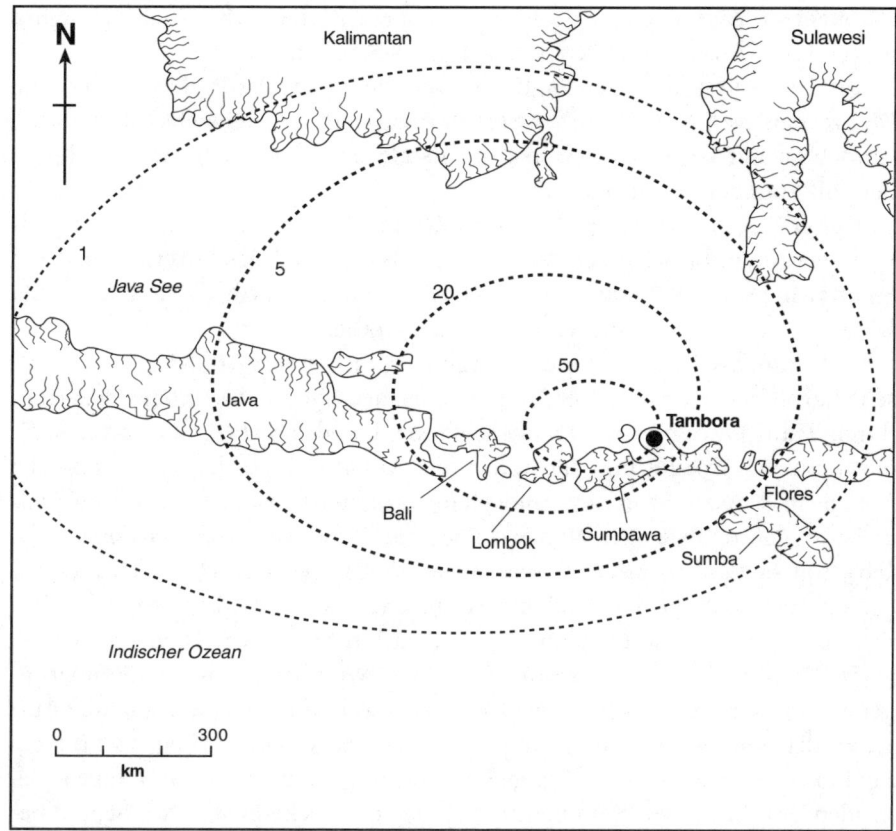

ABB. 5-2 Reichweite und geschätzte Mächtigkeit der vulkanischen Aschen, die der Tambora 1815 ausspie. Nach Zollinger, Besteigung des Vulkanes Tambora; ferner Self u.a., Volcanological Study of the Great Tambora Eruption, S. 661.

Die in der Atmosphäre zirkulierende Asche war so dicht, daß es in einem Umkreis von 300 Kilometern um den Tambora drei Tage lang fast stockdunkel war.

Auf Sumbawa befindet sich über dieser Asche noch eine Schicht von festen pyoklastischen Ablagerungen, die mancherorts 30 Meter dick war. Diese Ablagerungen treten auf den Kliffs an der Küste der Halbinsel Sanggar offen hervor.

Bimsstein aus dem Tambora-Ausbruch schwamm auf den Küstengewässern, und richtige Flöße aus Schaum trieben weit auf das Java-Meer hinaus. Eingebacken in diese Art Treibgut waren die Kadaver von Tieren, ferner abgebrochene Bäume und anderer Schutt, einige dieser treibenden Massen wa-

129

ren mehrere Kilometer lang und bis zu einem Meter dick. Noch vier Jahre nach diesem Ausbruch trafen Schiffe auf solche Flöße.

Zusammen mit der Asche und dem Bimsstein warf der Vulkan auch große Mengen an Dampf und an Schwefeldioxidgasen aus. Schwefelhaltige Salze verklebten mit festen Stoffen in der aufsteigenden Eruptionssäule zu Teilen der vulkanischen Schuttmassen.

Dieser Schutt kam zusammen mit kräftigen Regengüssen auf die Erde zurück, vergiftete für die nächsten Jahre die Böden und das Grundwasser von Sumbawa und der Nachbarinseln. Der Schwefel führte dazu, daß es bei Mensch und Tier zu tödlichen Durchfallkrankheiten kam.

Auf Sumbawa war fast die gesamte Vegetation zerstört oder schwer beschädigt. Normalerweise verdampfen aus den Poren des Pflanzengewebes durch Transpiration große Mengen Wasser. Da aber auf Sumbawa die Wälder nunmehr entlaubt und der Boden mit Vulkanasche bedeckt war, sank die Menge an Wasser, die in die Atmosphäre verdampfte, rapide ab, was zur Folge hatte, daß sich weniger Wolken bildeten und die Niederschläge abnahmen. Obschon sich auf tropischen Inseln neue Böden relativ rasch bilden können, verzögerten doch die Trockenheit und die chemischen Reaktionen in den Böden auf Sumbawa die Erholung der Vegetation für die nächsten Jahrzehnte.

Der Ausbruch verursachte auf der ganzen Welt beträchtliche Veränderungen in der Witterung. Seine Auswirkungen veränderten das regelmäßige Auftreten des Sommermonsuns in Indien, der den notwendigen Regen zu diesem Subkontinent bringt. Statt des gewohnten Regens herrschte in einigen Gegenden im Lauf der Sommermonate 1816 Trockenheit. Der September brachte dann schier unaufhörlichen Regen und ernste Überschwemmungen, vor allem im Osten, im heutigen Bangladesh. Die Getreideerträge sanken, eine Hungersnot folgte, vor allem im nordwestlichen Indien (dem heutigen Pakistan). China wurde in diesem Sommer, in den Tälern des Yangtse und des Gelben Flusses, von größeren Überschwemmungen heimgesucht.

Außerdem kam es im unteren Gangestal zu einem Ausbruch von Cholera asiatica. Diese Krankheit war dort schon seit langer Zeit endemisch, sie nahm bald epidemische Ausmaße an, wahrscheinlich weil die Ernten so schlecht waren, so daß Hungersnöte folgten, die die Bevölkerung schwächten. Die Cholera drang bald nach Afghanistan und Nepal vor, fraglos begünstigt durch britische Militäroperationen in diesen Regionen. Muslimische Pilgerzüge trugen sie nach Westen, nach Mekka und Medina. Langsam, aber unaufhaltsam bewegte sich die Krankheit nach Nordwesten. 1823 erreichte sie die Küsten des Kaspischen Meeres, 1830 Moskau.

Im folgenden Jahr verlor Kairo 12 Prozent seiner Bewohner an die Cholera. Russische Feldzüge trugen sie nach Polen und weiter nach Westen, von hier gelangte sie nach Ungarn und schließlich nach Frankreich, wo Hundert-tausende starben. Der französische Premierminister Kasimir Périer starb im Mai 1832 an der Cholera. Im Frühsommer brachten Auswanderer die Cho-lera nach Montreal und New York City. Bis Juli gab es allein in New York hundert Choleratote.

Natürlich ist es nicht sicher, ob die Eruption des Tambora die Ursache der Choleraausbreitung war. Aber wenn auch nur die erste Epidemie, die von 1817 bis 1823 wütete, mit dem Vulkanausbruch in Zusammenhang stand, dann kostete der Ausbruch mehrere 100 000 Menschenleben.

———

Nach dem Ausbruch des Tambora vereinigten sich Schwefeldioxidmoleküle mit Wasserdampf und bildeten Aerosole aus Schwefelsäure (Abbildung 5-3). Winde trugen diese Aereosole rund um die Erde. Sie bildeten Dunstschleier, die einen beträchtlichen Teil des Sonnenlichts wieder zurückwarfen und auf dieses Weise verhinderten, daß es zur Erdoberfläche gelangte. Und weil die-se Schleier über den Wolken lagen und daher nicht mit den Regenfällen heruntergespült wurden auf die Erde, zirkulierten sie einige Jahre dort oben und riefen eine langfristige Abkühlung hervor.

Als diese säurehaltigen Aerosoltropfen in der Atmosphäre niedersanken, bildeten sie Kondensationskerne und begünstigten somit die Wolkenbildung. Diese Säuretröpfchen sind kleiner als die Töpfchen in den gewöhnlichen Wolken, und sehr viele kleinere Tröpfchen werfen mehr Sonnnelicht zurück als wenige größere Tropfen. Auf diese Weise wurden die Wolken selbst stär-ker reflektiv und verstärkten noch die Abkühlung.

Die Klimadaten des frühen 19. Jahrhunderts deuten an, daß auf diese Eruption von 1815 zwei oder drei Jahre mit extremem Wetter folgten. Die Durchschnittstemperaturen waren im Jahr 1816 auf der nördlichen Hemis-phäre um bis zu 10 Grad Celsius niedriger als gewöhnlich. Schon vor dem Ausbruch des Tambora war global eine Abkühlung zu beobachten, dieser Ausbruch verstärkte diesen Trend noch.

In ganz Europa waren die Sommer der Jahre 1816 und 1817 kalt und feucht. In vielen Gegenden fiel Schnee, in Ungarn war er braun gefärbt, dun-kel von dem Vulkanstaub in der Atmosphäre. Bis hinab an die Spitze des italienischen Stiefels fiel Schnee von gelblicher und rötlicher Farbe. Überall versiegten die Ernten. Die Schweiz, Süddeutschland, Österreich und das alpenländische Frankreich litten am meisten. Im Frühherbst 1816 setzten Schnee und Frost sehr bald ein, sie verkürzten die Vegetationsphase deutlich. Im Folgejahr 1817 war es ganz ähnlich. In den staatlichen Getreidelagern

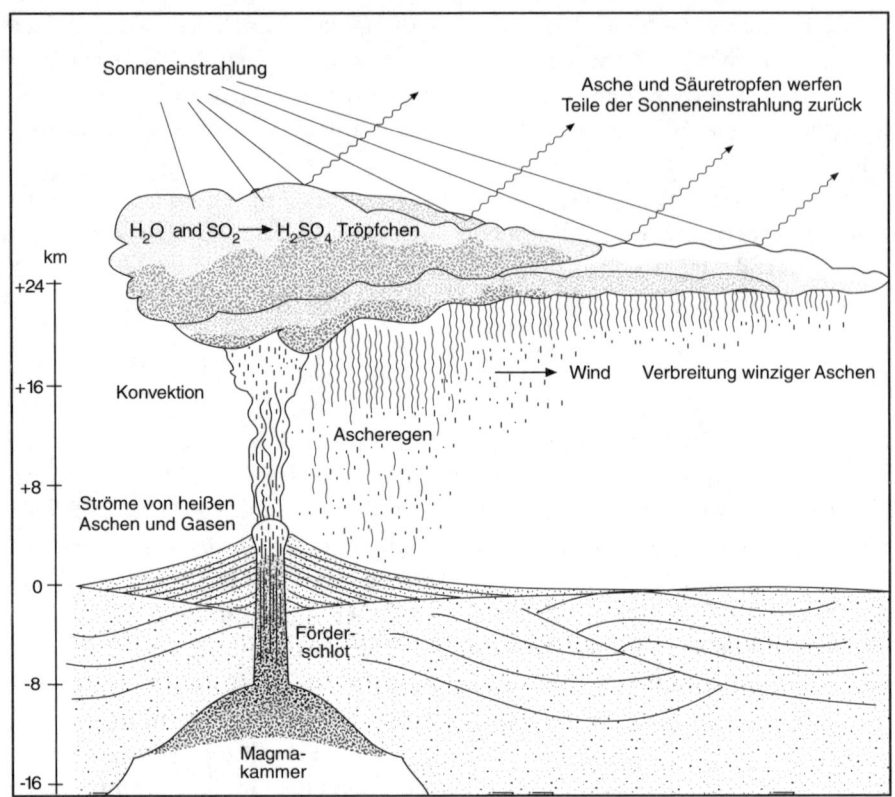

ABB. 5-3 Schematisierter Blick auf die Eruption des Mt. Tambora 1815. Man nimmt an, daß die Eruptionssäule wenigstens 25 Kilometer in die Höhe stieg. Sie überschüttete die benachbarten Gebiete mit vulkanischen Aschen und pyroklastischen Strömen, blies aber darüber hinaus auch große Mengen Wasserdampf (H_2O) und Schwefeldioxid (SO_2) in die Atmosphäre, wo sie sich zu Tröpfchen von Schwefelsäure verbanden (H_2SO_4). Dunstschleier dieser Tröpfchen (Aerosole) zirkulierten in großen Höhen um die Erde, sie reflektierten das Sonnenlicht und verursachten dadurch eine abnorm kalte Witterung.

fehlte es an Aussaat für Sommerweizen. Der Ausbruch des Tambora verursachte »die letzte große Ernährungskrise der europäischen Geschichte«.[3]

Dieses schlechte Wetter folgte den sozialen und wirtschaftlichen Verzerrungen der Napoleonischen Kriege auf den Fuß. Infolge dieser Kriegsverluste fehlte es in der Landwirtschaft an Menschen, vor allem in Frankreich und Deutschland. Außerdem hatten die vieljährigen Kämpfe die nördlichen Teile Frankreichs, seinen Brotkorb, ziemlich verwüstet. Die Kosten für die Grundnahrungsmittel schossen senkrecht in die Höhe.

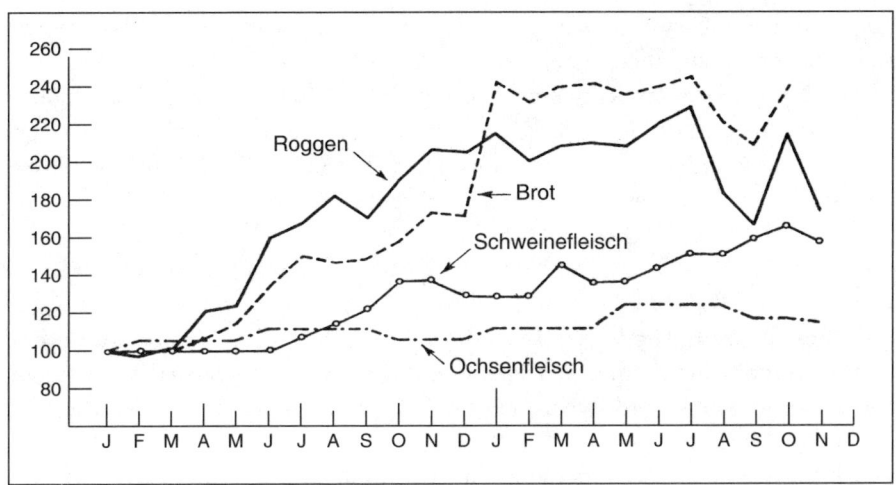

ABB. 5-4 Preisentwicklung von Nahrungsmitteln Januar 1816 bis November 1817 in Hannover. Quelle: W. Abel, Massenarmut und Hungerkrisen. Hamburg 1974, S. 319/Blackwell Wissenschafts-Verlag GmbH.

Im Königreich Württemberg zählte man in den Monaten Mai bis ein-schließlich September 1816, also an insgesamt rund 150 Tagen, nicht weni-ger als 95 Regentage. Infolge der vielen Niederschläge waren die – unbe-festigten – schlechten Straßen völlig aufgeweicht. Die Pferde versanken im Morast. In den Teilen Mitteleuropas, die ziemlich weit von den Küsten ent-fernt waren und wo man aus diesem Grund keinen Zugang hatte zu Liefe-rungen aus Übersee, verdreifachten sich 1816/17 die Preise für Getreide. Da-bei hatte schon in den Jahren davor *die große Mehrzahl* der Menschen in Mitteleuropa den größeren Teil ihres Einkommens – mehr als 50 Prozent – für Nahrungsmittel ausgegeben. (Zum Vergleich: heute sind es 12 Prozent.)[4]

Weil all diese unheilvollen Faktoren nun zusammenkamen, mußten in vielen europäischen Ländern 1816 und 1817 die Menschen hungern, vor allem die in den Städten. In Paris verhungerten viel mehr Menschen als je zuvor. Nach dem Ende der Napoleonischen Kriege führten politische Probleme in Frankreich zu einem Absinken der Industrieproduktion, was in den Städten Arbeitslosigkeit zur Folge hatte. Dies und die hohen Nahrungsmittelpreise führten mancherorts zu Aufständen. In Poitiers kam es zu einem Aufruhr, weil die Behörden den Weizen so hoch besteuerten, obwohl sich der Preis dafür bereits verdoppelt hatte. Gruppen bewaffneter Bauern fielen über große Höfe her, plünderten Ge-treidespeicher und überfielen Bäckereien. Im Loiretal wurden Getreidewagen auf ihrem Wege zum Markt von Bauernhaufen aufgelauert und ausgeraubt,

133

obgleich sie von Gendarmen begleitet waren. Ähnliches war in ganz Frankreich zu beobachten, und auch in anderen Ländern kam das vor.

In Irland kam es zu schweren Mißernten und folglich zu einer Hungersnot. Dies erleichterte dem Fleckfieber den Ausbruch, diese Epidemie – auch als »Hungertyphus« bezeichnet – dauerte von 1817 bis 1819. Die Zahl der Todesfälle ist nicht gesichert, sie wird auf mehr als 100 000 geschätzt.

————

In weiten Teilen Europas war 1816 der Himmel fast ständig bedeckt, und es regnete ununterbrochen. Die allgemeine Schwermut spiegelt sich wieder in einem Gedicht von Lord Byron, »Darkness«, das auszugsweise so lautet:

> Ich hatte einen Traum, der eher ein Alptraum war.
> Die leuchtende Sonne war erloschen, und die Sterne
> Wanderten, sich verdunkelnd, im unendlichen Raume,
> Ohne Strahlen, ohne Pfad, und die eisige Erde
> Raste blind und dunkel durch die mondlose Luft;
> Der Morgen kam und verging – und kam erneut, es wollte Tag
>   nicht werden,
> Und die Menschen vergaßen in ihrer Not ihre Leidenschaften
> In all dieser Trostlosigkeit.
> ....
> Und der Krieg, der nun seit einem Augenblick nicht mehr wütete,
> Tat sich noch einmal gütlich; – es gab ein Festmahl
> Aus Blut, und jeder saß schweigsam ganz für sich
> Wälzte sich in Trauer: keine Liebe war verblieben;
> Die ganze Erde war nur noch ein Gedanke – das war der Tod,
> Sogleich, glanzlos, und der heftige Schmerz
> des Hungers verzehrte all die Eingeweiden.[5]

Byron verbrachte diesen Sommer in einer Villa am Genfer See. In diesen traurigen Sommertagen mietete sich ein anderer großer englischer Dichter, Percy Bysshe Shelley, zusammen mit seiner Frau Mary ein Landhaus ganz in der Nähe. Die Shelleys, Byron und ein paar weitere Freunde waren oft beieinander. Mary Shelley hat diese Umstände in der Einführung eines Buches beschrieben, dessen erste Auflage zwei Jahre später erschien:

> »Im Sommer 1816 besuchten wir die Schweiz und wurden Nachbarn von Lord Byron. ... Es war ein feuchter, unschöner Sommer, unaufhör-

liche Regengüsse hielten uns tagelang im Haus. Ein paar Bücher mit Geistergeschichten fielen in unsere Hände, aus dem Deutschen ins Französische übersetzt. ... ›Jeder von uns soll eine Geistergeschichte schreiben‹, sagte Lord Byron; und wir nahmen seinen Vorschlag an. ... Ich gab mir viel Mühe, eine Geschichte auszudenken, die die widrigen Umstände widerspiegelte, die uns zu dieser Aufgabe angestachelt hatten. Eine, die die geheimen Ängste in unserem Innern ansprechen und wirklichen Horror in uns wachrufen würde. ... Zuerst schwebten mir nur ein paar Seiten vor – eine Kurzgeschichte; aber Shelley drängte mich, meiner Phantasie mehr Raum zu lassen.«[6]

Was Mary Shelley damals schrieb, inspiriert von der allgegenwärtigen Tristesse von Tamboras Staub, das war die unsterbliche Geistergeschichte »Frankenstein«.

Auch im Nordosten Amerikas erlebten die Menschen im Frühjahr und Sommer 1816 ein furchtbares Wetter. Diese Region erfuhr, anders als Europa, ein ungewöhnlich trockenes Jahr. Aber es gab auch hier, wie in Europa, im Verlauf des Frühjahrs außerordentlich niedrige Temperaturen, mit Nachtfrost, und dann und wann sogar einen Schneesturm. Kaltes Wetter herrschte auch in Kanada vor und reichte nach Süden herab bis New Jersey.

Kalte, keimabtötende Fröste trafen Teile Neu-Englands zwischen dem 6. und dem 11. Juni 1816, am 9. Juli und noch einmal Ende August. In den nördlichen Neu-England-Staaten fiel eine Menge Schnee. In New Bedford (Massachusetts), einer Stadt, die normalerweise dank ihrer Nähe zum Atlantik vor extremen Witterungsverhältnissen geschützt ist, setzten Anfang Juni schwere Nachtfröste und starke Winde ein. In North Branford (Connecticut) schrieb ein Mann, Calvin Mansfield, in sein Tagebuch: »Starker Frost – wir werden lernen müssen, gut zu haushalten.«[7]

In ganz Kanada und Neu-England zerstörten die Trockenheit und das kalte Wetter die Ernten, auch den Weizen und das so wichtige Heu und den Mais, die den Tieren auf den Farmen ihr Futter lieferten. Infolgedessen verhungerten im folgenden Winter viele Tiere. Während die meisten Bauern fast alles, was sie brauchten, selbst herstellten und letzten Endes damit im Winter 1816/17 zurechtkamen, kam es in den Städten und in den nördlichen Gebieten, wo die Landwirtschaft nicht ausreichte, zu Engpässen an Nahrungsmitteln.

In St. Johns, Neu-Fundland, schickte man 800 europäische Zuwanderer dorthin zurück, weil hier die Nahrungsmittel selbst knapp waren. Im Norden von Vermont und in New Hampshire fütterten die Bauern ihre Schweine mit Fischen, die sie in Bächen gefangen hatten. Andere ließen Makrelen aus den Häfen Neu-Englands herbeischaffen. So kam es, daß 1816 nicht nur als »das Jahr ohne Sommer« bezeichnet wurde, sondern auch als »das Makrelenjahr«.

In den Städten schossen die Nahrungsmittelpreise in die Höhe, und viele Menschen mußten hungern. Es gab indessen keine Hungersnöte wie in Europa. Der Preis für Weizen erreichte 1816 für lange Zeit einen Spitzenwert, von fast 2 Dollar 50 je Bushel. (Dieser Höchstpreis wurde erst 1972 wieder erreicht, als ein großer Teil der amerikanischen Weizenernte in der Sowjetunion eine schlechte Ernte ausgleichen half.) Die Preise für Getreide blieben auch 1817 noch sehr hoch. Infolge der schlechten Witterung des Vorjahrs blieb den Bauern wenig übrig für die Aussaat. In New York öffneten in diesem Jahr Suppenküchen ihre Pforten, wo die Armen billige Speisen vorgesetzt bekamen.

Die Bevölkerung der Vereinigten Staaten war während des 17. und 18. Jahrhunderts schnell gewachsen, und in dem Jahrzehnt nach 1810 war buchstäblich das gesamte anbaufähige Land in Neu-England besiedelt. Die Familien auf den Farmen waren groß.

Immer mehr Söhne erbten von Mal zu Mal immer kleinere Farmen. Viele zogen mit ihren Frauen und Kindern nach Ohio und in die Territorien weiter westlich, um sich künftig dort ihr Brot zu verdienen. Die schlechte Ernten von 1816 und 1817 beschleunigten die Binnenwanderung. Der Strom neuer Siedler schenkte den fruchtbaren Ländern westlich der Allegheny-Berge Zehntausende neuer Bewohner.

Niemand verstand damals die Ursachen der Kaltwetterperiode, der schlechten Ernte und des Hungers, das kam erst viel später. Viele schoben es auf die sinkende Moral und den nachlassenden Kirchenbesuch. Einige gaben Sonnenflecken die Schuld, andere Eisbergen im Nordatlantik. Niemand dachte an einen Vulkanausbruch, der buchstäblich eine halbe Welt entfernt war.

Der Tambora-Ausbruch von 1815 verheerte die Insel Sumbawa, er verursachte Hunger und Krankheit auf den Nachbarinseln; er störte den Monsun und verursachte Hungersnot in Indien, und könnte schuld gewesen sein an einer weltweiten Choleraepidemie; er führte zu kalter Witterung, Mißernten und Hunger-Aufständen. Niemand konnte damals wissen, warum diese schrecklichen Dinge geschahen.

Sechsundsechzig Jahre später war die Kommunikation soweit fortgeschritten, daß die weltweiten Auswirkungen einer ähnlichen Eruption – die des Krakatau, 1883, gleichfalls auf einer der Ostindischen Inseln – dazu in Beziehung gesetzt werden konnten. Erst damals fingen die Naturwissenschaften an, auf die Fragen von 1815 eine Antwort zu finden.

MOUNT TOBA: GRÖSSER ALS DER TAMBORA

Der Tamboraausbruch von 1815 war vielleicht der größte Vulkanausbruch in historischer Zeit. Bekannt wurde er infolge seiner dramatischen Auswirkungen auf die globale Witterung. Aber ungefähr 74 000 Jahre davor explodierte ein anderer Vulkan Indonesiens, der Toba, und es kam zu einer viel größeren Katastrophe, sie könnte gleichfalls die menschliche Entwicklung betroffen haben. Man nimmt an, daß der Toba 2800 Kubikkilometer Magma ausspie, verglichen mit lediglich 50 Kubikkilometern beim Ausbruch des Tambora. Sein VEI soll 8 betragen haben, die bis heute höchste Stufe.

Diese gewaltige Detonation hinterließ eine riesige Caldera, in der heute Indonesiens größter Binnensee liegt, der Toba See. Dieser See, im Nordwesten von Sumatra, ist umgeben von Felswänden, die mehr als 1200 Meter hoch sind. Er ist 85 Kilometer lang und mißt an der breitesten Stelle 25 Kilometer, insgesamt also 1780 Quadratkilometer. An seinem nördlichen Ende ist der See bis zu 530 Meter tief.

Der Toba verspritzte vor seinem Ausbruch eine riesige Menge an Asche, Staub und vulkanischen Gasen. Diese Stoffe wurden hoch in die Stratosphäre emporgeschleudert und erreichten wahrscheinlich Höhen von 30 Kilometern und mehr. Bei Tiefseebohrungen am Grund des Indischen Ozeans und des Südchinesischen Meeres wurden noch Aschen aus dieser Eruption gefunden. Sauerstoffisotope in den Bohrkernen deuten an, daß die Eruption des Toba am Übergang von einer Warm- zu einer Kältezeit stattfand und die letzte Vereisung herbeiführte. Eine Ascheschicht von ungefähr 30 Zentimetern Mächtigkeit wurde etwa 2400 Kilometer westlich der Eruptionsstelle gefunden, am Grund des Indischen Ozeans. Die Asche vom Toba muß eine riesige Fläche bedeckt haben. Es ist anzunehmen, daß Staub und Aerosole vom Toba von Winden in großen Höhen rund um die Welt getragen wurden und das Sonnenlicht zurückstrahlten, so daß es zu einer globalen Abkühlung kam.

Es ist gleichfalls anzunehmen, daß schwefelhaltige Gase vom Toba, als sie die Stratosphäre erreichten und sich mit Wasserdampf vereinigten, riesengroße Wolken aus Schwefelsäureaerosolen bildeten (siehe Abbildung 5-3). Diese Aerosole, die rund um den Globus zirkulierten und viel vom Sonnenlicht zurückstrahlten, könnten die Durchschnittstemperatur um wenigstens 10 Grad Celsius gesenkt haben. Eine solche Verminderung dürfte zu einem »Vulkanwinter« geführt haben, der mehrere Jahre anhielt. Dieses abrupte Absinken im Klima der Erde

137

kam zu einer Zeit, als die frühe Menschheit ohnehin in Schwierigkeiten steckte, und Gruppen, die sich in den nördlichen Weiten Eurasiens niedergelassen hatten, zogen sich vor dem vorrückenden Eis wieder nach Süden zurück. Die strenge Witterung, die für mehrere Jahre anhielt, berührte auch die niedereren Breiten und traf nomadisierende Gruppen ziemlich heftig und wird die bestimmt dezimiert haben.

Mit Hilfe von DNA-Studien gelang es Wissenschaftlern, die Größe der menschlichen Bevölkerung zu verschiedenen Zeiten in der Vergangenheit abzuschätzen. Vor 70 000 bis 80 000 Jahren, also ungefähr zu der Zeit, als der Toba ausbrach, wurde die Bevölkerung möglicherweise auf 10 000 vermindert, und dies könnte zu einem evolutionären »Bottleneck«* geführt haben.

Wenn dies tatsächlich geschah, dann stand die Menschheit damals kurz vor ihrem Ende. Und wenn der Toba-Ausbruch schuld war an diesem »Bottleneck«, dann darf man annehmen, daß andere Eruptionen ähnlicher Größenordnung in früheren Zeiten der Menschheit ähnliche Bedrohungen entgegenstellten. Die heißen Quellen und Geysire im Yellowstone National Park in den Vereinigten Staaten beispielsweise liegen in riesigen Calderen, die von drei Vulkanausbrüchen von wahrhaft gewaltigen Ausmaßen waren und vor etwa zwei Millionen bis einer halben Million Jahren entstanden und zweifellos globale Auswirkungen zeitigten. Könnten diese Ereignisse möglicherweise ursächlich in Beziehung stehen zum Auslöschen früher Hominiden in Afrika?

---

*Als Bottleneck oder Flaschenhalseffekt bezeichnet man vor allem in der Biologie eine Katastrophe, bei der relativ kleine Teile einer Population überleben, die in ihrer genetischen Zusammensetzung nicht die gesamte ursprüngliche Bevölkerung repräsentieren. (Anm. d. Übers.)

Krakatau, 1883

Zerstörung, Tod und ökologischer Neuanfang

6

> »Uns bot sich ein schrecklicher Anblick. Die Küsten von Java
> wie auch die von Sumatra waren ganz und gar verwüstet.
> Überall zeigte sich unseren Augen dieselbe graue und düstere
> Farbe. Dörfer und Bäume waren verschwunden; wir konnten
> nicht einmal Ruinen erkennen, denn die Wellen hatten ihre
> Bewohner getötet und hinweggefegt – sie selbst, ihre Wohnstätten
> und ihre Pflanzungen. ... Das war wirklich eine Szene wie am
> Jüngsten Tag.«

R. A. SANDICK, ERUPTION IN KRAKATAU

IM JAHR 1883 WAR KRAKATAU eine kleine, unbewohnte Vulkaninsel in der Sundastraße zwischen den großen indonesischen Inseln Java und Sumatra. Dieser Vulkan, lange Zeit für erloschen gehalten, brach in diesem Jahr in einer Reihe von verheerenden Explosionen aus, die über Tausende von Kilometern hinweg in jede Richtung zu vernehmen waren – bestimmt einer der lautesten Knalle, der je auf der Erde zu hören war. Riesige Mengen von Asche und Bimsstein wurden in die Atmosphäre emporgeschleudert, und ein Großteil der Insel brach in sich zusammen und bildete dann eine riesige Caldera. Riesengroße Tsunamis krachten auf die Strände der Nachbarinseln und vernichteten mehr als 160 Städte und Dörfer und töteten bis zu 40 000 Menschen. Diese Eruption war eine der zerstörerischsten Naturkatastrophen in der Geschichte.*

Nach der ersten Eruption regnete es fast drei Tage lang ununterbrochen vulkanische Asche vom Himmel. Feiner Staub und vulkanische Aerosole

---

*Die Eruption des Tambora von 1815, knapp 1500 Kilometer östlich vom Krakatau, auf der Insel Sumbawa, war gewaltiger als die des Krakatau, und die Verluste waren viel höher. Allerdings waren 1815 die Möglichkeiten der Fernkommunikation noch sehr viel geringer, und der Ausbruch des Tambora erlangte niemals dieselbe Berühmtheit wie der des Krakatau.

wurden hoch in die Stratosphäre emporgeschleudert und zirkulierten binnen zweier Wochen um die Erde. Fast drei Jahre lang verursachte diese Luftverschmutzung in vielen Teilen der Welt eine Vielzahl von Auswirkungen in der Atmosphäre: spektakuläre Sonnenauf- und -untergänge, Dunstkreise um die Sonne und bläulichgrüne Verfärbung von Sonne und Mond.

Dieser Ausbruch tötete auf Krakatau und den Nachbarinseln unzählige Pflanzen und Tiere, eine Zeitlang machte er höheres Leben unmöglich. Mächtige Schichten von grauer Asche, Bimsstein und Schlamm bedeckten den Boden, auf dem einst üppiger Dschungel gewuchert war und wilde Tiere gelebt hatten. Erst ein Jahr später begann das Gras wieder zu wachsen. Innerhalb weniger Jahrzehnte waren diese Inseln wieder von Vegetation bedeckt, und viele Arten von Vögeln, Säugetieren, Reptilien und Insekten waren hierher zurückgekehrt. Dieser Ausbruch des Krakatau von 1883 ist auch eines der klassischen Beispiele dafür, wie schnell sich das Leben wieder erholt.

Die Inseln Java und Sumatra gehören dem Indonesischen Vulkanbogen an, der in der Gegend der Sundastraße eine scharfe Biegung macht. Die Vulkane auf Java stehen vorwiegend in Ost-West-Richtung, die auf Sumatra mehr in nordwestlicher-südöstlicher Ausrichtung (siehe Abbildung 6-1). Krakatau, zwischen Java und Sumatra gelegen, ist eine der vielen Vulkaninseln, die auf einer aktiven Verwerfungszone gelegen sind, die sich nach Nord-Nordost ausrichtet – ganz anders als die Vulkane auf Java oder Sumatra. Der am gründlichsten erforschte Teil der Zone erstreckt sich von der Insel Panaitan, die vor der westlichsten Spitze von Java liegt, zur südöstlichsten Spitze von Sumatra (Abbildung 6-2, oben). Krakatau und die mit ihm verbundenen Vulkane sind viel kleiner als andere Vulkane auf Indonesien – ihre Explosivkraft ist indes ebensogroß oder sogar noch größer.

Die Entwicklung der Verwerfungslinie am Krakatau hängt mit der Bildung der Sundastraße zusammen. Einer javanischen Legende zufolge, wie sie im »Pustaka Raja« (Buch der Könige) erzählt wird, explodierte im Jahr 416 n. Chr. ein Vulkan mit Namen Kapi und hinterließ einen großen Abgrund, der eine einzelne Insel, gleichsam eine Ahnfrau, in zwei Teile spaltete: heute Java und Sumatra. Diese Legende schildert die Vorgänge folgendermaßen:

> »Ein gewaltiges loderndes Feuer kam aus dem ... Berg, es reichte bis zum Himmel hinauf; die ganze Welt wurde kräftig erschüttert, und heftiger Donner ... grollte; ... das Lärmen flößte einem Angst ein, zuletzt brach der Berg Kapi mit einem gewaltigen Donnern in Stücke und versank in die tiefsten Tiefen der Erde. Das Meer stieg an und über-

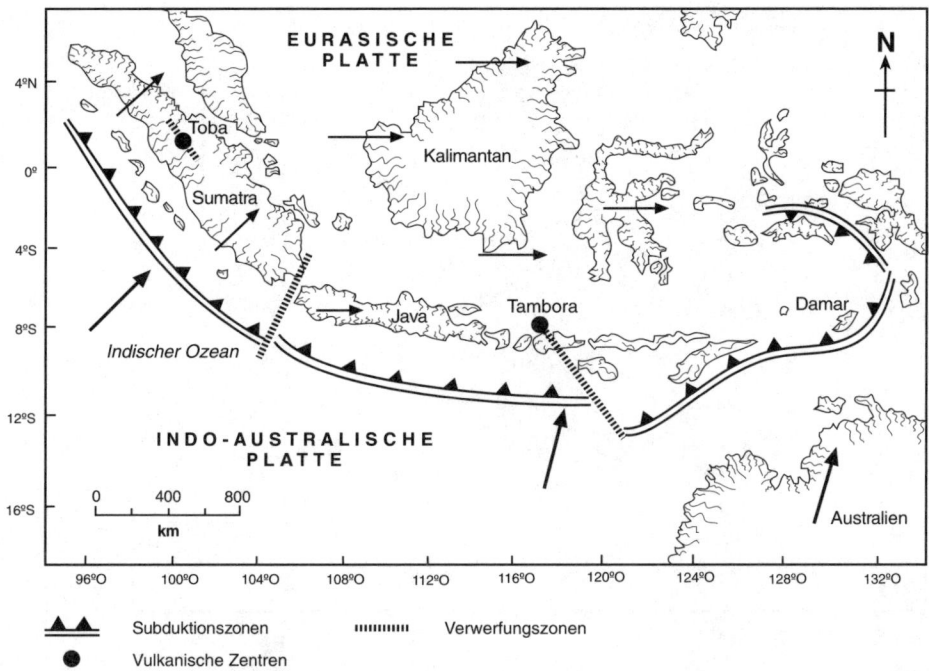

ABB. 6-1 Die tektonische Anordnung von Indonesien, sie zeigt den heute vorherrschenden nordöstlichen Drift und die Subduktion der Indo-Australischen Platte unter die sich nach Osten bewegende Eurasische Platte; daraus entstanden die vulkanischen Zentren Krakatau und Merapi.

schwemmte das Land. ... Als das Wasser wieder zurückging, ... teilten sich Kapi und das umliegende Land auf und wurden teils zu Meer, teils zu einer Insel, ... geteilt in zwei Teile.«[1]

Es ist nicht zu glauben, daß eine einzige Eruption, wie es die Legende behauptet, die Sundastraße geschaffen haben soll. Im südöstlichen Sumatra, am nördlichen Ende der Verwerfungszone, gibt es eine Hochfläche aus Lava, die eine Million Jahre alt ist. Und die Insel Panaitan und der südwestliche Teil von Java sind gleichfalls mit kompakter Vulkanasche und pyroklastischen Überresten bedeckt, von denen einige ungefähr eine Million Jahre alt sind, andere vielleicht 700 000 Jahre. Es müssen also wenigstens zwei größere Vulkanausbrüche stattgefunden haben – aber beide schon vor mehreren Hunderttausend Jahren, nicht im Jahr 416 n. Chr. Unweit vom heutigen Überrest der alten Insel des Krakatau befinden sich zwei kleinere, sichelförmige Inseln

Krakatau, 1883

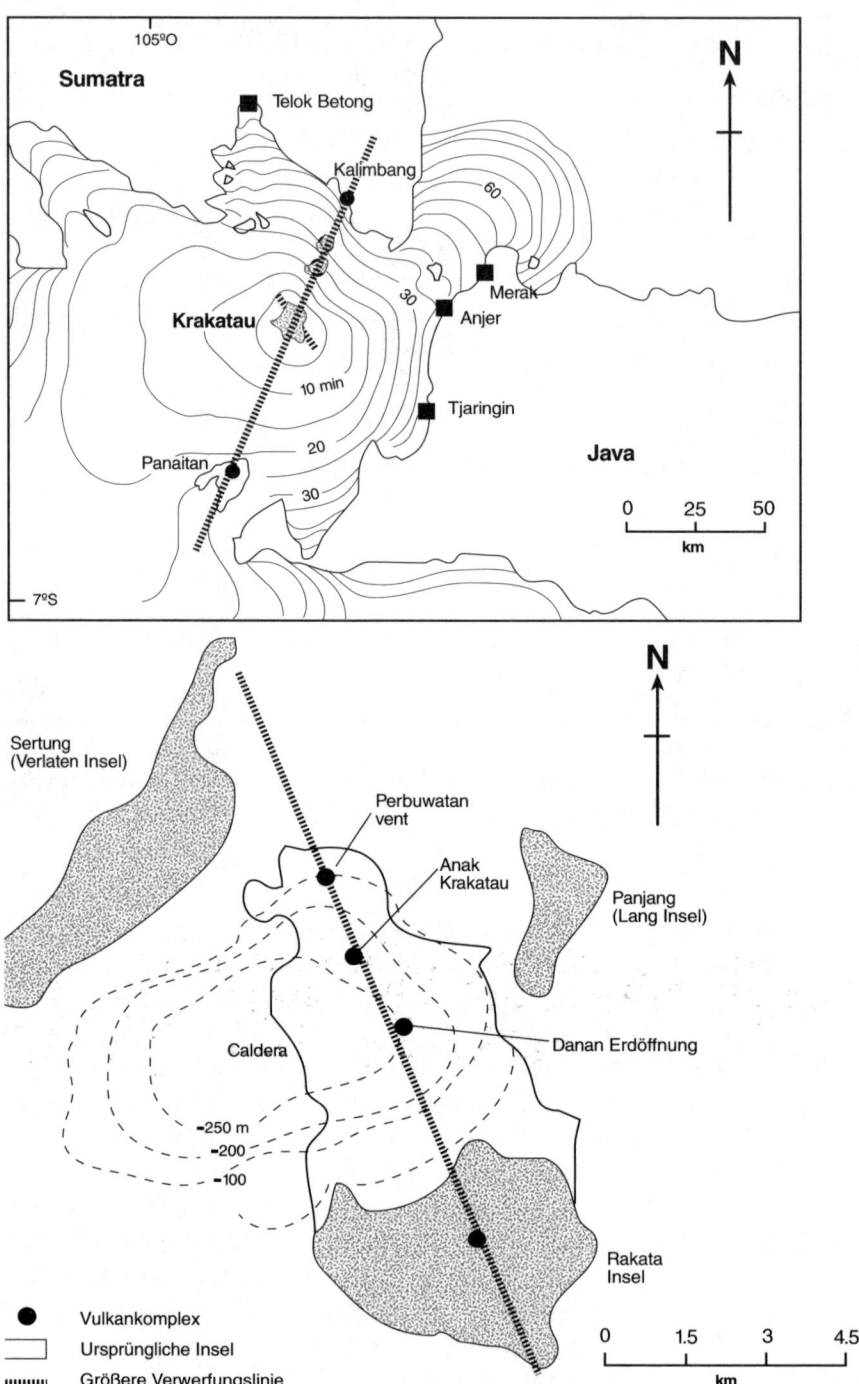

mit Namen Sertung und Panjang. Sie gehörten zum oberen Randgebiet der großen untergetauchten Caldera und gehen möglicherweise auf den in der Legende erwähnten Ausbruch des Kapi von 416 n. Chr. zurück.

Als man in der Sundastraße nach Öl bohrte, fanden sich mächtige Sedimentablagerungen, die anzeigten, daß diese Region vor einigen Jahrmillionen sehr schnell abgesunken war. Ein Absinken von Land dieser Art geschieht typischerweise im Zusammenhang mit der Ausdehnung der Erdkruste, wo es dann zu Brüchen kommt. Hervorgerufen wird eine solche Ausdehnung in der Meeresenge durch unterschiedliche tektonische Bewegungen von Java und Sumatra. Java bewegt sich etwa 4 Zentimeter pro Jahr ostwärts, während Sumatra mit ungefähr derselben Geschwindigkeit nach Nordosten driftet. Es ist die nach Norden gerichtete Bewegung von Sumatra, die diese Insel von Java wegtreibt und somit das Auseinanderklaffen der Sundastraße verursacht.

Diese Bewegungen sind die Folge einer Wechselwirkung zwischen der nach Osten gerichteten Bewegung der Eurasischen Platte einerseits und der Indo-Australischen Platte andererseits, die unterhalb von Java nach Nordnordosten gleitet, während sie unter Sumatra mit einer Geschwindigkeit von 7,5 Zentimetern pro Jahr schräg dahintreibt. Als Folge davon wird Sumatra zur Seite gedrückt und dreht sich etwa im Uhrzeigersinn. Bislang hat sich diese Insel in Relation zu Java um 40 Grad gedreht. Paläomagnetische Funde beweisen, daß ungefähr die Hälfte dieser Drehung wahrscheinlich in den letzten zwei Millionen Jahren erfolgte. Da diese Drehung weitergeht, dehnt sich die Erdkruste immer mehr, sie bricht zwischen den Inseln auf und schafft dem Magma an den Verwerfungszonen des Krakatau einen Weg nach oben.

Vor dem Ausbruch von 1883 bestand die Insel Krakatau aus drei miteinander verbundenen Vulkanen, die in nord-nordwestlicher Richtung verliefen, ähnlich wie die Vulkane auf Sumatra. Diese Berge hießen, von Nord nach Süd: Perbuwatan, Danan und Rakata. Da sich jedoch die Verwerfungslinie beim Krakatau in nordnordöstlicher Richtung erstreckt, nicht in nord-

ABB. 6-2 *Oben:* Die Verwerfungslinie am Krakatau und die Kette von Vulkaninseln zwischen Java und Sumatra. Zu sehen ist auch, wie die Tsunamis sich während der Eruption von 1883 ausbreiteten und mit welcher Geschwindigkeit dies geschah. Übernommen und verändert nach Yokoyama, Krakatau Tsunami.
Unten: Der Krakatau-Archipel mit dem Umriß der Insel in ihrer ursprünglichen Gestalt und der unter dem Meeresspiegel gelegenen Caldera, die sich 1883 gebildet hat (gestrichelt). Man bemerke die Anordnung der vulkanischen Zentren, die sich von der Anordnung oben unterscheidet.

nordwestlicher, müssen sich die Vulkane am Krakatau am Schnittpunkt zweier größerer Verwerfungszonen gebildet haben (vergleiche Abbildung 6-2, oben und unten).

Während des Ausbruchs im Jahr 1883 brachen die drei Vulkane Perbuwatan, Danan und Rakata in die sich leerende Magmakammer und schufen dadurch eine weitere submarine Caldera.* Gewaltige Massen Magma und vulkanischer Staub wurden in die Atmosphäre gespritzt, und pyroklastische Ströme füllten die Senken im Meeresboden rund um die Insel wieder auf. Riesige Tsunamis tobten über die Strände an der Westseite von Java und des südlichen Sumatra hinweg. Ein knappes halbes Jahrhundert später brach ein neuer Vulkan aus, der Anak Krakatau (das heißt: Kind des Krakatau), von der untergetauchten Caldera her. Da Sumatra sich weiterhin im Uhrzeigersinn dreht, wird die daraus folgende Extension der Kruste zweifellos die Verwerfung am Krakatau aktivieren, und dieses »Kind des Krakatau« könnte eines Tages die verheerenden Eruptionen seiner Ahnen wiederholen.

―――――

Im Jahr 1883, als der Krakatau ausbrach, unterstanden die Inseln, die heute die Republik Indonesien bilden, den Niederlanden und waren als Niederländisch-Ostindien bekannt. Zu Indonesien, das sich zwischen Asien und Australien mehr als 5000 Kilometer über den Äquator erstreckt, gehören auch Sumatra, Java, Sulawesi (früher Celebes), der größte Teil von Kalimantan (früher Borneo genannt) und viele weitere Inseln, größere wie kleinere.

Indonesien besitzt mehr Vulkane als jedes andere Land. In den letzten 10 000 Jahren waren mehr als 130 von ihnen aktiv, und seit dem Jahr 1600 n. Chr. sind 76 von ihnen wenigstens einmal ausgebrochen. Jedes Jahr finden mehr als ein Dutzend Ausbrüche unterschiedlichster Intensität statt. Da das Land sehr dicht besiedelt ist, haben diese Ausbrüche ein Drittel aller auf Vulkanaktivitäten zurückzuführenden Todesfälle weltweit verursacht. Die furchtbaren Naturgewalten, die so vielen Indonesiern den Tod brachten, haben ihnen jedoch auch Leben beschert, und zwar in Gestalt von fruchtbaren Böden, die – angesichts des warmen Klimas – oftmals zwei oder drei Ernten

* Der Name Krakatau stammt wahrscheinlich von Rakata, wird aber in westlichen Publikationen oft als Krakatoa wiedergegeben. Aus dem ›au‹ wurde ständig ein ›oa‹ gemacht, nachdem dieser Name in einem Bericht über die Eruption von 1883 erschien, der an die Royal Society in London übermittelt worden war. Krakatau war jedoch in Indonesien 1883 die akzeptierte Schreibweise und bleibt es bis heute. In einigen älteren niederländischen Veröffentlichungen findet man sogar die Schreibweise ›Craketouw‹.

im Jahr erlaubten. Vulkanaschen aus den verschiedenen Eruptionen beleben die Böden, sie geben ihnen wichtige Mineralstoffe. Infolgedessen zählen Teile von Indonesien, vor allem Java, zu den fruchtbarsten und am dichtesten besiedelten Gebieten der Erde.

An den Küsten der Sundastraße gab es 1883 viele kleine Dörfer, oder *kampongs*, wie auch drei größere Städte – Anjer und Merak an der Küste von Java, auf Sumatra Telok Betong und den Kopf der Lampong Bucht. Gewöhnlich lebten die Menschen auf den Dörfern in Bambushütten, deren Wände aus verbundenen Palmenblättern bestehen und die Dächer sind gleichfalls aus Palmenblättern. Der größte Teil der Küstenregionen wird ziemlich intensiv landwirtschaftlich genutzt. An den Stränden stehen Kokospalmen, und viele verschiedene Fruchtbäume findet man im Landesinnern. Fische zählten zu den wichtigsten Nahrungsmitteln.

Im 19. Jahrhundert näherten sich die Schiffe, die die Ostindischen Inseln anliefen, gewöhnlich von Westen, sie fuhren durch die Sundastraße. Viele gingen bei Anjer vor Anker, um Vorräte aufzunehmen und einen Lotsen an Bord zu nehmen, der sich in der Java-See auskannte. Die kleine Insel Krakatau war, wenn man sich der Enge näherte, das erste sichtbare Stück Land, nachdem man eine 8000 Kilometer lange Seereise über den Indischen Ozean hinter sich gebracht hatte. Diese malerische Insel war zwar unbewohnt, sieht man davon ab, daß sie zeitweise als Strafkolonie gedient hatte, aber – mit ihrer üppigen tropischen Vegetation und ihren drei hohen Bergen, die vom Meer bis in große Höhen reichten – war sie ein willkommener Anblick. Mit Abstand am deutlichsten trat der kegelförmige Rakata hervor, über 800 Meter hoch. Der Danan, nur 450 Meter, endete mit mehreren Gipfeln, die wahrscheinlich Reste eines alten Kraterrandes darstellten. Der Perbuwatan bildete eigentlich nur ein Gewirr kleiner Hügel.

Mit einer Fläche von 34 Quadratkilometern war Krakatau die größte aus einem Archipel von vier Inseln. Nordwestlich von Krakatau lagen Verlaten Island, d. h. verlassene Insel, und Lang Island im Nordosten. Verlaten wird heute Sertung genannt, und aus Lang Island ist Panjang geworden. Zwischen Lang und dem nördlichen Teil von Krakatau gab es noch ein winziges Inselchen, Poolsche Hoed (d. h. polnischer Hut).

Es war bekannt, daß Krakatau eine Vulkaninsel war, obwohl es vor 1883 keine eindeutigen Hinweise auf vulkanische Aktivität in dieser Gegend gab, sieht man von Berichten von Ausbrüchen in den Jahren 1680 und 1681 ab. Die brennende Insel in Abbildung 6-3 (»Het Brandende Eiland«) könnte sehr wohl einen dieser Ausbrüche im späten 17. Jahrhundert zeigen. Im 19. Jahrhundert hielt man den Vulkan jedoch für erloschen. Daß sich bei ihr wieder etwas regte, bewies eine Reihe von Erdbeben in den Jahren zwischen 1877

145

und 1880. Ein besonders heftiger Stoß, im September 1880, brachte den oberen Teil eines Leuchtturms am First Point zum Einsturz, an der westlichen Spitze der Insel. In der ersten Maiwoche war im westlichen Java eine zweite Serie von Beben zu spüren. Erdbeben sind im Indonesischen Archipel jedoch häufig, und damals hielt man sie nicht unbedingt gleich für Vorboten von Vulkanausbrüchen.

Am 20. Mai 1883, gegen 10.30 Uhr, hatte jedoch die Mannschaft des deutschen Kriegsschiffes »Elisabeth«, als sie gerade durch die Sundastraße fuhr, aus der Nähe einen Blick auf den ersten Ausbruch des Krakatau in den letzten beiden Jahrhunderten. Der Kapitän berichtete von einer Wolke aus Asche und Staub, die sich vom Perbuwatan aus fast senkrecht bis in eine Höhe von 11 Kilometern erhob. Vulkanische Aschen fielen bis nach Anjer, das ungefähr 60 Kilometer vom Krakatau entfernt ist. Die Explosionen waren bis in Batavia (heute Jakarta) zu vernehmen, 160 Kilometer östlich dieser Insel. Um 14.00 Uhr war die gesamte Region um die Sundastraße in Dunkelheit gehüllt. Am 22. Mai konnte man an der Küste Javas ein feuriges Glühen über dem Krakatau sehen. Erschütterungen der Erde und einige eher kleine Detonationen hielten den ganzen Mai und Juni über an. Immer wieder gingen Ascheregen nieder, und Schiffe, die durch die Sundastraße fuhren, berichteten von ganzen Seen aus Bimsstein, die in dichten großen Massen auf dem Wasser schwamm.

Ein Beben folgte auf das andere, doch das erste Anzeichen einer bevorstehenden Katastrophe ereignete sich am Sonntagnachmittag, dem 26. August 1883. Zu diesem Zeitpunkt explodierte der Krakatau mit einem gewaltigen Donner und sandte eine schwarze, sich heftig bewegende Wolke aus Vulkanschutt in die Atmosphäre über die Sundastraße hinauf, bis in eine Höhe von fast 25 Kilometern. Es folgten mehrere Explosionen, sie nahmen an Kraft noch zu und spieen riesengroße Mengen von Asche und Bimsstein in die Luft. Pyroklastische Ströme ergossen sich ins Meer und lösten mehrere Tsunamis aus, von denen der erste an diesem Abend heftig an die Küsten der Nachbarinseln Sumatra und Java krachte. Die Stadt Telok Betong, an der Lampong Bucht ganz vorne gelegen, wurde zum Teil überflutet, mehrere Häuser fortgeschwemmt. Der Wasserspiegel stieg schnell an und fiel ebenso rasch einen Meter und mehr, hier und in Anjer, in Java, an der Ostseite der Meerenge, wo kleine Schiffe aus ihren Verankerungen gerissen wurden. In Tjaringin, einer Stadt 35 Kilometer südlich von Anjer, wurden Häuser zerstört, und in Merak, 16 Kilometer nördlich von Anjer, spülte das Meer ein Lager hinweg, in dem einige chinesische Arbeiter hausten.

In dieser gesamten Gegend waren schwere Erdbeben zu spüren, und die betäubenden Explosionen dauerten die ganze Nacht über an und hielten

ABB. 6-3 Dieser ältere Stich, »Het Brandende Eiland« von Jan V. Schley, zeigt wahrscheinlich einen Ausbruch des Krakatau um 1680. In Privatbesitz.

Menschen bis ins weit erntfernte Batavia wach. An Bord der »Charles Bal«, eines englischen Schiffes, das gerade in dieser Nacht an Krakatau vobeisegelte, schaufelte die Mannschaft wie wild die vulkanischen Aschen von den Decks, aus Furcht, das Schiff könnte unter dem Gewicht kentern. Die Eruptionen hielten an, und am frühen Montagmorgen, dem 27. August, vernichtete eine Tsunami buchstäblich die gesamten Stadt Anjer und etliche nahebei gelegene Dörfer. Einer der wenigen Überlebenden, ein älterer niederländischer Lotse, berichtete über die schwere Drangsal an diesem Morgen:

> »Während ich auf das Meeer hinausschaute, bemerkte ich in der Dämmernis etwas Dunkles, das auf die Küste zukam.
>
> ... Erst beim nochmaligen Hinschauen gewahrte ... ich, daß es sich um eine hohe Wasserwelle handelte, viele Fuß hoch, und, schlimmer noch, daß sie im nächsten Augenblick unweit der Stadt auf die Küste krachen würde ... Ich wandte mich um und rannte um mein Leben. ... Ein paar Minuten später hörte ich das Wasser mit lautem Knallen auf die Küste krachen. Das Wasser überflutete alles. Jetzt erkannte ich, wie Häuser weggeschwemmt und Bäume zu beiden Seiten umgeknickt wurden ... ein paar Meter weiter war ich auf festem, sich aufwölbendem Boden, und hier holte mich die Wasserströmung ein ... Das Wasser riß mich mit sich fort und trug mich in Richtung Land. ... Die Wasser strömten an mir vorbei, und ich konnte mich gerade noch an einer Kokospalme festhalten. Die meisten Bäume in Nähe der Stadt waren entwurzelt und über Meilen hinwegbefördert worden, aber dieser eine war glücklicherweise stehengeblieben und rettete mich.
>
> Die riesige Welle rollte weiter, nahm noch an Höhe und Kraft zu, bis sie die Bergeshänge an der anderen Seite von Anjer erreichte, und dann ... ließen die Wasser nach und flossen langsam zurück zum Meer. Der Anblick dieser zurückweichenden Wassermassen verfolgt mich noch immer. Während ich mich an der Palme festklammerte, ... schwammen die Leichen von manch einem Freund und Nachbarn an mir vorbei. Nur eine Handvoll Menschen entkamen. Häuser und Bäume wurden vollkommen vernichtet, und es bleibt kaum eine Spur, wo diese einst so emsige, blühende Stadte einmal stand.«[2]

Auf der anderen Seite der Meeresenge, an der Küste von Sumatra, schlug eine andere große Welle auf den Ort Telok Betong. Sie spülte auch zwei Schiffe an die Küste, die »Berouw« und die »Marie«. Weitere Tsunamis, später an diesem Morgen, setzten die Zerstörungen in Anjer, Merak und Telok Betong fort. Wo zuvor diese blühenden Städte gestanden hatten, da waren Stunden später nur noch Trümmer von zerstörten Häusern und Booten zu sehen und ein paar Bäume, die ihres Blattwerks völlig beraubt waren und jetzt auf einer trostlosen Ebene aus grauem Schmutz standen. Die Welle, die Merak traf, war so mächtig, daß sie Korallenkalkfelsen mit einem Gewicht von 100 Tonnen vom Meeresboden losriß und sie an der Küste absetzte. Diese Wellen hoben auch eine Eisenbahnlokomotive von den Gleisen und setzten sie in fast 50 Metern Entfernung nieder.

Das war aber nur das Vorspiel zu einer immer größer werdenden Eruption des Krakatau, dieses verblüffenden Schauspiels von explodierender Vulkankraft. Am frühen Morgen des nächsten Tages, um 5.30 Uhr, begann eine Reihe von wenigstens vier großen Detonationen, sie erreichte ihren Höhepunkt um 10.15 Uhr und sprengte buchstäblich die Insel weg. Eine glühende Wolke aus Rauch, Feuer, glimmender Asche und Bimsstein raste brüllend bis in eine Höhe von möglicherweise 40 Kilometern empor. Der Lärm war bis nach Zentralaustralien, den Philippinen, Ceylon (Sri Lanka) und Rodriguez Island zu hören, das ungefähr 4700 Kilometer entfernt im Indischen Ozean liegt (Abbildung 6-4, oben). Die meisten Menschen, die in diesen weit entfernten Zonen diesen Lärm vernahmen, hielten es irrtümlicherweise für Kanonendonnern. Die gesamte Menge an Asche und pyroklastischen Auswurfstoffen, die der Krakatau ausspie, wurde auf 30 Kubikkilometer geschätzt, der VEI auf 6 – einer der größten in historischer Zeit.

Zwei Drittel der Insel gingen im Meer unter, und mächtige pyroklastische Ströme bedeckten den Meeresboden ringsumher und die Nachbarinseln. Fast 23 Quadratkilometer vom Krakatau, mit ganz Danan und Perbuwatan, wurden zu einem Teil der Caldera, die ungefähr 6 Kilometer im Durchmesser maß (Abbildung 6-2, unten). Die Insel Rakata wurde buchstäblich in zwei Teile gerissen, die nördliche Hälfte rutschte mit in die Tiefe und hinterließ dabei eine steile Felswand, die noch immer einen faszinierenden Querschnitt der Schichten innerhalb eines Vulkans gewährt. Auf der Süd- und Westseite der Insel lagerten sich mächtige Sedimente des Vulkanschutts ab.

Wo zuvor Danan auf einer Höhe von 450 Metern über dem Meer gelegen hatte, da stand nun, gleich nach dem Ausbruch, das Meerwasser sage und schreibe 250 Meter hoch. Die Caldera könnte ursprünglich bis zu 1000 Meter tief gewesen sein, bevor der sich ansammelnde Schutt aus den von allen Seiten einstürzenden Wänden und aus späteren Vulkanaktivitäten sie wieder auffüllte. Am folgenden Tag wurde aus Batavia ein Telegramm nach Singapur übermittelt, in dem so ergreifend und poetisch zu lesen stand: »Wo einst der Berg Krakatau stand, da plätschern jetzt Meereswellen.«[3]

Auch die kleine Insel Poolsche Hoed aus der anderen Gruppe der Krakatau-Inseln gab es nicht mehr. Sie war in der Caldera verschwunden wie der

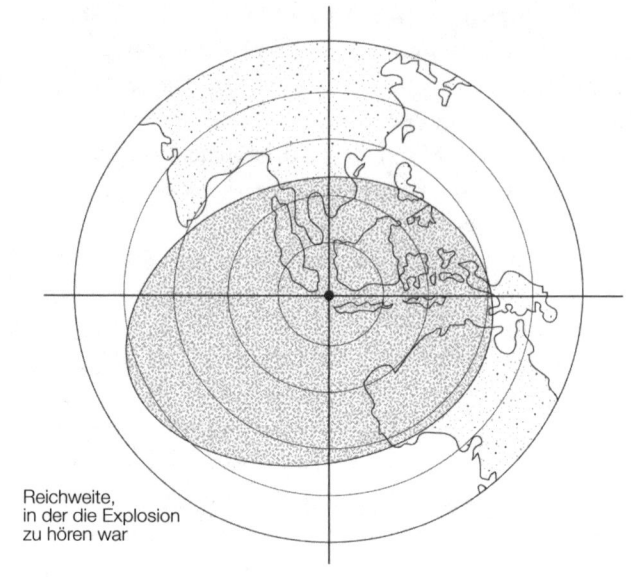

Reichweite,
in der die Explosion
zu hören war

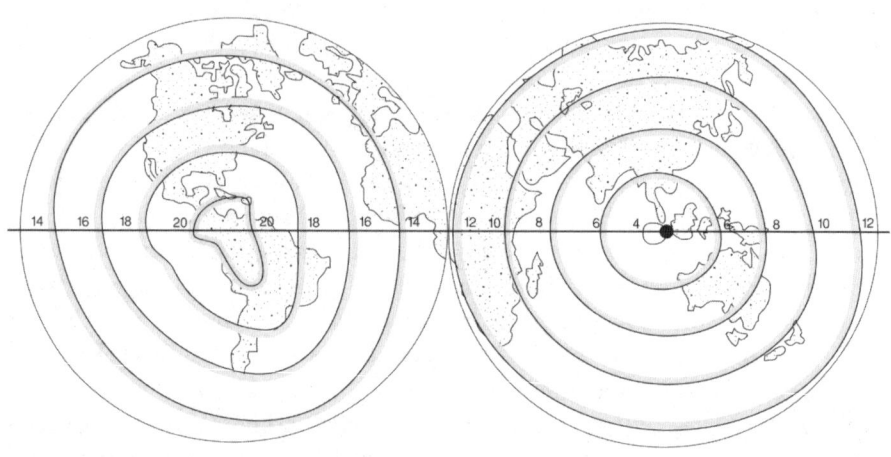

Schockwellen umkreisen die Erde
(in Stunden vom Ursprungsort)

ABB. 6-4 *Oben:* Reichweite, in der die Explosionen des Krakatau 1883 zu hören waren.
Unten: Die Ausbreitung der ersten Schockwellen, die den Erdball umrundeten (gemessen in Stunden nach dem Beginn). Nach Strachey, Krakatau Airwave, S. 182.

größere Teil des Krakatau. Die Inseln Verlaten und Lang blieben jedoch bestehen, ja, Verlaten war sogar auf das Dreifache seiner ursprünglichen Größe angewachsen, und auch die Insel Lang war jetzt etwas größer als zuvor. Es waren vor allem die pyroklastischen Ströme, die diese Inseln vergrößert hatten, da sie riesige Mengen von vulkanischen Schuttmassen in das Meer zwischen Krakatau und Sebesi, das etwa 16 Kilometer weiter nordwärts liegt, gebracht hatten. Wo zuvor die Schiffe eine tiefe Fahrrinne vorgefunden hatten, da war jetzt eine Untiefe und sogar zwei Inseln, Sheers und Calmeijer, die allerdings innerhalb weniger Monate wieder verschwanden, da die Wellen das lockere Gestein leicht wegspülten.

Im Gefolge der heftigen Detonationen vom 27. August kam eine riesengroße Tsunami. Sie hämmerte auf die Küsten zu beiden Seiten der Sundastraße und richtete in den niedriggelegenen Teilen Javas und Sumatras, bis zu vier Kilometer ins Binnenland hinein, Zerstörungen an, ehe sie wieder aufs Meer zurückrollte (Abbildung 6-2, oben). Die Wellen waren wahrscheinlich im Durchschnitt 15 Meter hoch, wenn sie aber in V-förmige Buchten oder engere Flußtäler eindrangen, stiegen sie bis zu 40 Metern Höhe an. Diese gewaltigen Wellen spülten die Überreste von Anjer, Tjaringin, Merak und Telok Betong mit sich fort. Sie vernichteten 65 Dörfer und zogen 132 weitere stark in Mitleidenschaft. Über die Herkunft dieser Wellen herrscht noch keine Einigkeit. Viele Geologen nehmen an, daß der plötzliche Zusammenbruch des Vulkans und die Bildung der Caldera dafür verantwortlich sind; aber die Wellen könnten auch von den riesigen Mengen an pyroklastischen Stoffen hervorgerufen worden sein, die in die See stürzten. Wahrscheinlich spielten beide Erscheinungen eine Rolle.

In Telok Betong wurde das Kanonenboot »Berouw«, das etwas früher an diesem Morgen hier angelegt hatte, mehr als zwei Kilometer weit ins Binnenland geschleudert, es blieb im Tal des Kuripanflusses hängen, fast 10 Meter über dem Meer. Alle 28 Besatzungsmitglieder fanden den Tod.* Die »Marie«, ein Schiff, das an diesem Morgen gleichfalls aufs Land geschleudert wurde, fand man am nächsten Tag im Wasser schwimmend, vermutlich hatten es die zurückweichenden Tsunamis mitgerissen. Selbst in Batavia überflutete eine Tsunami Kanäle und Straßen.

Nicht einmal die Inseln in und nahe der Sundastraße entgingen der Zerstörung. Einige wurden am 27. August vollkommen überschwemmt, als eine riesige Welle kam. In Sebesi und der unbewohnten Nachbarinsel Sebuki hatte

---

* Einer der Verfasser, Zeilinga der Boer, besuchte 1939, als kleines Kind, mit seinem Vater die Überreste der »Berouw«. Der rostige Schiffsrumpf war mit Weingirlanden überwuchert und diente inzwischen einer Herde Affen als Unterschlupf.

diese große Welle die gesamte Vegetation weggespült und selbst von Bäumen nur Stümpfe zurückgelassen. Auf Sebesi fegte sie alle Anzeichen menschlicher Besiedlung hinweg. An die 3000 Menschen wurden mit ins Meer gespült, Überlebende gab es nicht. Dort, wo die Meeresenge am schmälsten ist, an den Zutphen-Inseln und einer weiteren Insel, der Dwars-in-den-Weg-Insel, riß die Welle die gesamte Vegetation bis hinauf in eine Höhe von etwa 20 bis 40 Meter mit sich fort. Selbst 80 Kilometer östlich der Enge waren die tiefgelegenen Thousand Islands wenigstens zwei Meter unter Wasser. Die Einwohner retteten sich auf die Bäume.

Am 4. Oktober 1883 beauftragte die niederländische Regierung einen geologisch versierten Bergwerksingenieur namens R. D. M. Verbeek, die Art des Ausbruchs und die Folgen der Eruption zu untersuchen. Sein abschließender Bericht ist ein Klassiker der geologischen Literatur und machte den Verfasser berühmt. Er dient den meisten Werken über Vulkane als Grundlage. In diesem Bericht legte Verbeek knapp seinen Eindruck nieder: »Der Vulkan kündigte den Einwohnern des Archipels mit lauter Stimme an, daß er – obschon unter den vielen großen Vulkanbergen der Ostindischen Inseln eher zu den unbedeutenden gehörend – hinsichtlich der Zerstörungsgewalt keinem unterlegen sei.«[4]

Niemand weiß, wie viele Menschen bei diesem Ausbruch den Tod fanden. Genaue Bevölkerungsstatistiken gab es damals in Indonesien noch nicht, und Tausende von Leichen wurden aufs Meer hinausgespült oder einfach nie gefunden. Die niederländischen Behörden rechneten mit 36 417 Toten, von denen 90 Prozent durch die Gewalt der Tsunamis umkamen. Die anderen 10 Prozent, die zuvor an der windgeschützten Seite der nahen Küste von Sumatra lebten, wurden von heißen Wolken aus vulkanischen Aschen verbrannt, die auf Wolken von Dampf über das Wasser rasten. Diese donnernden Explosionen, brennenden Aschen und gigantischen Wellen, die niemand hatte sich nähern sehen, erschreckten die Bevölkerung zu Tode. Asche und Staub hüllten die gesamte Region in Dunkelheit und machten den Schrecken noch viel schlimmer.

Der folgende Bericht, eine überarbeitete Fassung eines Reports, der ungefähr zwei Wochen nach dem großen Unglück in der in Batavia erscheinenden Zeitung »Courant« abgedruckt war, schildert, wie die Überreste der Stadt Tjaringin aussahen, als der Verfasser sie besuchte:

»Tausende von menschlichen Leichnamen und tierischen Kadavern warten noch immer auf ein Grab, dies bezeugt der unbeschreibliche Gestank. Sie liegen wie Bündel da, in verschlungenen Massen, die man unmöglich noch einmal auflösen kann, herumgewunden um Kokosnußstengel und viele andere Dinge, die diesen Tausenden bisher als Wohnstätten gedient hatten, als Möbel, landwirtschaftliche Werkzeuge oder als Schmuck an Häusern und Grundstücken.«[5]

Derlei schreckliche Anblicke waren an den Küsten und Stränden an der Sundastraße damals nicht selten.

Die Tsunamis überschwemmten zwar nur die tiefergelegenen Küstenstreifen, aber es waren genau diese Gegenden, auf denen die meisten Bewohner lebten, hier ernährten sie sich von der Landwirtschaft und der Fischerei. Die wenigen Überlebenden verfügten nach diesem Unglück weder über Nahrungsreserven noch über Wohnraum; Dörfer und Städte waren weggeputzt. Auch Straßen und Grenzsteine waren verschwunden, weggeschwemmt oder unter den Dreckmassen begraben. Man konnte nicht mehr sagen, wo zuvor ein Gebäude gestanden hatte oder wo ein Stück Grundbesitz aufhörte. Die Überlebenden befanden sich im Schock, überall herrschte Chaos. Zu den vielen Tausenden von Toten des Vulkanausbruchs gesellten sich bald noch die Opfer von Krankheit und Hungersnot hinzu.

Viele Arme, die zuvor in den Bergen gelebt hatten und auf diese Weise nicht unmittelbar von den Tsunamis betroffen waren, kamen jetzt aus ihren Dörfern herab, um nach Wertgegenständen Ausschau zu halten und die herumliegenden Toten zu berauben. Es bildeten sich Räuberbanden mit strenger Hierarchie, ganze Dynastien davon, und bald folgten Bandenkriege um Territorien. Die niederländische Kolonialregierung sandte Armee und Polizeieinheiten aus, um die Kontrolle wiederherzustellen; weil aber Straßen, Eisenbahnen und Häfen zerstört waren, konnten sie nicht allzuviel ausrichten. Diese Anarchie hielt indes nicht lange an, weil die niedriggelegenen Landesteile nach ein paar Monaten wieder gesäubert waren.

Große, zuvor landwirtschaftlich genutzte Flächen blieben jedoch einige Jahrzehnte lang brach liegen, weil die Zerstörungen an bewässerten Reisfeldern und das Wegspülen der oberflächlichen Böden durch die Tsunamis sie unfruchtbar gemacht hatten. Das Gros der Überlebenden – es waren nicht viele – zog ins Innere der Inseln. Wer bisher zum Fischen gegangen war, mußte sich eine andere Beschäftigung suchen, und auch die Landwirtschaft erfuhr schwere Einschnitte, ja sie war da und dort fast unmöglich geworden. Es dauerte viele Jahre und bedurfte großen menschlichen Einsatzes, bis sich diese Region erholte und die Höhe an Wohlstand erreichte, die sie vor 1883 besessen hatte. Die gesamte Halbinsel Ujung Kulon, der westlichste Teil von Java, wurde später zu einem Nationalpark gemacht. Auf einer Insel mit einer der höchsten Bevölkerungsdichten der Erde erinnert man sich heute noch daran, daß diese Gegend weiterhin ungeeignet ist für menschliche Besiedlung.

Noch viele Wochen nach der Eruption trafen Schiffe in der Sundastraße, der Java-See und dem Indischen Ozean auf riesige Felder mit treibendem Bimsstein, auf Schutt und Holz wie auch auf manch menschliches Treibgut. Am 27. August berichtete der Kapitän des englischen Schiffes »Bay of Naples«, er habe im Indischen Ozean etwa 350 Kilometer südlich der Meerenge, mächtige Baumstämme treiben sehen, mit Tierkadavern und vielen Leichnamen. Am selben Tage fand der niederländische Postdampfer »Gouverneur-General Loudon« auf seiner Fahrt von Telok Betong nach Anjer in der Passage zwischen Sumatra und Sebuku-Insel die See blockiert von soviel Treibgut, daß es wie fester Boden aussah. Und am 6. Dezember fand der englische Dampfer »Bothwell Castle« in der Mitte des Indischen Ozeans treibende Bimssteinmassen in so dicker Lage, daß mehrere Seeleute darauf stehen konnten.

Der Krakatau spie damals soviel Bimsstein aus, daß er die Buchten von Lampong und Semangka an der bei Sumatra gelegenen Seite der Sundastraße und die kleineren Buchten an der Javaseite damit verstopfte. Schiffe, die Hilfe bringen wollten, konnten Telok Betong wochenlang nicht anlaufen. Treibende Bimssteinmassen, von Stürmen oder hohen Wellen aus den Buchten gebracht und umhergetrieben, schwammen noch Monate nach der Eruption in der Java-See und im Indischen Ozean herum. Einiges davon wurde noch im folgenden Jahr an den Küsten Ostafrikas an Land gespült.

Die Meereswogen, die beim Vulkanausbruch ausgelöst wurden, strahlten von der Sundastraße wie riesige Wellen hinaus, gelangten ostwärts durch die Java-See und westwärts über den Indischen Ozean. Wo diese Wellen an die Küsten trafen, zog sich zuvor das Meer ein Stück weit zurück. Am frühen Nachmittag des 27. August fiel vor der westindischen Stadt Bombay der Meeresspiegel plötzlich stark ab, und Fische lagen am Strand, wo die Passanten sie gleich auflasen. In Auckland, Neu-Seeland, spülte am 25. August eine zwei Meter hohe Welle mehrere Schiffe an Land. Die Wogen, die sich im tiefen Wasser mit einer Geschwindigkeit von fast 500 Stundenkilometern fortbewegten, umrundeten die Südspitze Afrikas und sausten durch den Atlantik nordwärts. In Le Havre, an der französischen Nordatlantikküste, wurden sie am Abend des 28. August in einem Wasserstandanzeiger entdeckt, nur 33 Stunden, nachdem der Krakatauausbruch seinen Höhepunkt erreicht hatte.

Der Krakatau veränderte auch die Luftdruckwellen oder Schockwellen, die in nahen Regionen beträchtlichen Schaden hervorriefen. Sie zerbrachen selbst noch in Batavia und Buitenzorg (heute Bandung) und auf Java Fensterscheiben und brachten Häusermauern zum Zerspringen. Die Schockwellen umrundeten an manchen Stellen, das zeigten Barometer, sieben Male die

Erde; sie trafen in der Nähe von Bogotá, in Kolumbien, aufeinander, auf der dem Krakatau gegenüberliegenden Seite der Erdkugel, und liefen wieder zurück, wie es Abbildung 6-4 zeigt (unten). Die erste Welle erreichte Bogotá am frühen Morgen des 28. August, genau 19 Stunden nach dem Ausbruch. Die letzte Luftdruckwelle, die der Krakatau ausstrahlte, wurde am 12. September in der amerikanischen Hauptstadt Washington registriert.

Staubwolken vom Krakatau trieb der Wind weit weg, sie gingen an den Tagen unmittelbar nach der Eruption in einer Entfernung von 2500 Kilometern nieder. Die feineren Partikel wurden hoch in die Stratosphäre geschleudert und blieben dort jahrelang, da Winde in der oberen Atmosphäre, die Passatwinde, nahe dem Äquator, sie in nur zwei Wochen einmal rund um die Erde zirkulieren ließen. Nach einem zweiten Umlauf verbreitete sich der Staub nord- und südwärts, bevor er sich dann endgültig auflöste.

Bei diesem Ausbruch wurden auch große Mengen an Schwefeldioxid ausgestoßen, ein Gas, das sich in der Atmosphäre mit Wasserstoff vereinigt und kleine Tropfen Schwefelsäure bildet. Weitläufige Schleier dieses säurehaltigen Aerosols strahlen sehr viel Sonnenlicht und Sonnenwärme zurück, so daß die Durchschnittstemperaturen rund um die Erde sanken. Diese Abkühlung war 1883 geringer als die, die nach 1815 auf den Ausbruch des Tambora folgte, aber sie war noch immer deutlich zu spüren.

Da das Sonnenlicht damals durch die Staubpartikel und die Aerosole gefiltert wurde, entstanden vielerorts – auf über 70 Prozent der Erdoberfläche – spektakuläre optische Effekte. Wenigstens drei Jahre lang waren am Himmel seltsame Farben zu sehen, Ringe – wie Heiligenscheine –, die Sonne und Mond umgaben, und ungewöhnliche Sonnenauf- und -untergänge. Man konnte damals bisweilen einen »fahlblauen Mond« sehen, auch eine blaue Sonne, vor allem beim Auf- und Untergehen. Und manchmal waren Sonne und Mond sogar von einem hellen Grün. In vielen Gegenden waren großartige Sonnenuntergänge zu beobachten, oft so glänzend, daß das Firmament wie mit einem roten Glühen überzogen wirkte, das bisweilen für eine ferne Feuersbrunst gehalten wurde. In einigen Metropolen, in London, New York City und einigen anderen großen Städten, wurde doch tatsächlich die Feuerwehr verständigt, und die Feuerwehrmänner suchten dann vergeblich nach einem Brand.

Diese Erscheinungen am Himmel schlugen auch Künstler in ihren Bann. Zwischen 1883 und 1886 verbrachte William Ashcroft, ein englischer Maler, viele Abende in London an den Ufern der Themse, und malte die immerfort wechselnden Farben am Himmel. 1883 wurden mehr als 530 seiner Pastellskizzen im South Kensington Museum ausgestellt, heute ist dort das Science Museum untergebracht. Ein amerikanischer Landschaftsmaler, Frederic Church, malte 1883 einen außergewöhnlich schönen Sonnenuntergang über dem Ontario-See.*

Im Jahr 1892 veröffentlichte Lord Tennyson das Gedicht »St. Telemachus«, das Tennysons Erinnerungen an den Ausbruch des Krakatau etwas anklingen läßt und mit folgenden Zeilen beginnt:

> »Wurden die glühenden Aschen aus einem feurigen Gipfel
> wirklich so hoch hinauf über den Erdball geschleudert?
> ....
> Die Sonne ging unter mit zornerfülltem Erglühen ...«[6]

Der Krakatauausbruch von 1883 bedeutete zwar eine schreckliche Katastrophe, wenn man an den Verlust von Menschenleben denkt, gibt aber zugleich einen faszinierenden Einblick in die Regenerationsfähigkeit von Lebewesen. Die meisten Fachleute stimmen darin überein, daß die Inselgruppe am Krakatau, wie auch die Inseln Sebesi und Sebuku und einige kleinere, infolge der Eruption ihre gesamte Flora und Fauna einbüßten. Die Inseln Krakatau, Verlaten und Lang wurden von der Eruption samt den ihr folgenden riesigen Mengen an Asche und Bimsstein, welche die pyroklastischen Ströme auf ihnen abluden, kahlrasiert; während Sebesi und Sebuku von den sie überziehenden Tsunamis allen Lebens entblößt wurden.

Dann kamen schrittweise Lebewesen zurück auf diese Inseln. Es war wie in einem Experiment, bei dem man ganz natürlich Pflanzen und Tiere, die auf dem Luftweg oder über das Meer eintreffen, sich wieder irgendwo ansiedeln läßt. Es gibt Hinweise darauf, daß einige Pflanzen mit tiefreichenden Wurzeln überlebt haben könnten, vor allem auf Sebesi, wo Rhizome bald nach dem Ausbruch Sprößlinge zeigten. Aber zum allergrößten Teil boten diese Inseln eine Art biologischer Tabula rasa, sie waren wie ein leergefegter Tisch, auf dem die Geschichte des Lebens noch einmal neu beginnen konnte. Die

* Im 20. Jahrhundert begann sich die Filmindustrie für diesen Krakatau-Ausbruch zu interessieren. 1969 wurde in Hollywood der melodramatische Film »Krakatao, östlich von Java« gedreht, der auf den Ereignissen fußt – der Film ist allerdings so faktengetreu wie sein Titel, denn der Krakatau liegt bekanntlich westlich von Java. Es geht darin um einen Kapitän, der beim Laden neuer Ladung in Singapur dazu gezwungen wird, einige Strafgefangene an Bord zu nehmen. Diese Häftlinge sorgen für Probleme, wie zu erwarten war, während der Kapitän in Richtung Krakatau weitersegelt, um einen gesunkenen Schatz zu finden und seiner Freundin bei der Suche nach ihrem Sohn zu helfen. Sie treffen gerade zur Zeit der Eruption ein und werden von einer Riesenwoge getroffen. 1985 beschrieb »The Motion Picture Guide« diesen Film als »beinahe ein ebensogroßes Unglück wie das tatsächliche Desaster, das er behandelt« (S. 1561).

Biologen fanden es besonders interessant, zu erfahren, auf welchen Wegen neues Leben auf solche Inseln kam und in welcher Reihenfolge sich Pflanzen und Tierverbände hier ansiedelten.

Die ersten, die hier eintrafen, waren zweifellos Vögel sowie Samen, die sie mit ihrem Kot abwarfen; dann kamen Sporen, die in Winden vom Festland hierher getragen wurden, oder kleine Tiere, die auf Bimssteinflößen oder auf Treibholz, in unfruchtbarer Erde oder auf Ablagerungen von heißer Asche und Bimsstein herangeschwemmt wurden. Aber schließlich schlugen neue Pflanzen Wurzeln, und auch größere Tiere fanden hierher – einige über das Meer schwimmend. Der französische Dichter Max Gérard hat diesen Neuanfang des Lebens in einem Gedicht beschrieben, das, ohne einen Titel, in einem 1975 veröffentlichten Buch, »Volcano« abgedruckt wurde, das die beiden Vulkanologen Maurice und Katia Krafft herausgegeben haben:*

»Und dann,
die allerbescheidensten aller Pflänzchen –
ein Moos.
Und dann,
eines Morgens,
erstmals das Geräusch eines kleinen Insekts,
so trocken.
Man könnte es
für ein Mineral ansehen.
Und dann,
erste Hoffnung.«[7]

Nach dem großen Ausbruch zählte R. D. M. Verbeek, den die niederländische Regierung entsandt hatte, damit er das ganze Unglück erforsche, zu den ersten Besuchern auf den Überresten des einstigen Krakatau – jetzt eine kleine Insel, die lediglich aus den übriggebliebenen Teilen des Vulkans Rakata bestand. Im Oktober 1883 konnte er hier keinerlei Leben mehr entdecken. Im Mai 1884 fand eine französische Delegation, die gleichfalls ausgesandt war, den Vulkan zu erforschen, gleichfalls keine Spuren von tierischem oder pflanzlichem Leben, sieht man von einer einzigen kleinen Spinne ab, die den Mut besaß, sich hier ein Netz zu spinnen – das erste bekannte Lebewesen nach der Eruption auf der Insel, zweifellos hatten Winde sie von Java, aus 40 Kilometern Entfernung, hierher getragen. Aber im Herbst 1884 be-

---

* Das Ehepaar Krafft kam vor einigen Jahren bei einem Vulkanausbruch ums Leben. (Anm. des Übers.)

157

richtete Verbeek, er habe einige Grasblätter aus der Vulkanasche hervorlugen sehen.

Der erste Botaniker, der Rakata nach dem Ausbruch besuchte, war Melchio Treub, der Direktor des Botanischen Gartens in Buitenzorg. Im Juni 1886, fast drei Jahre nach der Katastrophe, fand er 26 verschiedene Pflanzenarten, darunter Moose, Farne und Gräser – sie alle haben Samen, die durch Winde und Strömungen des Meeres verbreitet werden können. Die Pflanzen wuchsen hauptsächlich auf isolierten Stellen, die wiederum von unfruchtbarer Erde umgeben waren. 1897 fand ein anderer Forscher 64 Arten, von denen einige in gut erkenntlichen Gemeinschaften lebten. An den oberen Hängen des Vulkans gab es große, grasbedeckte Areale und sogar ein paar Büsche und Bäume. 1906 wurden hier 108 Arten gezählt, darunter bodenständige Orchideen, die an den steilen Felswänden blühten, wo dann und wann Bäche vorbeiflossen. Gräser gab es in reichlicher Anzahl nahe der Küste. Oberhalb der in Küstennähe wachsenden Gräser stand eine Zone mit Mischwald. Und Farne, wie sie Treub weiter unten gesehen hatte, wuchsen inzwischen auch weiter oben in den Bergen.

Im Jahr 1928 trugen die oberen Bergeshänge verschiedene Arten tropischer Bäume und Büsche. In den schattigen Wänden der Schluchten wuchsen Farne. 1934 berichtete W. M. D. van Leeuwen, der Treub als Direktor des Botanischen Gartens in Buitenzorg gefolgt war, er habe 271 Arten von Pflanzen vorgefunden, und er berichtete auch vom bedeutenden Wandel in der Flora selbst (Abbildung 6-5). Er hatte bei früheren Besuchen mehrere Pflanzengemeinschaften vorgefunden; aber 1934 bemerkte er, daß einige Pflanzen, die hier zuvor gediehen, inzwischen verschwunden waren. Obwohl Steppengräser noch immer weite Flächen bedeckten, sah man jetzt auch viele Baumgruppen.

Es gab also eine wachsende Anzahl von Pflanzenarten, wie man erwarten würde, wenn die Umwelt sich für verschiedene Arten eignet. Pflanzen, die in einem Wald gewöhnlich die untere Schicht bilden, konnten auf der Insel erst leben, als die ersten Baumgruppen sich gebildet hatten, die dicht genug waren, sie gegen die Sonne abzuschirmen. Pflanzen mit eßbarem Samen, die mit dem Kot von Tieren verbreitet werden, wurden erst später gefunden, weil nämlich Tiere zuerst in genügender Anzahl und von verschiedenen Arten hier leben mußten. Das war erst möglich, als sich die Pflanzenwelt soweit erholt hatte, daß sie ihnen ein geeignetes Habitat bieten konnte.

Bei der Erholung von Fauna und Flora spielten Feigenbäume eine große Rolle – und das beweist die Komplexität des Geschehens. Feigenbäume bilden wichtige Elemente von gesunden, tiefgelegenen tropischen Wäldern. So hat man beispielsweise herausgefunden, daß in Malaysia, das den Südteil der

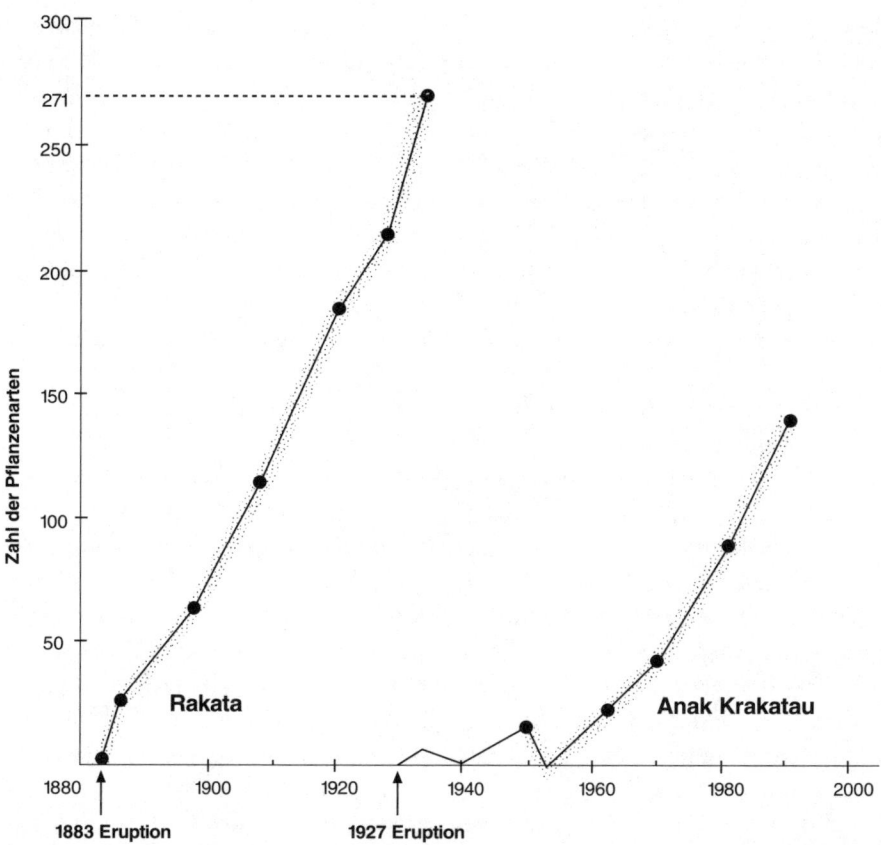

ABB. 6-5 Die Regeneration verschiedener Pflanzenarten auf Rakata nach der Eruption des Krakatau 1883 und auf der Insel Anak Krakatau, die 1927 aus dem Meer geboren wurde.

Malayischen Halbinsel und den Nordwesten von Borneo umfaßt, 29 verschiedene Feigenbäume Nahrung für wenigstens 66 Vogelarten und für 17 Säugetierarten bieten. Feigenbäume sind so wichtig, weil es sie in so großer Zahl gibt, weil ihre Samen nicht giftig sind, weil sie verschiedenste Größen umfassen und einen hohen Anteil an eßbarem Fruchtfleisch besitzen. Außerdem stehen die reifen Früchte fast das ganze Jahr über zur Verfügung.

Wenn eine Tropeninsel wie Krakatau durch Vulkanismus zerstört wurde, dann beschleunigen Feigenbäume die Diversifikation des Waldes, weil sie den fruchtfressenden Tieren Nahrung bieten, die dann ihrerseits die Samen mit ihrem Kot verbreiten. Allerdings können viele Feigenarten nur von den Weibchen einer bestimmten Wespenart auf diese Weise verbreitet werden. Wo es diese Wespenart nicht gibt, tragen die Bäume keine Früchte. Auf Rakata mußten die Feigensamen nicht nur von Vögeln über wenigstens 40 Kilometer offenes Meer getragen werden, sie mußten auch von Feigenwespen auf der Insel gerade zur rechten Zeit abgesetzt werden, nämlich zum Zeitpunkt der Bestäubung. 1996 berichtete Ian Thornton von der La Trobe University im australischen Melbourne von Studien, wie die Anzahl der Feigenarten seit der Eruption des Krakatau 1883 zugenommen hatte: Bis 1897 hatten sich vier Arten auf Rakata angesiedelt, bis 1908 waren es drei weitere, und bis 1920 waren es mehr als 15 Arten. Die Anzahl der fruchtfressenden Vögel und Fledermäuse wuchs in derselben Proportion wie die Anzahl der Feigenbäume.

Natürlich nahm die Tierwelt nicht wieder vollständig zu, erst nach der Erholung der Flora, von der sich pflanzenfressende Tiere ernähren. Der Direktor des Zoologischen Museums in Buitenzorg, K. W. Dammerman, fand heraus, daß 1929 auf Rakata mehrere Arten von Säugern, Vögeln und Reptilien wie Krokodile, Eidechsen und Schlangen wie auch viele Arten von Insekten und Wirbellosen, wie Weichtiere und Würmer, lebten. Dammerman schätzte, daß die Insel damals 60 Prozent ihres alten Fauna-Bestands regeneriert hatte. Allerdings ist über die Fauna von Krakatau vor 1883 so wenig bekannt, daß eine genaue Schätzung nicht möglich ist. Heute gibt es sogar Hausratten auf der Insel, man glaubt, daß vier europäische Familien und eine Zahl einheimischer Arbeiter, die von 1915 bis 1917 dort lebten, sie in ihren Booten mitbrachten.

Interessant wäre es auch, darüber zu spekulieren, ob die Wiederherstellung des ökologischen Gleichgewichts auf Rakata die Entwicklung von neuen Arten oder Unterarten ermöglicht. Es ist nicht undenkbar, daß zwei nahe verwandte Arten, die fast zur selben Zeit diese Insel erreichen, eine neue Art hervorbringen könnten.

Es könnten auch vereinzelt auftauchende Tiere, die sich hier auf der Insel fortpflanzen, Eigenschaften weitergeben, die ihre Nachkommenschaft von da an von der ursprünglichen Art unterscheiden. Außerdem könnte eine Art, die wieder auf die Insel zurückkehrte, sich verändern, um sich den veränderten Bedingungen anzupassen, die sie zuvor beispielsweise auf Java oder Sumatra kennengelernt hatte. Da Rakata heute ein Naturreservat ohne menschliche Besiedlungen ist, könnten sich die hier lebenden Hausratten beispielsweise so vollständig an Feldbedingungen anpassen, daß sie die Eigenschaften von freilebenden Wanderratten annehmen.

Obwohl Indonesien ideale Böden und Klima aufweist, blieb die Zahl der Pflanzenarten auf Rakata, im Vergleich mit Inseln, die vom Ausbruch des Krakatau nicht berührt waren, weit dahinter zurück. Auch die Erholung der

Landwirtschaft in den Küstengebieten von Java und Sumatra – und folglich auch die der Wirtschaft – vollzog sich ähnlich langsam. Im Juli 1910 berichtet der in Batavia erscheinende »Courant«, daß die landwirtschaftliche Produktion an der Westküste von Java gerade einmal ein Drittel von der betrug, die sie vor 1883 hatte, und auch 1927 war sie immer noch um rund 50 Prozent niedriger. Außerdem geschah der Wiederaufbau an der Ostküste von Sumatra langsamer als auf Java. Ein einziger Vulkanausbruch hat also die Wirtschaft einer Großregion um mehrere Jahrzehnte zurückgeworfen. Die dadurch hervorgerufene Armut führte im westlichen Java dazu, daß viele in den zentralen Teil der Insel abwanderten und dort die bereits dicht zusammenlebenden Bevölkerung noch verstärkten.

Die biologischen Auswirkungen des Krakatau-Ausbruchs beschränkten sich nicht auf die Region an der Sundastraße. Große Massen von schwimmenden Bimssteinhaufen bildeten richtige Flöße und trieben mit Winden und Meeresströmungen bis nach Melanesien im Osten und bis Afrika im Westen. Einige dieser Flöße, so haben wir oben erfahren, waren stark genug, Menschen und Bäume zu tragen. Ein solches Gefährt schaffte den 7400 Kilometer langen Weg über den Indischen Ozean und erreichte im Juli 1884 die Küste von Sansibar – es brachte Schädel und Gebeine von Menschen mit an diese Küste, sie wurden von Kindern einer nahebei gelegenen Missionsschule gefunden. Andere solcher Bimssteinflöße trugen Pflanzen, Samen, Eier und Meerestiere umher. Ähnlich wie die Arche Noah bildeten sie ein schwimmendes Ökosystem, das schließlich an ferne Küsten gespült wurde und exotische Arten zu einer neuen Heimat brachte.

Während die Flora aus Indonesien zu weitentfernten Ländern schwamm, die an den Indischen und den Pazifischen Ozean grenzten, traf eine Pflanze auf dem Seeweg, aus der Neuen Welt kommend, hier ein, der es bestimmt war, im Wirtschaftsleben Indonesiens einmal eine große Rolle zu spielen. Das Segelschiff »Bebice« war auf dem Weg von New York nach Batavia und hatte als Ladung Kerosin an Bord, außerdem ein Paket mit fünf Pflanzen des brasilianischen Kautschukbaumes (*Hevea brasiliensis*), das eigentlich für den Botanischen Garten in Buitnzor bestimmt war. Die »Bebice«segelte also den Atlantik nach Süden, umfur das Kap der Guten Hoffnung und nahm Kurs nach Nordosten über den Indischen Ozean. Als sie sich am frühen Nachmittag des 26. August 1883 der Sundastraße näherte, nahm der Kapitän, als er der Dunkelheit und den Blitzen vor sich gewahr wurde, an, daß sie bald in einen Sturm gerieten und befahl, die Segel zu reffen. Gegen 18.00 Uhr kam ein Regen von heißer Asche auf das Schiff herab und brannte Löcher in die Segel und die Textilien an Bord. Der Kapitän fürchtete, seine Ladung – das Kerosin – könne explodieren, er ging in einiger Entfernung südwestlich des

Zugangs zur Meerenge vor Anker. Als die Eruption zwei Tage später nachgelassen hatte, fuhr er weiter bis Batavia und löschte dort seine Ladung. Die Kautschukbäume wurden später zu den Ahnen von Indonesiens großen Gummiplantagen und verhalfen Java und Sumatra zu beträchtlichem Wohlstand.

———

Am 29. Dezember 1927, 44 Jahre nach diesem Vulkanausbruch, sahen Fischer aus Java zu ihrem Erstaunen Rauch und Dampf aus dem Meer, zwischen Rakata, Verlaten und Lang Island, aufsteigen. Monate früher, im Juni, hatten sie in diesem Gebiet Gasblasen zur Wasseroberfläche aufsteigen sehen. Geologen meinten, diese Stelle befinde sich ungefähr auf halbem Weg zwischen der Örtlichkeit, wo Danan und Perbuwatan gewesen waren. Die Vulkanaktivität hielt an, der Vulkan schichtete weit unter dem Meeresspiegel, auf dem Meeresboden, rasch Material auf, und am 26. Januar 1928 erschien der obere Rand eines Cinderkegels auf dem Wasser, aber die Strömung und Wellen trugen ihn bald wieder ab.

Am 13. März 1928 war die Spitze des Kegels 25 Meter unterhalb der Wasseroberfläche, aber bis 18. Mai waren daraus weniger als 5 Meter geworden. Bis 20. Januar 1929 bildete sich erneut eine kleine Insel, Anak Krakatau genannt. Am nächsten Morgen war sie verschwunden, aber am 28. Januar erschien ihr oberster Rand wieder, und die Insel begann rasch zu wachsen. Am 1. Februar war sie 12 Meter hoch, am 9. März an die 20 Meter. Als Mitte Februar die erste Serie von Eruptionen aufhörte, bestand der Anak Krakatau aus einer sichelförmigen Insel von etwa 40 Metern Höhe und 300 Metern Länge.

Diese Insel verschwand dann auch wieder und tauchte erneut auf, mehrmals, da Wind und Wellen das ungefestigte Material am Kraterrand immer wieder wegschwemmten und neue Eruptionen die Insel von unten her erneuerten. Im August 1930 trat sie sozusagen für immer als Insel in Erscheinung – das heißt, sie blieb von da an bestehen und ist seither dank gelegentlicher Vulkanaktivität bis in die Gegenwart gewachsen. 1960 erschien ein neuer Aschenkegel im Krater, der bis dahin unter Wasser gelegen hatte, anders als Teile seines Randes. Das war die erste vulkanische Öffnung auf dem Anak Krakatau oberhalb des Wasserspiegels. Heute hat diese Insel eine Fläche von etwa 10 Quadratkilometer, und der Kraterrand liegt wenigstens 180 Metern über dem Meer.

Auch der Anak Krakatau hat, ähnlich wie der Rakata, Ökologen ein natürliches Labor zur Verfügung gestellt, wo sie die Prozesse der biologischen Erneuerung studieren können – mit dem Vorteil, daß der Anak Kraka-

tau eine neugeborene Insel ist, auf der solche Vorgänge von Anbeginn an beobachtet werden konnten (siehe Abbildung 6-5). Natürlich fing die Kolonisierung hier, ähnlich wie am Rakata nach der Eruption von 1883, mit wind-
getragenen Samen und Sporen an. Heute ist der größte Teil der Insel unfruchtbar, aber viele Pflanzen- und Tierarten finden sich in einem kleinen Teil
Erde. Sie suchen noch immer nach einem ökologischen Gleichgewicht. Eruptionen des Anak Krakatau vergrößerten zwar einerseits die Insel, sie haben
aber auch den Pflanzenwuchs immer wieder behindert. Heute ist diese Region so groß, daß es genügend Leben gibt, das weiteres Wachstum und Erholung fördert.

<hr>

Für die Wissenschaft der Geologie bedeutete der Ausbruch des Krakatau im
Jahr 1883 einen Meilenstein. Er vermittelte nicht nur sehr viel neue Erkennt-
nisse über die rein physikalischen Vorgänge eines Vulkans, sondern half auch
Calderas verstehen lernen und wie sie entstanden. Der Krakatau wurde zum
Lehrbuchbeispiel, wie eine Caldera in sich zusammensinken kann.

Dieser Ausbruch bekam auch für Meteorologen eine große Bedeutung. Sie
konnten danach eine große Menge Daten über die Erdatmosphäre sammeln,
indem sie die globale Verteilung des Staubs analysierten, der vom Krakatau
versprüht wurde, und sie konnten daran verschiedene optische Phänomene
studieren. Ihre Arbeit führte dazu, daß die Gesetzmäßigkeiten der Luftzirku-
lation in der oberen Atmosphäre besser verstanden wurden, die Auswirkungen der starken Winde in der Stratosphäre nicht ausgenommen.

Ozeanographen erfuhren viel über die Bildung und das Verhalten von
Tsunamis und die schrecklichen Folgen, die sie auf niedriggelegene Küsten
ausüben. Und Biologen konnten die seltene Gelegenheit nutzen, mehr darüber zu erfahren, wie Lebewesen in vollkommen verheerte Landstriche zu-
rückkommen und sich auf neuentstandenem Land ausbreiten.

Im Jahr 1983 gab es erstmals solche Instrumente wie Seismographen, be-
richtende Barometer, Wasserstandsanzeiger, die die weltweiten Auswirkungen eines größeren Vulkanausbruchs messen und festhalten konnten. Inzwischen war die Kommunikationstechnik so weit fortgeschritten, daß Informationen über diese Eruption rasch weitergegeben werden konnten, so daß man
fernab beobachtete Wirkungen mit ihrem Ursprungsort in kausale Verbindung bringen konnte. Der Krakatau-Ausbruch führte vor Augen, daß ein
großes geologisches Ereignis eine globale Bedeutung annehmen kann, und
daß die Landfläche unserer Erde mit den Meeren und der Lufthülle in enger
Wechselwirkung zueinander steht.

Die stark »schwingende Saite«, die 1883 am Krakatau begann, ist kurz, sie reicht kaum über ein Jahrhundert hinaus, und doch folgten ihr auf lange Sicht kulturelle Wandlungen, die Jahre dauerten, wirtschaftliche Auswirkungen, die Jahrzehnte anhielten, und eine ökologische Erholung, die noch immer nicht beendet ist.

DIE GEISTER VON MERAPI

Die Sichtweise der javanesischen Bevölkerung, die an den Flanken von häufig aktiven Vulkanen lebt, wurde davon bestimmt. In der traditionellen Sichtweise galten die Berge der Bevölkerung Javas als heilig, und ihr Alltag ist eng verbunden mit der Natur und der Welt. So sagt man beispielsweise in der Mythologie des Landes, daß auf dem wolkenverhüllten Kratergipfel des Vulkans Merapi in Zentraljava ein Geisterreich haust, mit einem kraton (Palast), mit Herrschern, Soldaten, Dienern und Bauern. Die Geister hüten ihre Rinder, sie bearbeiten Reisfelder, und leben in kampongs. Nicht alle Geister sind indes Einheimische: Einer Sage zufolge bekam ein Europäer, der Baron Kasender, einen Palast in Merapis Reich als der Gärtnergeist von Merapi. Dieses Reich unterhält enge Bande zu anderen Geisterreichen, vor allem mit dem der Geisterkönigin im südlichen (Indischen) Ozean.

Diese beiden Geisterreiche sollen mit dem Fluß Progo in Java in Verbindung stehen. Von Zeit zu Zeit sollen Geister, genannt lampors, von Pferden gezogene Karren durch das Wasser ziehen, wenn sie einander besuchen, und dabei große Turbulenzen im Fluß verursachen. Die lampors verkörpern die vulkanischen Schlammlawinen, die von Zeit zu Zeit in Flußtälern herabkommen, und auch die Tsunamis, die nach Seebeben gelegentlich in die Ästuarien hineinknallen.

Die Javaneser erkennen auch die guten Seiten des Vulkanismus, im Gegensatz zu den Hawaiianern mit ihren Sagen, in denen die Vulkane ausschließlich als zerstörerische Kräfte auftreten. In ihren Sagen haben der Geisterkönig Merapi und die Königin des Meeres seit langem eine Liebesbeziehung. Ausbrüche des Merapi betrachtet man als geisterhafte Ejakulationen, und das Ejakulat, sagt man, fließt sodann den Berg hinab, um die Königin des Meeres zu befruchten. Diese Sagen zeugen von dem Wissen, daß der Zustrom von vulkanischer Asche und ihrem Schlamm die Küstengewässer fruchtbar macht und die Erträge des Fischfangs erhöht.

Im Gegensatz dazu hegen die Hawaiianer, die sich vor den Vulkanen fürchten, den Glauben, daß Pele, die Feuergöttin, die Berge mit geschmolzener Lava sprechen läßt, wenn die Sterblichen sie beleidigt haben, und daß sie mit dem Fuß aufstampft, um die Erde zum Beben zu bringen. Auch den Ozean halten sie für zerstörerisch, wenn Peles Schwester, die Seegöttin Namako i Kahai, große Wellen (Tsunamis) aussendet, um die von Pele hervorgebrachten Feuer zu löschen oder Land wegzuspülen, das Peles Lavaströme neu geschaffen haben.

Allerdings sind auch die geologischen und geographischen Fakten auf Hawaii und Java verschieden, und dies spiegelt sich in den Mythen wider. Bei einem Vulkanausbruch auf Hawaii fließt die Lava gewöhnlich ins Meer, wo das Schmelzgestein mit dem Seewasser explosiv reagiert – der ewige Kampf zwischen Pele und Namako i Kahai. Auf Java befinden sich die Vulkane im Binnenland, in beträchtlicher Entfernung vom Meer. Obgleich hier Eruptionen häufig Verwüstungen anrichten, fließen die Lavaströme doch selten bis ins Meer, es gibt also nur wenige Berührungen zwischen geschmolzener Lava und Seewasser. Die Mythologie auf Java bezieht sich daher auf die gutartigen – weil Nahrung produzierenden – Beziehungen zwischen den Berggeistern und denen im Meer.

Der Ausbruch des Mount Pelée im Jahr 1902

7

Eine geologische Katastrophe mit politischen Implikationen

»*Der Pelée zeigt bislang kein Verhalten, das eine Evakuierung*
von St. Pierre rechtfertigen würde.«

DIE UNTERSUCHUNGSKOMMISSION DES GOUVERNEURS,
5. MAI 1902

AM 8. MAI 1902 BRACH auf einer Insel im Norden von Martinique, in der
Karibik, der Mount Pelée aus und vernichtete die Stadt St. Pierre, die etwa
sechs Kilometer entfernt lag. Fast alle Einwohner dieser Stadt, 30 000 Menschen, waren auf der Stelle tot. Martinique war seinerzeit noch eine französische Kolonie. Der Vulkan hatte viele Warnungen eines bald bevorstehenden
Ausbruchs gegeben; aber die Wissenschaft Vulkanologie war noch nicht weit
genug, diese Zeichen korrekt zu deuten. Und auch politische Gründe, das
macht die Sache so tragisch, hielten die Behörden auf Martinique davon ab,
zu fliehen, und in einer Stadt dieser Insel untersagten sie sogar die rechtzeitige
Flucht, obwohl es deutliche Hinweise auf einen Ausbruch gab. Die Katastrophe setzte auch einer politischen Bewegung ein Ende, die zu einer stärker
repräsentativen Regierungsform auf dieser Insel geführt haben könnte.

Bei diesem Ausbruch des Pelée, 1902, konnte man erstmals beobachten,
was die französischen Geologen seither als *nuée ardente* (glühende Wolke)
bezeichnen, und was heute allgemein als pyroklastischer Strom bezeichnet
wird – eine Zusammenballung von superheißen Gasen und fragmentierten
Auswurfstoffen, die nicht in die Atmosphäre emporschießen, sondern statt
dessen sehr schnell über den Boden hinwegfegen. Geologen folgerten damals,
daß ein – wie ein Verschlußkorken wirkender – Fels oder erstarrtes Magma
diese Erscheinung verursachte, daß nämlich dieser Korken sich soweit verfestigt hatte und den Vulkanschlot gleichsam versiegelte, so daß sich im Vulkan
ein ungeheuerer Druck bildete, der dann schließlich zum größten Teil nicht
nach oben, sondern seitwärts explodierte. Derlei Ausbrüche waren vor 1902

nicht beobachtet worden, heute werden sie daher als »Pelée-Ausbrüche« bezeichnet. Vor 1902 war die Erforschung von Vulkanen lediglich ein unbedeutender Zweig der Geologie; erst das Interesse für den Ausbruch von 1902 machte sie zu einer wirklich eigenständigen Disziplin.

Nach den ersten ungeheueren Explosionen geschahen im Mai 1902 weitere Ausbrüche, sie hielten während der nächsten drei Jahre an, mit Unterbrechungen, bis 1905. Der Vulkan war dann später noch eine Zeitlang aktiv, vom September 1929 bis Dezember 1932, seither schlummert er vor sich hin. Die immer mehr anschwellende Mächtigkeit der Ablagerungen aus den Jahren 1902 bis 1905 und 1929 bis 1932 ist unterschiedlich stark, sie reicht von ein paar Metern an den steilen Hängen gleich unterhalb des Gipfels des Pelée bis zu mehreren zehn Metern in den Tälern weiter unten.

Martinique bildet eine Insel in der sanft nach Osten zu konvex geformten Vulkaninselkette der Kleinen Antillen, einer Inselgruppe, die von Grenada im Norden sich hinzieht bis zur winzigen Insel Saba, über eine Entfernung von etwa 850 Kilometern (Abbildung 7-1). Der Vulkanismus dieser Inseln hängt mit dem Zusammenstoßen der Karibischen Platte mit einem Teil des Meeresbodens im Atlantik zusammen, der zur Nordamerikanischen Platte gehört. Diese Kollision setzte ein, als sich am Mittelatlantischen Rücken neue Kruste zu bilden begann, die den Meeresboden größer machte, den Atlantik also verbreiterte. Anfangs verschob sich die Karibische Platte nach Nordosten, dann ostwärts, während der Boden des Atlantiks sich nach Westen bewegte.

Die Nordamerikanische Platte wird ungefähr mit einer Geschwindigkeit von zwei Zentimetern pro Jahr unter die Karibische Platte gedrückt, in einem Böschungswinkel von 50 bis 60 Grad. Dieser subduzierte Teil der Platte ist bereits an die 140 Kilometer unterhalb von Martinique. Das Magma, das im Mount Pelée seinen Weg nach oben findet, soll aus einem Keil des oberen Erdmantels kommen, der zwischen der subduzierten Platte und der Kruste unterhalb von Martinique entstammt.

Als das Mantelmaterial in diesem Keil teilweise schmolz, entstanden Blasen aus heißem Magma, die dann aufstiegen und sich an der Übergangszone vom Mantel zur Kruste ansammelten, ungefähr in einer Tiefe von 30 Kilometern. Von hier stieg das Magma weiter auf in die Erdkruste, wo schon älteres Vulkansgestein und Schichten von Sedimentgestein lagerten. Das Magma stieg nur zeitweise auf, und sammelte sich, nimmt man an, zuerst in großen Kammern in der Kruste in etwa 15 bis 20 Kilometern Tiefe. Dort vollzog sich eine chemische Verwandlung. Magma, das reich ist an schweren

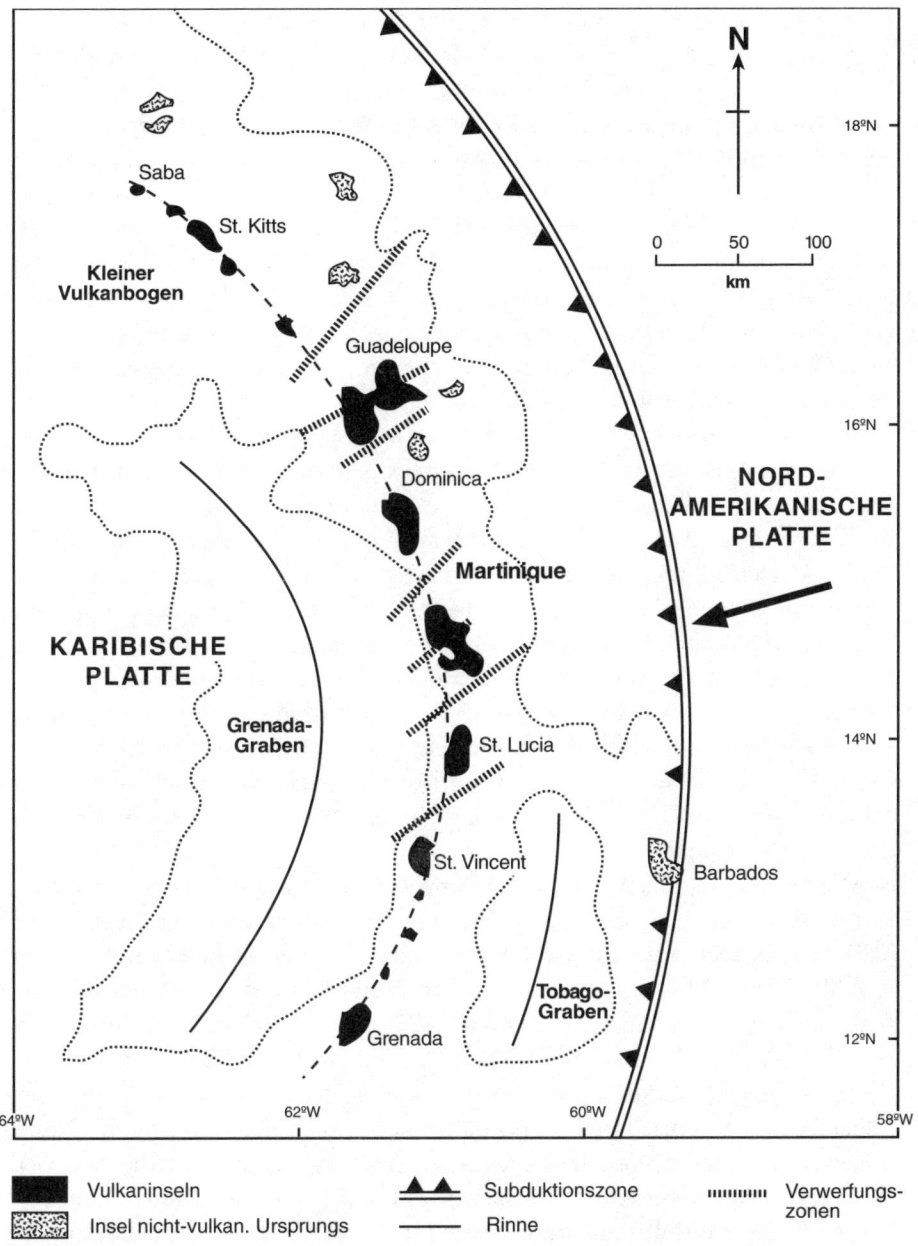

ABB. 7-1 Die tektonische Struktur der Insel Martinique und der Vulkanbogen der Kleinen Antillen, ein Ergebnis der Kollision zwischen der Karibischen Platte und dem im Ozean gelegenen Teil der Nordamerikanischen Platte.

Elementen, siedelte sich in der Tiefe der Magmakammer an, während siliziumreiches und folglich leichteres Magma nach oben trieb und sich dort ablagerte. Der zunehmende Druck im oberen Teil der Magmakammer brachte es mit sich, daß der Vulkan in so explosiver Weise ausbrach – vermutlich in einem Augenblick, als neue Magmablasen von unten in der Kammer nach oben stiegen.

In dem Zeitraum von vor etwa 16 bis vor 5 Millionen Jahren machten die Vulkaneruptionen in diesem Teil der Welt einen Wandel durch: Zuvor fanden die Ausbrüche unter Wasser statt, danach darüber; und sie fingen an, Inseln zu bilden. Auf Martinique geschah der erste Ausbruch der ältesten Vulkane – sie heißen Morne Jacob, Pitons du Carbet und Mount Conil – vor 3 bis 4 Millionen Jahren (Abbildung 7-2, unten).

Man nimmt an, daß Mt. Pelée erstmals vor ungefähr 200 000 Jahren ausbrach. Der Pelée ist heute 1397 Meter hoch und bedeckt im Norden von Martinique eine Fläche von ungefähr 120 Quadratkilometern, er beherrscht die Topographie dieser Insel. Die Niederschläge und das oberflächlich abfließende Wasser verursachten Erosion, Edrutsche gesellten sich hinzu, und dies zerstörte die konische Symmetrie, die der Berg einst hatte, und hinterließ an seinen Flanken tief eingekerbte Flußtäler. Vulkanisches Gestein, das frei in den Tälern herumliegt, und Kernbohrungen, die hier vorgenommen wurden, zeigten, daß es etwa in den Jahren 65 v. Chr., 280 und 1300 n. Chr. größere Eruptionen gab, dazwischen einige kleinere. Der Mt. Pelée zählt zu den aktiveren der Vulkane auf den Kleinen Antillen. In dem langen Zeitraum von vor 50 000 bis zu vor 3000 Jahren brach er wenigstens 46mal aus und seither noch weitere 26mal.

Die beiden Geologen Tom Simkin und Lee Siebert vom Smithsonian Institution in Washington haben eine Dokumentation der weltweit registrierten Vulkanausbrüche zusammengestellt, daraus geht hervor, daß der Pelée gewöhnlich alle 50 bis 150 Jahre einmal ausbrach.[1] In den letzten Jahrhunderten war er in folgenden Jahren aktiv: 1792, 1851, 1902 bis 1905 und 1929 bis 1932. Vergleicht man die Ausbrüche von 1792 und 1851 mit dem von 1902, so zeigt sich, daß er zwar kleiner war, er vernichtete aber die gesamte Vegetation am Bergesgipfel – von daher rührt auch der französische Name ›pelée‹, d. h. glatzköpfig oder abgeschält. Große Ausbrüche wie die zwischen 1902 und 1905 passieren wahrscheinlich in 500 Jahren nur einmal. Die Ausbrüche in diesem Zeitraum waren zwar für die dortige Bevölkerung schlimm, aber vom Standpunkt des Geologen noch immer eher unbedeutend – sieht man davon ab, daß man jetzt erstmals bei einer Eruption eine *nuée ardente* gewahrte, pyroklastische Ströme.

Weit oben am Pelée sind die Überreste von drei Kratern zu sehen. Der

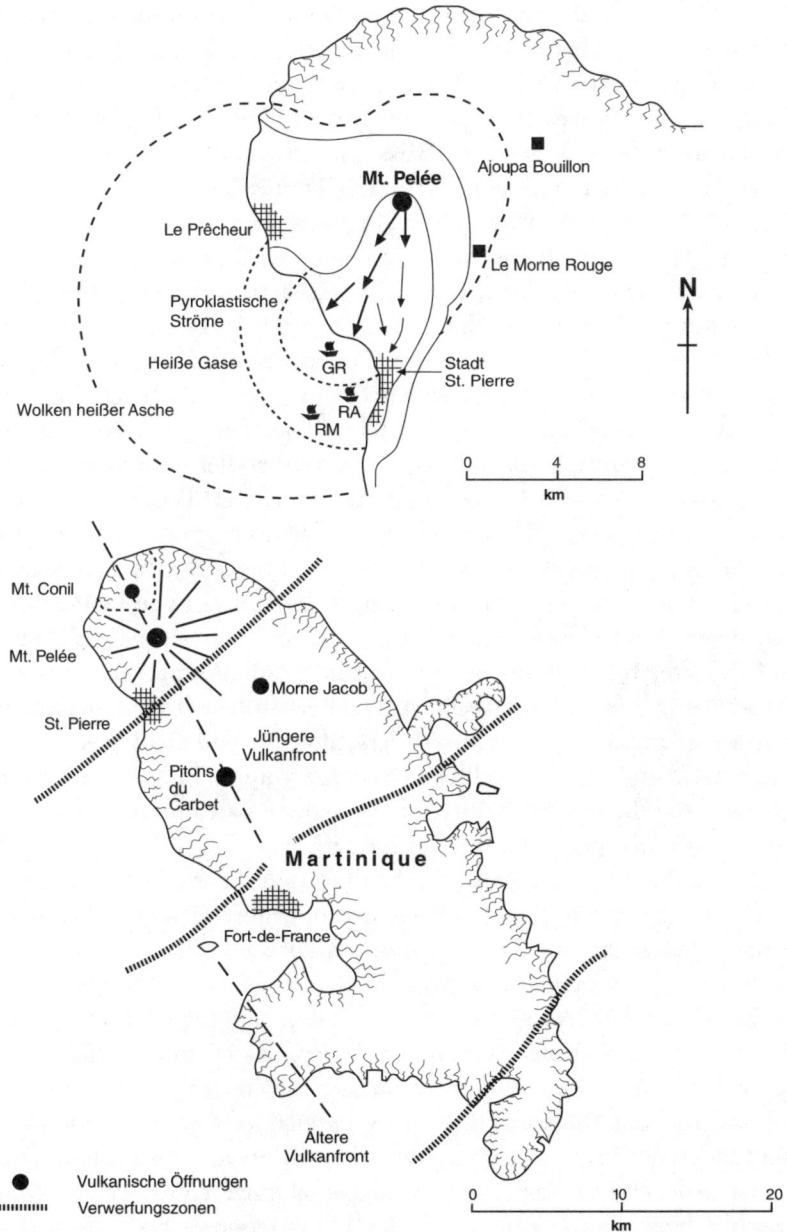

ABB. 7-2 *Oben:* Der Ausbruch des Mt. Pelée, 1902, und das ungefähre Ausmaß der Aschenwolken, heißen Gase und pyroklastischen Ströme. Die Symbole für Schiffe bedeuten: GR = Grappler, RA = Roraima, RM = Roddam.
Unten: Die Insel Martinique und die Lage des Mt. Pelée.

größte und älteste bildete bei dem Ausbruch vor ungefähr 40 000 Jahren den Mittelpunkt. Zwei kleinere Krater entstanden an der von Nordosten nach Südwesten verlaufenden Verwerfung innerhalb des älteren Kraters. Einer dieser Krater, gegen Südwesten zu gelegen und 1902 als L'Étang Sec (Trockener Deich) bekannt, barg lange zuvor Wasser in seinem Innern; der gegen Nordosten zu gelegene See wurde als »Lac des Palmistes« bekannt und enthielt im Jahr 1902 gleichfalls Wasser. Die Ausbrüche im frühen 20. Jahrhundert haben die Topographie dieser drei Krater beträchtlich verändert, und heute kann man nur die beiden kleineren leicht voneinander unterscheiden.

Der Ausbruch, der dann im Jahr 1902 die Stadt St. Pierre zerstörte, sandte erste Vorboten schon 1898 aus, als aus Fumarolen am L'Étang Sec Schwefeldämpfe entstiegen. Solche Fumarolen traten auch im oberen Bereich des Blanche River in Erscheinung, der an der Südwestflanke des Berges in einem tiefen Graben hinunterfließt und dabei die Grenze der von Nordosten nach Südwesten verlaufenden Verwerfungslinie bezeichnet. Das hörte nach einer Weile wieder auf, setzte aber schon 1901 wieder ein, mit kleineren Ausbrüchen von Wasserdampf aus superheißem Grundwasser. Im Februar 1902 wurden die Gase sehr weit hinuntergetragen und unweit von Le Prêcheur bemerkt, einem Fischerdorf an der Westküste von Martinique, das ungefähr sechs Kilometer vom L'Étang Sec entfernt liegt (Abbildung 7-2, oben).

Diese Dampf- und Gasemissionen deuteten an, was freilich damals noch niemand wußte: daß Magma im Förderschlot des Vulkans langsam aufstieg und dabei das im Schlot befindliche Gestein zerbrach. Einige kleinere Erdbeben begleiteten diese Vulkanaktivität. Sie nahmen an Intensität schrittweise zu, und schon im April 1902 traten sie häufig auf.

Während der nächsten Phase der Eruption wuchs im L'Étang Sec in aller Stille ein Berg mit zähflüssiger Lava heran, während kleine Mengen von Magma seitwärts an dem Verschlußkorken vorbeiquollen und an die Oberfläche stiegen. Inzwischen drückte auch die große Menge Magma, die von unten her in den Förderschlot eindrang, unablässig gegen den Pfropfen nach oben. Dieser feste Pfropfen, von fast zylindrischer Form und 200 Meter im Durchmesser, stieg durch den Lavadom und bildete schließlich einen Felsen, der später als »das Rückgrat des Pelée« bezeichnet wurde (Abbildung 7-3). Dieser mächtige Felsen stieg immer weiter nach oben, 3 bis 6 Meter am Tag, seitwärts bröckelte Gestein von ihm ab, unterstützt wurde er von Magma, das um ihn herum hochdrängte. Als diese katastrophale Eruption ihren Höhepunkt erreichte, am 8. Mai, war er auf eine Höhe von 115 Metern über den früheren Kraterboden angewachsen.

Nun zwängte sich Magma in immer größeren Mengen seinen Weg nach oben, verzweigte sich in seitwärts abstrahlende Schlöte und verursachte da

ABB. 7-3 Das »Rückgrat« des Pelée, bevor es ungefähr ein Jahr nach der Eruption wieder auseinanderbrach. Man vergleiche seine Größe mit der von Menschen im Vordergrund. Aus Lacroix, La Montagne Pelée et ses Éruptions, Tafel 1.

und dort ein Anschwellen des Berges. Am 4. Mai öffnete sich unterhalb des Dorfes Ajoupa-Bouillon, an der Nordostflanke des Pelée, eine Erdspalte, sie gab siedendheißen Dampf und kochenden Schlamm ab und riß einige Menschen in den Tod.

In unregelmäßigen, aber eher kurzen Abständen waren aus dem Berg laute Detonationen zu hören, begleitet von dichtem Rauch und gespenstisch roten Zuckungen von Feuer und Blitzen, die in den wolkenverhangenen Vulkangipfeln ihr Echo fanden. Vor allem während der Nacht muß dieses Schauspiel den Betrachtern große Angst eingeflößt haben.

Erdbeben, Aschenfälle und ein Erwärmen der Erde, verursacht vom aufsteigenden Magma, brachten es mit sich, daß sich die Tiere, die in der Erde lebten, von den höchsten Höhen des Pelée nach unten flüchteten. Ameisen zogen in richtigen Kolonnnen herab, dazu viele Tausendfüßler wie auch Schlangen (darunter viele giftige), sie drangen bis in die Felder vor und selbst nach St. Pierre. Die vulkanischen Gase berührten auch die Vögel in der Luft, sie verendeten und stürzten wie Steine vom Himmel.

Am 7. Mai wude St. Pierre von Detonationen erschüttert, wie von Artilleriefeuer, der Lärm war über den ganzen Antillen hinweg zu vernehmen. Der Pfropfen in Pelées Kehle war offenbar soweit gelockert und aufgestiegen, daß das hochexplosive Magma nun seitwärts an ihm vorbei konnte.

Am 8. Mai, um 8.02 Uhr, gab es vier betäubende Explosionen in rascher Folge aufeinander. Der eigentliche Höhepunkt der Eruption begann mit einer senkrechten Säule aus Asche und Rauch, die vom L'Étang Sec nach oben schoß und sich über den ganzen Himmel ausbreitete. Dieser Eruption folgte, fast augenblicklich, eine seitwärts erfolgende Detonation aus einer Kerbe am südwestlichen Kraterrand. Sogleich brach ein pyroklastischer Strom hervor, mit dichten, bräunlichschwarzen Wolken aus superheißen Gasen, glühenden Tropfen von frischem Magma und Felsbrocken von früheren Ausbrüchen. Er kam aus dem raschen Zusammenbruch der aufsteigenden Eruptionssäule oder aus Einbrüchen an der Flanke des Vulkans – möglicherweise aber auch aus beidem – und raste geradewegs auf St. Pierre zu (Abbildung 7-2, oben).

Die pyroklastische Woge dehnte sich nun seitwärts und nach oben aus, während sie zugleich den Berg hinab auf die Küste zuraste. Sie setzte im Wald die Bäume und große Felder mit Zuckerrohr in Brand. In Sekundenschnelle schloß sie St. Philomène ein, eine nördliche Vorstadt von St. Pierre, und vernichtete fast gleichzeitig die Stadt selbst. Es wurde geschätzt, daß sich die heiße, turbulente »Wolke« mit einer Geschwindigkeit von 500 Stundenkilometern fortbewegte, als sie endlich das Meer erreichte.

Der Pelée brach 1904 ein weiteres Mal aus, und Alfred Lacroix, ein französischer Geologe, machte von der pyroklastischen Wolke ein Photo (Abbil-

ABB. 7-4 Diese pyroklastische Wolke wurde während der Eruption des Mt. Pelée im Jahr 1904 aufgenommen. Sie gibt eine anschauliche Vorstellung, wie der katastrophale Ausbruch von 1902 ausgesehen haben mag. Aus Lacroix, La Montagne Pelée ses éruptions, Bildtafel 14.

dung 7-4). Es zeigt auf ganz dramatische Weise die Höhe, die Dichte und die große Turbulenz der Wolke, die diese Katastrophe begleitete.

Magma drängte nach der Eruption auch weiterhin empor, und bis Ende Mai war der Lavaberg in dem Krater bis über dessen Rand hinausgewachsen. Auch Pelées Rückgrat wuchs ständig weiter, bis es Ende Mai eine Höhe von 150 Metern über dem früheren Kraterboden erreichte. Verglichen mit den zerstörerischen Eruptionen anderer Vulkane, produzierte der Pelée nur wenig Magma, wahrscheinlich nicht einmal einen halben Kubikkilometer. Trotzdem wurde der VEI auf 4 geschätzt, und zwar wegen der Höhe seiner Eruptionswolke.

Der erste pyroklastische Strom hinterließ am 8. Mai ein leergefegtes und von Winden überlagertes wüstes Land mit zerstörten Bauwerken, abgebrannten Schiffswracks und ungefähr 30 000 Toten. Die folgenden Ausbrüche, die gnädig genug waren, die grauenhafte verwüstete Ödnis mit einer Schicht Asche zu bedecken, konnten kaum noch weiteren Schaden anrichten. Der Vulkan stieß zwischen Jahresende 1902 und Juli 1905 noch einige weitere pyroklastische Ströme aus, sie blieben jedoch zum größten Teil im alten Flußbett des Blanche River.

Obgleich die Eruption vom 8. Mai 1902 die Stadt St. Pierre und ihre nähere Umgebung zerstörte und einen schrecklichen Blutzoll forderte, beschränkten sich diese Zerstörungen doch auf den nördlichen Teil von Martinique. Von den 970 Quadratkilometern dieser Insel waren nur etwa 30 ernsthaft betroffen.

———

Christoph Columbus entdeckte Martinique im Jahr 1502, aber erst 1635 wurde die Insel von Europäern besiedelt. In ebendiesem Jahr ergriff die französische Compagnie des Isles d'Amérique Besitz von Martinique, um hier Baumwolle und Tabak anzubauen. Sie führte 1650 das Zuckerrohr ein, 1723 den Kaffee. Im frühen 18. Jahrhundert kam noch die Sklaverei dazu, weil mehr und mehr billige Arbeitskräfte benötigt wurden, um die Plantagen wirtschaftlich zu bearbeiten. Im Verlauf der Kolonisierung wurde die einheimische Bevölkerung entweder getötet oder assimiliert; sie ging vor allem in der aus Afrika eingeführten schwarzen Sklavenbevölkerung auf.

Im 18. und frühen 19. Jahrhundert wurde diese Insel kurzzeitig von Großbritannien besetzt, schließlich aber 1814 an Frankreich zurückgegeben. 1848 wurde die Sklaverei abgeschafft, sämtliche Einwohner der Insel bekamen damals die französische Staatsbürgerschaft verliehen. 1899 wurde ein Schwarzer namens Amédee Knight, der seine Ausbildung in Paris erhalten hatte, zum Senator gewählt, er vertrat Martinique einige Jahre in der französischen Nationalversammlung. 1946 erhielt Martinique den Status eines überseeischen Départements zuerkannt.

Fort-de-France, die Hauptstadt von Martinique, hat heute etwa 100 000 Einwohner. 1902 belief sich ihre Bevölkerung auf weniger als 18 000, St. Pierre, die wichtigste Stadt der Insel, eine aufstrebende Hafenstadt, hatte ungefähr 26 000 Einwohner. Von hier aus wurden die meisten Exportgüter der Insel, das waren vor allem Zucker und Rum, nach Europa und in die Vereinigten Staaten verschifft. St. Pierre, oft als das »Paris der Westindischen Inseln« bezeichnet, war der Mittelpunkt des Handels, der Bildung und der Kultur von Martinique, eine attraktive Stadt, die sich ihrer Schulen rühmen konnte, ihrer Kathedrale, eines Theaters und eines Militärspitals, außerdem gab es hier etliche Banken, Warenhäuser, Fabriken und einige Destillerien, wo Rum hergestellt wurde. Einen natürlichen Seehafen besaß St. Pierre nicht. Die Stadt lag an einer drei Kilometer langen, herrlichen, zu einer Corniche gekrümmten Bucht, wo die Schiffe vor Anker gingen. Mehrere Etagen kräftig gebauter, grau-weißer gemauerter Häuschen mit roten Dächern kletterten hier an den grünblühenden Hängen des Mt. Pelée empor und boten den sich vom Meer her nähernden Besuchern ein malerisches Bild.

Zu dem Zeitpunkt, als der Pelée ausbrach, 1902, hatte Martinique eine starre, genau festgelegte Sozialhierarchie. Es gab eine Oberschicht, die aus weißen Siedlern französischer Abstammung bestand, den *békés*. Die meisten von ihnen waren Plantagenbesitzer, sie beherrschten die Finanzen und die Politik auf der Insel. Die Mittelschicht bestand aus weißen und farbigen Kaufleuten und ihren Beschäftigten, die in den Städten lebten, und den kleinen Ladenbesitzern und Kleinbauern auf dem Lande. Am unteren Ende der sozialen Leiter befanden sich die schwarzen und farbigen Plantagenarbeiter, Hilfsarbeiter, Diener, Wäschefrauen und Trägerinnen, die man als *porteuses* bezeichnete, das waren bemerkenswert kräftige Frauen, die im Hafen von St. Pierre und Fort-de-France ihrer Arbeit nachgingen.

Jahrhundertelang war die Politik von Martinique von den konservativen *békés* bestimmt worden, die sich für weiße Vorherrschaft stark machten und stets den Senator und zwei Deputierte gewählt hatten, die diese Insel in den repräsentativen Kammern in Paris vertraten. Aber bei der Wahl im Jahr 1899 erhob eine neue sozialistische Partei ihre Stimme zugunsten der schwarzen und farbigen Mehrheit dieser Insel. Damals wurde Amédee Knight zum Senator gewählt, zum ersten Mal entsandten damit die Schwarzen und die farbigen Elemente der Insel ihren eigenen Vertreter in die Hauptstadt Frankreichs. Knight befürwortete energisch Reformen, die die Bereiche Beschäftigung, Bildung und Wohnungsbau berührten, und er setzte sich dafür ein, daß die Sozialisten in der Politik von Martinique zur akzeptierten Kraft wurden.

1902 waren die Sozialisten nahe dran, den konservativen *békés* die politische Herrschaft über die Insel zu entreißen und sie selbst zu übernehmen. Für dieses Jahr waren Wahlen anberaumt – eine erste Auslese sollte am 27. April stattfinden und die engültige Entscheidung dann am 11. Mai. Zweifelsohne hätte ein Sieg der Sozialisten nicht nur das politische Spektrum von St. Pierre und damit auch von ganz Martinique dramatisch verändert, er hätte auch den Status quo in anderen französischen Besitzungen untergraben. Die örtliche Zeitung, »Les Colonies«, die die Vormachtstellung der Weißen unterstützte, nützte die Spannungen vor den Wahlen zu ihren Gunsten aus. Am 21. April und den beiden folgenden Tagen las man Schlagzeilen auf der Titelseite wie »Monsieur Knight und der Rassenkrieg«, sie zeigten Knight als einen, der zum Rassenkrieg anstacheln wollte.[2]

Die Sozialisten waren gespalten, sie stellten sich hinter zwei Kandidaten auf, vertrauten jedoch darauf, daß sich ihre Wähler bei der endgültigen Abstimmung am 11. Mai hinter den stellen würden, der die erste Vorwahl gewann, und so den Sieg der Sozialisten herbeiführte. Bei den Vorwahlen im April bekamen die beiden sozialistischen Kandidaten, wie zu erwarten, mehr Stimmen als der Kandidat der Konservativen. Dieser zog 4496 Stimmen auf sich*, die beiden Sozialisten 4920.[3]

Weil nun die Stichwahlen bevorstanden, wollte Martiniques Gouverneur, Louis Mouttet, die Einwohner davon abhalten, St. Pierre fluchtartig zu verlassen, obwohl doch in den Monaten vor der katastrophalen Eruption vom 8. Mai der Mt. Pelée immer bedrohlichere Aktivitäten gezeigt hatte. Eine große Mehrheit der konservativen Wähler lebte in St. Pierre, und Mouttet hätte es ganz bestimmt äußerst ungern gesehen, wenn jetzt auch nur einer von ihnen die Stadt verlassen hätte.

Er wußte natürlich auch, daß der Vulkan seit einem halben Jahrhundert in einem Schlummer versunken war. Zuletzt war er 1851 ausgebrochen, damals hatte er eine Säule von Asche ausgestoßen, die auf St. Pierre herunterkam, aber sehr bald von einem heftigen Regenguß weggewaschen wurde. Davor brauchte man sich nicht zu fürchten. Im Lauf der Jahre waren die Inselbewohner sogar zu der Auffassung gelangt, daß vom Pelée keine Gefahr ausgehe, er sei eher ein Wohltäter.** Sie mochten ihren Berg, der Pelée war ein beliebtes Ausflugsziel. Man stieg bis auf seine Spitze und genoß den Ausblick über die Wasser des Lac des Palmistes. Gerade Teile der schwarzen Bevölkerung betrachteten den Pelée gleichsam als ihren Beschützer.

Am 23. April 1902 brach dann ein Erdbeben aus, das so stark war, daß in St. Pierre die Teller aus den Regalen fielen. Ein kleinerer Ausbruch fand am 24. April statt, mit etwas Ascheregen, und man bemerkte Schwefelgeruch. Um jeder Aufregung unter den Bewohnern zuvorzukommen, erklärte der

---

* Das war erstaunlich, denn es gab in St. Pierre nur etwa 4000 *békés*. Wenn man annimmt, daß die Hälfte oder drei Viertel von ihnen Frauen oder Kinder waren, die nicht wahlberechtigt waren, dann muß eine sehr große Zahl der Schwarzen für den konservativen weißen Kandidaten gestimmt haben, was nicht zu glauben ist, oder es muß bei der Stimmauszählung fragwürdige Praktiken gegeben haben.

** Man sollte auch darauf hinweisen, welche Folgen eine Evakuierung haben kann. Im Juli 1976 fing ein Vulkan auf der Insel Guadeloupe an, Dampf- und Aschewolken auszuspeien. Ein Viertel der Inselbewohner, 72 000, wurde evakuiert. Das Magma blieb jedoch im Vulkaninnern stecken, es kam zu keiner größeren Eruption. Die Evakuierung hatte jedoch ernste wirtschaftliche Folgen: Die Zuckerrohrernte konnte nicht eingebracht werden, und Touristen mieden daraufhin die Insel.

Bürgermeister, Roger Fouché, daß Schwefel sehr gesund sei. Trotzdem machten sich viele Menschen Sorgen, wie es mit Pelée weitergehen würde. Die Frau von Thomas Prentis, dem amerikanischen Konsul in St. Pierre, schrieb an ihre Schwester nach Massachusetts über die Ereignisse in der letzten Aprilwoche:

> »Die Stadt ist von Aschen bedeckt, und Rauchwolken hängen nun seit fünf Tagen über unseren Köpfen. Der Schwefelgeruch ist so stark, daß die Pferde auf der Straße stehenbleiben und kräftig schnuppern, und einige von ihnen konnten nicht mehr weiter, sie brachen zusammen und starben, erstickten. Viele Leute pressen sich ein feuchtes Taschentuch vors Gesicht, um die Schwefeldämpfe abzuhalten.«[4]

Am 30. April spürten die Menschen in St. Pierre drei schwere Erdbeben, hervorgerufen wahrscheinlich dadurch, daß sich an der Verwerfung unterhalb des Vulkans Spannungen entluden. Anfang Mai nahm ihre Häufigkeit noch zu. Die Ascheregen wurden heftiger. In den frühen Morgenstunden des 2. Mai, noch in der Dunkelheit, deckten Vulkanaschen das Land ringsumher wie bei einem Schneesturm zu. Einige Straßen wurden von umstürzenden Bäumen blockiert, die umgeknickt waren, weil sie die Asche auf ihren Zweigen nicht mehr tragen konnten. In St. Pierre rollten an diesem Morgen die Kutschen lautlos durch die Straßen, weil sie über den Aschenstaub auf den Pflastersteinen so sanft dahinglitten. Die Schwefeldämpfe erschwerten indes das Atmen und führten zu Halsschmerzen und tränenden Augen.

Innerhalb des L'Étang Sec war ein hoher Zinderkegel erschienen. Er versprühte heißes Wasser und hatte einen See ausgebildet, in dem ausgewachsene Bäume versunken waren. Die Ströme, die am Gipfel des Pelée ihren Ursprung nahmen, schwollen immer mehr an, diese Mengen stammten teils aus Niederschlägen, von den Wolken, die wie üblich die Bergspitze umhüllten, und teils aus dem Grundwasser, das infolge der ansteigenden Temperaturen innerhalb des Berges an die Erdoberfläche getrieben wurde.

Am 3. Mai beförderten die Flüsse große Mengen an Schlamm, sie füllten das Tal mit Schlamm und Gestein, darunter Brocken von beträchtlichen Ausmaßen. Im oberen Tal des Blanche River setzten erdrutschartige Fluten ein, wahrscheinlich die Folge von Beben. Ihre Kraft und ihre Massen schwollen an, als das Wasser im L'Étang Sec die Einkerbung im Kraterrand durchbrach. Schlammfluten kamen auch herab auf Le Prêcheur, das etwa 10 Kilometer nordwestlich von St. Pierre lag. Diese Schlammfluten zeigten, daß die Südwestflanke des Pelée langsam nachzugeben begann.

Die Zeitung »Les Colonies« hatte für den 3. Mai einen Ausflug zum Gipfel des Mt. Pelée organisiert, dort sollte, mit Blick auf den Krater, ein Picknick stattfinden. Damit wollte man zugleich andeuten, daß alles in Ordnung war. Aber dieser Ausflug mußte abgesagt werden, weil ständig neue Ascheregen herabrieselten und soviel unangenehme Dämpfe die Luft verpesteten. An diesem Tag erstickten in St. Pierre einige Menschen, einige Haustiere starben auf den Straßen der Stadt oder etwas außerhalb, weil sie schwefelhaltige Asche eingeatmet hatten. Am 3. Mai wurde auch Le Prêcheur zerstört, dabei fanden weitere Menschen den Tod. An diesem Tag wurde erstmals bemerkt, daß das Rückgrat des Pelée im L'Étang Sec sich immer mehr in die Höhe schob.

Inzwischen waren die Flüsse an den Flanken des Pelée über ihre Ufer getreten und die Bänke zu beiden Seiten überschwemmt. Gewöhnlich waren diese Flüsse eher klein, sieht man von der Regenzeit ab; sie flossen durch reiches, fruchtbares Bauernland unauffällig an den Berghängen hinab. Jetzt aber, von kräftigen Regenfällen und steigendem Grundwasser gespeist, das aus den Erdspalten kam, die sich an den Seiten des Berges aufgetan hatten, trugen sie entwurzelte Bäume und Sträucher mit sich, ja ganze Bäume; sie flossen durch St. Pierre und überfluteten die niedriggelegenen Teile der Stadt, bevor sie ihre Ladung ins Meer ergossen.

Pelée sandte seine Warnungen aus, aber die große Mehrheit der Bewohner von St. Pierre nahm sie nicht als solche wahr. Sie waren leichtsinnig, teils weil es ihnen an Wissen gebrach, wie Vulkane sich verhalten können, teils auch deswegen, weil die Regierungsvertreter einzig und allein die Wahl im Kopf hatten. Ein paar Hundert Menschen verließen St. Pierre mit dem Schiff oder auf dem Landweg, La Trace, und flüchteten sich nach Fort-de-France, ungefähr 20 Kilometer weiter südlich. Das konnten sich freilich nur die wenigsten leisten, denn die Anzahl der verfügbaren Boote war klein, und diese konnten auch nur wenige Passagiere befördern, und der Landweg, »La Trace«, war wirklich nur ein Pfad. Auch konnten nur die Wohlhabenderen das Geld für eine Bootsfahrt nach Fort-de-France oder für eine Kutsche aufbringen. Die Zahl dieser Flüchtigen war vermutlich kleiner als die Zahl derer, die nun umgekehrt aus der verwüsteten Umgebung nach St. Pierre eilten – sie strömten in die Stadt und trieben zeitweise ihre Bevölkerung auf schätzungsweise 30 000 hoch. Bald wurden die Nahrungsmittel knapp, in St. Pierre kam es zu Plünderungen. Schiffe, die sich dem Hafen näherten, mußten ihren Weg sorgfältig durch die Massen von Schutt suchen, die die Flüsse ins Meer gespült hatten und die jetzt den Seeverkehr behinderten.

Zuletzt mußte auch Gouverneur Mouttet handeln. Am 4. Mai 1902 sandte er ein Telegramm an den für die Kolonien zuständigen Minister nach Paris, in dem er – erstmals – schrieb, daß der Mt. Pelée ausgebrochen war –

daß aber »die Eruption schon wieder im Abklingen begriffen« sei. Und er ernannte eine Untersuchungskommission. Von ihren fünf Mitgliedern war nur einer Naturwissenschaftler, Gaston Landes, er unterrichtete am Lyzeum von St. Pierre die naturkundlichen Fächer. Ihre Aufgabe bestand nicht darin, das Verhalten des Vulkans zu ergründen, sondern zu bestimmen, wie lang die Stadt »die Spannungen ertragen mußte, die aus dem Asche- und Schwefelregen kamen« und »ob das Terrain um St. Pierre diese Stadt schützen würde vor den Gefahren der Lavaflut«. Der Gouverneur stellte klar, daß ihre Rolle eigentlich darin bestand, die Sicherheit von St. Pierre zu bestätigen.[5]

Der 4. Mai 1902 war ein Sonntag. Trotzdem mußten an diesem Tag die *Porteusen* im Hafen von St. Pierre ein Schiff, das auf das Signal für seine Abfahrt nach Frankreich wartete, mit Zucker beladen. Dieses Schiff wollte so bald wie möglich ablegen, Pelées Verhalten gefiel dem Kapitän nämlich gar nicht. Der Zucker kam aus der Raffinerie Blanche River, die einem einflußreichen *béké* gehörte, Eugène Guérin. Am nächsten Tag, dem Montag, streikten die *Porteusen*, weil sie am Sonntag hatten arbeiten müssen. Mit ihrer Arbeitsverweigerung unterstrichen sie noch einmal die wachsende politische Macht der Sozialisten auf Martinique.

An ebendiesem Tag ergossen sich von der Südwestflanke des Pelée weitere Schlammfluten durch die Flußtäler. Einige Ströme waren jetzt so weitläufig und kräftig, daß sie Pflanzungen, Fabriken, Rinder und Menschen einfach mit sich hinwegfegten. Als sie an der Küste eintrafen und ins Meer strömten, entstanden infolge der Wasserverdrängung hohe Wellen, die an der Küste entlangfegten und die Wasserfront von St. Pierre überfluteten. An diesem Abend unterbrachen submarine Erdrutsche, ausgelöst wahrscheinlich von den Schlammfluten, die Telegraphenverbindung nach Fort-de-France. Ein Teil des zerrissenen Kabels wurde später 15 Kilometer westlich von St. Pierre in einer Tiefe von 700 Metern gefunden.

Auch am 5. Mai zogen Schwärme von kleinen roten Ameisen und großen schwarzen Tausendfüßlern, von den Einheimischen als *fournis-fous* und *bêtes-à-mille-pattes* bezeichnet, wie eine biblische Plage die Hänge des Mt. Pelée hinab. In Guérins Raffinerie sorgten diese giftigen Insekten für große Aufregung, weil sie Arbeiter auf den Zuckerrohrfeldern überfielen und sogar in den Haushalt des Besitzers vorstießen. Hunderte von Schlangen drangen in den Ort St. Pierre ein, darunter viele tödliche Grubenottern, die dort als *fer-de-lance* bezeichnet werden.

Inzwischen hatte sich in Guérins Raffinerie eine größere Tragödie ereignet. An ebendiesem Tag war eine Schlammflut durch das Tal des Blanche River hinweggeflossen und hatte die Fabrik und das Gut unter einer dicken Schicht von brodelndem Schlamm begraben. Es mutete wie ein Wunder an, daß der Besitzer entkam; aber seine gesamte Familie und viele Beschäftigte fanden den Tod. Und in St. Pierre selbst führten das von der Asche verstopfte Abwassersystem und das dadurch verschmutzte Trinkwasser zum Ausbruch eines hochansteckenden, tödlichen Ausschlags, den die Einheimischen *la verette* nannten.

Der Pelée hatte jetzt bereits 600 Menschenleben gefordert, und in der Stadt brach langsam das Chaos aus. Trotzdem konnte die vom Gouverneur eingesetzte Untersuchungskommission, wie der Gouverneur es verlangt hatte, geradeheraus berichten: »Der Pelée zeigt keinerlei Verhalten, das eine Abreise aus St. Pierre rechtfertigen würde«.[6]

Während dies alles in Martinique geschah, vollzog sich 130 Kilometer weiter südlich, auf der britischen Insel St. Vincent, ein ganz ähnliches Desaster. Dort brach ein Vulkan, La Soufrière, in den frühen Morgenstunden des 6. Mai aus und sandte, ähnlich dem Pelée, pyroklastische Ströme aus, die an die 1600 Menschen töteten und einen beträchtlichen Teil des Bauernlandes verheerten. Als die Bewohner von St. Pierre an diesem Morgen erwachten, war ihre Stadt mit einer dünnen Schicht Vulkanasche bedeckt, die aber paradoxerweise nicht vom Mt. Pelée kam, sondern aus der Vulkanwolke, die, von St. Vincent kommend, über Martinique hinweggezogen war. Aber das wußte niemand.

Die Katastrophe in St. Vincent machte das tragische Geschehen auf Martinique noch schlimmer. Die Welt wußte nicht, was auf Martinique geschah, weil die Erdbeben vom 6. Mai, die vom Vulkan ausgingen, alle Kabelverbindungen mit anderen Inseln unterbrochen hatten. Funkverkehr gab es damals noch nicht, und so war Martinique gänzlich vom Rest der Welt abgeschnitten.

Die Kommunikationsmittel von St. Vincent waren jedoch noch funktionsfähig, und die Behörden dieser Insel berichteten von der Eruption des La Soufrière nach England, das nun sogleich Schiffe entsandte, um der betroffenen Kolonie beizustehen. Diese Schiffe fuhren, wie auch andere in der Region, durch Aschewolken, die der Mt. Pelée ausgeworfen hatte – die Besatzung nahm jedoch an, daß die Asche vom La Soufrière stammte. Die Welt erfuhr nichts von der bevorstehenden Tragödie der Stadt St. Pierre, erst viele Stunden nach der Zerstörung dieser Stadt, und das geschah zwei Tage später.

Der Pelée tobte währenddessen weiter, und vom L'Étang Sec ging rotes, heißes Gestein (vulkanische Bomben) in die Luft. Einiges davon landete in dem Teil von St. Pierre, der sich in nächster Nähe zum Vulkan befand. Häuser gingen dort in Flammen auf, und der Vulkan sandte weiterhin große Wolken von Asche und Zinder aus. Die Asche senkte sich auf St. Pierre herab, und die Behörden forderten die Bevölkerung auf, die Asche von den Hausdächern und den Wänden abzukehren. Die stark gewellten Straßen verwandelten sich in einen schlüpfrigen Matsch, und man konnte sich nur mit großer Mühe fortbewegen. Viele gingen einfach nicht mehr auf die Straße. Eine wunderliche Lethargie bemächtigte sich der Bevölkerung, als ob sie sich, nach allem, was sie inzwischen durchgemacht hatte, in einem Schockzustand befand.

Die Zeitung »Les Colonies« stand noch immer hinter der Behauptung des Gouverneurs, daß der Vulkan für die Einwohner von St. Pierre keine Bedrohung darstellte. Am nächsten Tag, dem 7. Mai, brachte sie eine Geschichte, die der Herausgeber selbst geschrieben hatte, diesmal enthielt sie ein Interview mit Gaston Landes, dem Naturkundelehrer. Es lief darauf hinaus, daß St. Pierre nicht vom Mt. Pelée bedroht wurde. Gouverneur Mouttet reiste daraufhin noch am selben Tag mit seiner Frau von Fort-de-France nach St. Pierre, weil er glaubte, ihre Anwesenheit würde der Bevölkerung Vertrauen einflößen. Sie starben dort beide am nächsten Morgen, zusammen mit Tausenden anderen, ihre Leichen wurden nie gefunden.

Die Rolle von Gouverneur Mouttet in der Tragödie von St. Pierre ist umstritten. In den letzten Jahren haben einige Schriftsteller behauptet, daß Mouttets Besuch in der Stadt die ehrliche Überzeugung zum Ausdruck brachte, daß der Mt. Pelée keine ernsthafte Bedrohung darstellte. Andere bezweifelten, daß das konservative Element tatsächlich sosehr besorgt war um den Wahlausgang, daß sie die Menschen am Wahltag, dem 11. Mai, unbedingt in der Stadt halten wollten, trotz der Vulkanaktivität. 1989 schrieb der französische Gelehrte Solange Coutour, daß der französische Kolonialminister Mouttet befohlen hatte, die Wähler von St. Pierre so lange in der Stadt zu halten, bis die Wahlen vorbei waren.[7]

Der 8. Mai 1902 war der Tag »Christi Himmelfahrt«, und schon früh an diesem Morgen zogen viele Menschen aus St. Pierre, fast alle katholisch, durch die aschebedeckten Straßen zur Heiligen Messe in die Kathedrale. Viele hatten dort sogar in den Tagen davor Zuflucht gesucht, weil sie sich fürchteten und dem Ascheregen entkommen wollten, der auf die Stadt herabregnete. Sie waren dort auch um 8.02 Uhr versammelt, als mit einem Schlag ihr Leben und ihre Welt zu Ende gingen. In dieser Minute brauste der erste pyroklastische Strom das Tal des Blanche River herab, floß dann seitwärts und binnen Sekunden fegte er über St. Pierre hinweg und überschwemmte die Stadt. Die superheiße Wolke zerstörte die Gebäude, Eisengitter und Gatter mit der Gewalt eines Hurrikans, deckte die Straßen mit Schuttmassen zu und setzte sie in Brand. Die Schätzungen, wie heiß diese Woge war, gehen weit auseinander: Die meisten nehmen an, daß sie mit ungefähr 900 Grad Celsius den Krater verließ und noch immer 200 bis 400 Grad heiß war, als sie die Küste erreichte. Überreste von geschmolzenen Glasflaschen und Metallen in St. Pierre deuten Temperaturen von bis zu 1000 Grad Celsius an, aber diese hohen Temperaturen waren nicht das Ergebnis des pyroklastischen Stromes, sondern von der extremen Hitze, die entstand, als in St. Pierre die mit Rum beladenen Fässer explodierten.

Nicht alle Bewohner von St. Pierre waren augenblicklich tot, barmherzigerweise aber doch sehr viele. Später wurde klar, daß viele unter großen Schmerzen an Verletzungen oder Erstickung oder durch das Einatmen heißer Gase langsam verschieden waren. Den meisten Berichten zufolge war der einzige Überlebende in der Stadt selbst, wenn man von den benachbarten Gegenden und den Schiffen in der Bucht absieht, ein Schwarzer names August Ciparis, der nach einer Schlägerei im Gefängnis in eine Art Verlies, gesteckt worden war. Ihm war eine kurze Gefängnisstrafe aufgebrummt worden, die er hier absaß. Paradoxerweise war er hier vor dem Schlimmsten geschützt, der heißen Vulkanasche, welche sich vor dem einzigen kleinen Fenster seiner Zelle auftürmte. Er mußte vier Tage ohne Wasser oder Essen zubringen und hatte nicht die geringste Ahnung, was draußen geschah; allerdings erlitt er schwere Brandverletzungen. Seine Schreie wurden zu guter Letzt gehört, und er wurde gerettet. Sein Urteil wurde schließlich aufgehoben, und er verbrachte den Rest seines Lebens mit dem Zirkus »Barnum and Bailey« auf Tournee durch die Vereinigten Staaten von Amerika, wo er sich seinen Unterhalt damit verdiente, daß er sich in einer kleinen Nebennummer in seiner Gefängniszelle zur Schau stellte.

Die heiße Aschenwolke brauste wie ein Dampfkissen auch durch den Hafen, und dank ihrer Gewalt brachte sie Schiffe zum Kentern und mehrere andere, die hier vor Anker lagen, zum Sinken. Die Schiffe, die nicht untergingen, fingen Feuer; die meisten Seeleute an Bord fanden den Tod auf fürchterliche Weise, sie erstickten oder verbrannten. Nur einige wenige überlebten. Sie wurden gerettet, als Schiffe kamen, die von Fort-de-France an diesem Morgen ausgesandt worden waren, um herauszufinden, warum die Telegraphenverbindung zwischen den beiden Städten plötzlich unterbrochen war.

Charles Thompson, der Assistent des Zahlmeisters des Dampfers »Roraima«, gab später folgende Beschreibung der schrecklichen Begebenheiten:

»Da war ein ständiges unterdrücktes Geräusch zu vernehmen. Es war so, als ob die größte Ölraffinerie der Welt ganz oben auf dem Berg brennen würde. Ungefähr um 7.45 Uhr gab es eine mächtige Explosion. ... Der Berg wurde förmlich in Stücke gerissen. Die eine Seite des Vulkans wurde herausgerissen und eine mächtige Feuerwelle kam schnurgerade auf uns zu. Es hörte sich an, als hätte man Tausende von Kanonen abgeschossen.

Die Feuerwelle war plötzlich mitten unter uns und über uns, wie ein Blitz. ... Ich sah, wie sie das Dampfschiff »Grappler« von der Breitseite traf und es kenterte. Das Schiff brach in seiner ganzen Länge in Feuer aus und versank. Das Feuer rollte weiter ... auf St. Pierre zu. ... Die Stadt verschwand vor unseren Augen.

Die Feuersbrunst aus dem Vulkan dauerte nur einige Minuten. Sie brannte alles zusammen, ließ verschrumpeln, was es gerade traf. In St. Pierre waren viele Tausend Rumfässer gelagert, die schreckliche Hitze brachte sie zum Zerspringen. Der brennende Rum rannte in Strömen die Straßen hinab, hinunter ans Meer. Er setzte die »Roraima« an mehreren Stellen in Brand. Bevor der Vulkan zerbarst, standen große Menschenmassen auf dem Landesteg. Nach der Explosion war an Land keine Menschenseele mehr zu sehen. Von der Besatzung der ›Roraima‹, 68 Personen, waren nach dem ersten Blitz nur noch 25 übrig.«[8]

Der erste Offizier der »Roraima«, Ellery Scott, gab folgenden anschaulichen Bericht:

»Ungefähr um 8 Uhr waren laute dröhnende Geräusche aus dem Berg zu hören, der die Stadt überragt. Gleich darauf fand eine Eruption statt, sie sandte Feuer- und Ascheregen herab. .... Bald ... begann der schreckliche Strom aus Feuer, das wie heißes Blei rann, es überfiel das Schiff und ihm folgte sogleich eine schreckliche Welle, die das Schiff an der Hafenseite traf und es nach Starboard umlegte. Wasser kam herein, von vorne nach achtern, und fegte beide Masten hinweg, die Schornsteine und alles andere auf einmal. ... Kurz darauf setzte ein Regen aus glühendroten Steinen und Schlamm ein, das Schiff war inzwischen eingehüllt in totale Finsternis. ... Ich versuchte den Verletzten zu helfen, die auf dem Deck lagen, einige von ihnen hatten Brandwunden. Kapitän Muggah kam zu mir her, verbrannt bis zur Unkenntlichkeit. Er hatte befohlen, unser einziges Boot hinabzulassen; aber es war so schwer beschädigt, daß man es es mit dem Bootskran nicht senken konnte.«[9]

Ein einziges Schiff konnte aus St. Pierre entkommen – die »Roddam«, ein dampfgetriebenes Frachtschiff aus England, das wenige Minuten vor der tödlichen Eruption an der Reede vor Anker gegangen hatte. Die amerikanischen Autoren Gordon Thomas und Max Morgan Witts geben in ihrem Buch »The Day the World Ended« eine lebhafte Schilderung dieser Katastrophe. Sie schreiben, die »Roddam« sei schwer beschädigt gewesen, das Deck zerstört, und die meisten Mitglieder der Besatzung tot oder dem Sterben nahe. Den Überlebenden, einige schwer verletzt, gelang es, das Schiff zu retten. Kapitän Edward Freemen, der selbst schwere Verbrennungen erlitten hatte und kaum mehr sehen konnte, weil seine Augen beschädigt waren, führte das Schiff irgendwie aus dem Hafen und leitete es 80 Kilometer nach Süden zur Nachbarinsel St. Lucia, wo er es gegen Abend in den Hafen von Castries brachte.

Ein Schiff der Zollbehörde kam dem beschädigten Schiff entgegen, und ein Beamter brüllte hinüber: »Wo kommt ihr her?« Kapitän Freeman antwortete: »Von den Pforten der Hölle!«[10]

———

Aus dem Mt. Pelée ragte weiterhin das Rückgrat empor. Ein Jahr nach dem Ausbruch erhob es sich 300 Meter über den L'Étang Sec, bohrte sich in den Himmel wie ein riesiger, böser Finger, als wolle es Pelées Trotz zum Ausdruck bringen, bevor es dann langsam an seinem eigenen Gewicht zerbrach.

St. Pierre war eine tote Stadt, seit die pyroklastischen Fluten es am 8. Mai in Schutt und Asche gelegt hatten. Einige der kompakteren Steingebäude waren zwar gleichfalls schwer beschädigt, standen aber noch – bis dann am 20. Mai ein weiterer verheerender pyroklastischer Strom vom Mt. Pelée herabkam. Er nahm denselben Weg wie der erste und brannte alles nieder, was von der Katastrophe vom 8. Mai noch übriggeblieben war, oder machte es dem Erdboden gleich. Bald tauchten in der zerstörten Stadt Plünderer auf, um in den Ruinen nach Geld, Schmuck und anderen Wertsachen zu suchen. Französische Soldaten machten dem Treiben ein Ende, sie erschossen etliche von ihnen an Ort und Stelle, aber Räuberbanden machten die Gegend noch monatelang unsicher.

Der Pelée brach Ende August 1902 ein weiteres Mal aus, diesmal zerstörte er die Ortschaft Le Morne Rouge, ein paar Kilometer nordöstlich von St. Pierre. Kurz vor diesem Ausbruch hatte sich der neue Gouverneur von Martinique, Georges Lhuerre, geweigert, den Flüchtlingen aus Le Morne Rouge, die nach Fort-de-France gegangen waren, zu helfen. Die meisten kehrten daraufhin zurück – wohin sonst sollten sie gehen? –, sie kamen alle ums Leben. Beide Orte, Le Morne Rouge und St. Pierre, wurden seither neu aufgebaut, aber St. Pierre ist heute eine kleine Stadt von minderer Bedeutung. Die Ruinen der Katastrophe von 1902 kann man noch immer erkennen.

Dieser Ausbruch vom Mai 1902 zerstörte die Wirtschaft von Martinique. Ein gut Teil der Insel erlitt zwar keine ernsteren physischen Schäden, aber das gesamte wirtschaftliche und kulturelle Leben war mit der Zerstörung von St. Pierre erloschen. Die Aschenregen vernichteten auch die Felder im Südteil der

Insel, und viele Farmen und Plantagen wurden vernichtet. In St. Pierre starben 30 000 Menschen. Aber die eigentliche Tragik des Ausbruchs besteht darin, daß die große Mehrzahl ganz bestimmt überlebt hätte, wenn nicht die Regierung und die allgemeine Unkenntnis von der zerstörerischen Wut der Vulkane sie von der Flucht abgehalten hätten.

Diese Katastrophe hatte auch weitreichende politische Folgen. Die für den 11. Mai anberaumten Wahlen wurden nicht abgehalten, und der Aufstieg der schwarzen und der farbigen Bevölkerung von Martinique wurde jahrzehntelang aufgeschoben.

MOUNT PELÉE UND DER PANAMA-KANAL

Im Jahr 1902, als der Mt. Pelée ausbrach, bereitete der amerikanische Senat in Washington gerade eine Abstimmung vor, wo der Kanal verlaufen sollte, der den Atlantik künftig mit dem Pazifik verbinden würde. Die großen Seemächte der Erde hatten seit langem das Bedürfnis nach einem solchen Kanal durch Mittelamerika hindurch anerkannt, um den langen und gefährlichen Umweg ums Kap Horn zu vermeiden. Französischen Ingenieuren war es nicht gelungen, an der Landenge von Panama einen Durchstich zu vollenden, und die Amerikaner dachten daher an eine Route durch Nicaragua. Der Ausbruch des La Soufrière auf St. Vincent und des Pelée auf Martinique lenkte ihre Aufmerksamkeit auf die Tatsache, daß auch in Nicaragua Vulkane rauchten.

Politiker, die die Verbindung durch Panama bevorzugten, wiesen eilfertig darauf hin, daß die jüngsten Ereignisse in der Karibik bewiesen, daß ein Kanal durch Nicaragua ein riskantes Abenteuer sei. Tatsächlich hatte Nicaragua Briefmarken drucken lassen, eine Ein-Centavo-Marke, die einen qualmenden Vulkan zeigten. Ein amerikanischer Lobbyist, der sich für die Route durch Panama stark machte, erwarb genug von diesen Marken und sandte jedem US-Senator eine zu, so daß diese sich bei der Abstimmung mit acht Stimmen Mehrheit für den Durchstich in der Landenge von Panama entschieden.

Tristan da Cunha, 1961

Eine Reise ins 20. Jahrhundert –
und gleich wieder zurück

8

> »*Ihrem Lebensstil wurde das Todesurteil verkündet.*
> *Aber dieser Stil lag ihnen mehr am Herzen als das Leben selbst.*«
>
> PETER A. MUNCH, CRISIS IN UTOPIA:
> THE ORDEAL OF TRISTAN DA CUNHA

DIE INSEL TRISTAN DA CUNHA ist unter den bewohnten Örtlichkeiten dieser Erde die entlegenste. Sie bildet die oberste Spitze eines Vulkanberges, der aus den großen Tiefen des Südatlantischen Ozeans ungefähr 500 Kilometer östlich vom Mittelatlantischen Rücken herausragt. Gelegen auf 37 Grad südlicher Breite, ist Tristan ungefähr ebensoweit südlich wie Buenos Aires oder Kapstadt. Buenos Aires liegt allerdings 4300 Kilometer weiter westlich, Kapstadt um mehr als 2800 Kilometer weiter östlich (Abbildung 8-1, oben).

Die Insel Tristan mit ihrem Vulkan ist fast ganz rund, ihr Durchmesser beträgt ungefähr 11 Kilometer, und ihre ganze Fläche etwa 100 Quadratkilometer. Ihr Vulkanberg ragt 2060 Meter über den Meeresspiegel in die Höhe. Ihre Basis hat sie an einer Flanke des Mittelatlantischen Rückens in circa 3000 Metern Meerestiefe.

Aus der Ferne nimmt sich diese Insel düster und unfruchtbar aus. Die wenigen Bäume sind verkrüppelt, vom Wind zerzauste immergrüne Bäume. Vom Vulkangipfel in der Inselmitte, der gewöhnlich von Wolken verhüllt ist, gehen strahlenförmig tiefe, ausgewaschene Furchen hinab in die Tiefe. Die Wellen des Ozeans, aufgepeitscht von den beinahe beständigen Winden, krachen gegen die Basaltfelsen bis hinauf in eine Höhe von 600 Metern, und weiße Gischt hebt sich vom schwarzen Gestein ab. Einen natürlichen Hafen besitzt die Insel nicht. Die Schiffe müssen weit draußen die Anker auswerfen. Bevor in den späten 1960er Jahren ein geschützter Landeplatz für kleinere Schiffe erbaut wurde, bestand der einzige Zugang zur Insel darin, mit einem kleinen Boot durch die Brandung zu rudern bis auf eine der zwei felsigen

Küsten, die nicht von hohen Klippen überlagert oder von gefährlichen Felsen versperrt werden. Das Wetter ist hier oft schlecht, viel Regen und kräftige Winde, obgleich die Temperaturen gewöhnlich mild sind.

Tristan da Cunha wurde zutreffend beschrieben als »ein riesiger mörderischer Berg, wild, geheimnisvoll und abweisend, der aus dem Meere sich erhebt, wo man eigentlich kein Land erwartet«.[1] Und dennoch ist dieses entlegene, wenig einladende Stück Land die Heimat von etwa 300 Menschen, die fast alle von einigen Siedlern des frühen 19. Jahrhunderts und von verunglückten Seeleuten verschiedener Nationalitäten abstammen. Die ersten Siedler waren zumeist englischer Herkunft, und die Insel ging schließlich in den Besitz Großbritanniens über. Die Einwohner, die insgesamt nur sieben verschiedene Nachnamen besitzen, leben alle in der einzigen Stadt auf Tristan, die offiziell Edinburgh heißt, benannt nach einem britischen Herzog, der hier 1867 kurz zu Besuch war, wird aber von den Bewohnern einfach »the Settlement« genannt. Diese Siedlung besteht aus einer Gruppe Häuser auf einem ziemlich flachen Plateau, das an der Nordwestecke der Insel am Ozean liegt.

Im Lauf der Zeit haben die Bewohner von Tristan, die »Trist'ns«, wie sie sich einfach nennen, eine herrschaftslose, fast utopisch anmutende Lebensform entwickelt. Auf der Insel gab es keine Regierungsgewalt, niemand verfügte über einen anderen. Jeder war jedem anderen gleichgestellt. Jeder kümmerte sich um seine eigenen Dinge, und dennoch bemühte man sich ständig, dem anderen zu helfen, und die Gemeinschaftsaufgaben – wie Fischen oder Auflesen von Früchten, das Bauen der Häuser oder das Handeln mit den vorbeikommenden Schiffen – erledigte man sowieso zusammen. Bis weit ins 20. Jahrhundert hinein gab es hier keine Straßen, keine Motorfahrzeuge, so gut wie überhaupt keine modernen Geräte. Tristan da Cunha war eine Robinsonade, ein Relikt aus dem 19. Jahrhundert.

Bis dann 1961 der Vulkan ausbrach – nicht aus dem Krater ganz oben, sondern aus einer neuen Öffnung oder einer Erdspalte, die weniger als 300 Meter von der Siedlung entfernt ist. Obgleich der Ausbruch gemäßigt war, mit einem VEI von 2, gab es keine andere Wahl als die Insel zu räumen. Ihre Bewohner wurden zunächst nach Kapstadt gebracht und von dort nach England, wo sie fast zwei Jahre zubrachten, ziemlich unglücklich. Die englische Regierung erlaubte ihnen dann schließlich 1963 widerwillig, die fragwürdigen Vorteile des 20. Jahrhunderts wieder aufzugeben, und sie kehrten zurück zu ihren Tieren nach Tristan. Ihre Insel hatte sich indes verwandelt, und das traf auch für die Bewohner zu.

––––––

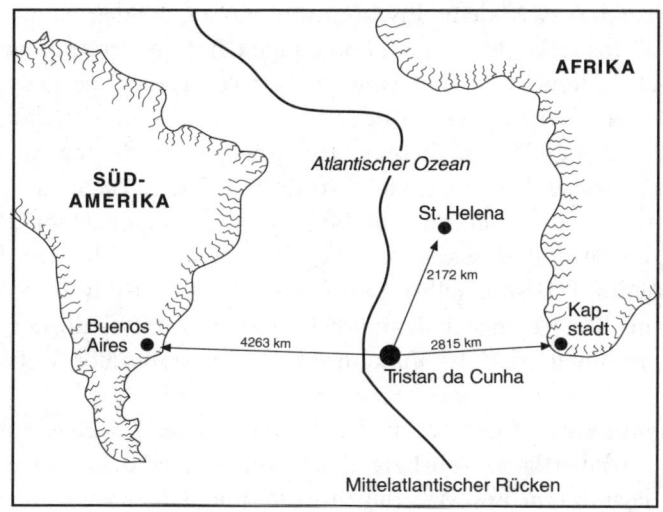

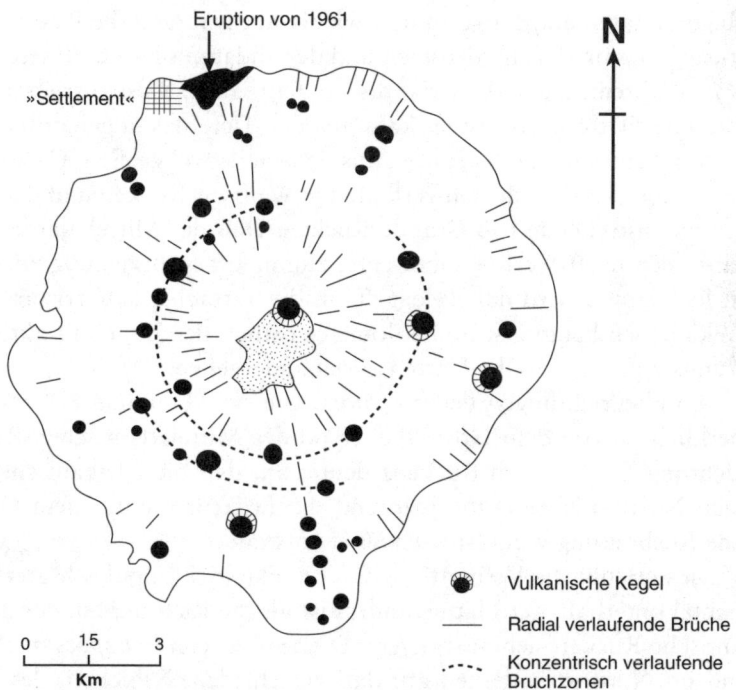

ABB. 8-1 *Oben:* Tristan da Cunha liegt mitten im Südatlantik, weit entfernt von jeder bewohnten Insel.
Unten: Tristan da Cunha ist der Gipfel des Vulkans. Eine Anzahl von vulkanischen Kegeln bildeten sich an konzentrischen wie auch auf radialen Bruchzonen.

191

Tristan da Cunha, zwei kleine Inseln unweit davon, die den Namen »Nightingale« und »Inaccessible« tragen, und einige damit in Verbindung stehende untergetauchte Berge sind Teil eines Vulkankomplexes, der aus Emissionen von geschmolzenem Gestein oder Magma nahe dem Mittelatlantischen Rücken hervorging. Da an diesem Ozeanrücken die Platten auseinanderdriften, treibt dieser Komplex nach Nordosten. Die ältesten Lavareste, die auf einer der Inseln freiliegen, auf Nightingale, sind ungefähr 18 Millionen Jahre alt. Auf Inaccessible ist die Lava etwa 6 Millionen Jahre alt, Vulkangestein auf Tristan selbst zwischen 700 000 und bis zu 3 Millionen Jahre. Die großen Mengen vulkanischen Materials unterhalb der Insel lassen jedoch vermuten, daß der Vulkanismus auf Tristan schon viel früher begann.

Man nimmt an, daß der Archipel auf einem *hot spot* liegt – er bildet also die an der Erdoberfläche spürbare Erscheinung einer heißen Blase, die im Erdmantel liegt und heißes Material enthält – und daß er seit wenigstens 120 Millionen Jahren ortsfest ist. Der Inhalt dieser heißen Blase im Erdmantel, Magma, nahm an Menge zu und wieder ab, während die Platten in der Erdkruste langsam darüberdrifteten und der Südatlantik sich öffnete (Abbildung 8-2). Während die Südamerikanische Platte nach Westen trieb und die Afrikanische Platte nach Osten, kam aus der Tiefe das angehäufte vulkanische Material eines *hot spots* empor, aus dem sich zwei größere Ozeanrücken bildeten: der nach Nordosten verlaufende Walfisch-Rücken und der dem Nordwesten zustrebende Rio-Grande-Rücken. Daß der Mittelatlantische Rücken selbst sich nach Westen zubewegte, zumindest in Beziehung zu dieser Blase im Erdmantel, wird nahegelegt durch die Tatsache, daß Tristan, ein aktiver Vulkan, sich heute fast 500 Kilometer östlich der Zone mit aktivem Vulkanismus befindet, wo die Platten auseinandergehen.

Die Fließrichtungen der *hot spots*, wie sie Abbildung 8-2 zeigt, weichen merklich ab von dem Nord-Süd-Trend des Mittelatlantischen Rückens. Die Richtung des Walfisch-Rückens deutet an, daß die Afrikanische Platte sich nach Nordosten bewegte, während die Erdkruste unter dem Ozean durch eine Ausbreitung von Ost nach West entstand.

Dies erlaubt die Vermutung, daß die Fließrichtung des Materials im Erdmantel unterhalb der Platten anders ist als die Richtung, in der der Mittelatlantische Rücken sich ausbreitete. Die Spuren von *hot spots* im Nordwesten und im Nordosten deuten an, daß verschiedene Schichten des Erdmantels sich in verschiedene Richtungen bewegt haben müssen.

Während die Lithosphäre – also die Erdkruste und der feste äußere Mantel – sich in Ost-West-Richtung ausbreitete, bewegte sich die leichter biegbare Asthenosphäre darunter in nördlicher Richtung. Aus diesen unter-

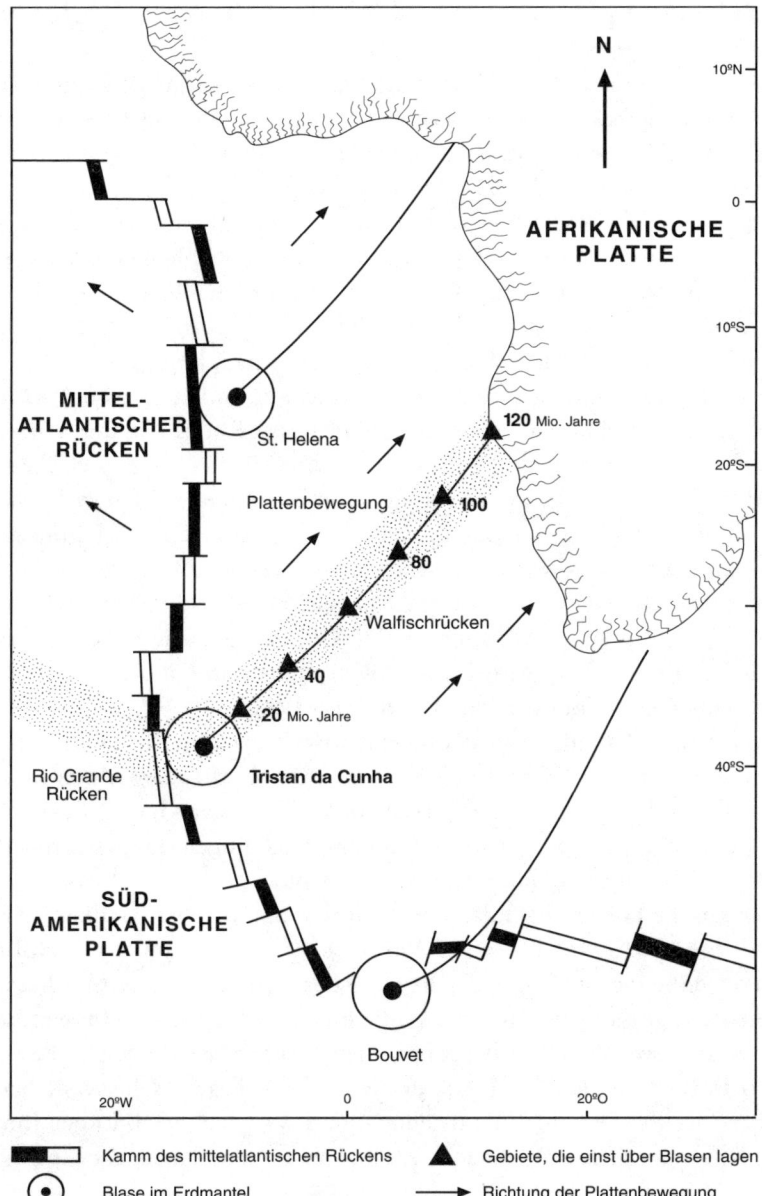

N

10°N

0

**AFRIKANISCHE
PLATTE**

10°S

**MITTEL-
ATLANTISCHER
RÜCKEN**

St. Helena

120 Mio. Jahre

20°S

Plattenbewegung

100

80

Walfischrücken

40

20 Mio. Jahre

Tristan da Cunha

40°S

Rio Grande
Rücken

**SÜD-
AMERIKANISCHE
PLATTE**

Bouvet

20°W   0   20°O

| ▬ | Kamm des mittelatlantischen Rückens | ▲ | Gebiete, die einst über Blasen lagen |
| ⊙ | Blase im Erdmantel | → | Richtung der Plattenbewegung |

ABB. 8-2 Die tektonische Struktur von heißen Blasen im Erdmantel nahe dem Atlantischen Rücken. Hier sind auch die Routen eingetragen, auf denen zu verschiedenen Zeiten in der Vergangenheit die Ausbreitung über die Hot spots hinweg vor sich ging, als die Afrikanische Platte sich nach Nordosten bewegte. Die Zahlen zeigen Millionen Jahre an. Nach O'Connor u. le Roex, South Atlantic Hotspot-Plume Systems, S. 356.

schiedlichen Bewegungen entstand die heutige Lage dieses *hot spot* (wie in Abbildung 8-2 gezeigt).

Die ältesten Vulkangesteine, die mit der Blase im Erdmantel unter Tristan in Verbindung gebracht werden können, findet man in Brasilien (im sog. Paraná-Flutbasalt) und in Ostafrika (im Etendeka-Flutbasalt). Vor 120 Millionen Jahren, als Südamerika und Afrika noch in Verbindung zueinander standen und die heiße Blase durch die Lithosphäre stieß, flossen riesige Lavamengen zusammen. Das Emporstreben von mehreren heißen Blasen in der Nähe von Tristan da Cunha, St. Helena und bei der kleinen Insel Bouvet (siehe Abbildung 8-2) half wahrscheinlich mit, daß die Südamerikanische und die Afrikanische Platte sich voneinander trennen konnten.

Der Vulkan Tristan ist symmetrisch aufgebaut und zeigt eine Anordnung von typischen Furchen, die wie die Speichen eines Rades von der Mitte (dem Gipfel) her zur Peripherie laufen. An der Erdoberfläche zeigen sich diese Furchen als tiefe Einschnitte, in den meisten von ihnen fließen Gebirgsbäche zum Meer hinunter. Viele dieser Bachbetten waren zeitweise mit Magma gefüllt, das in dünne Felsgebilde erstarrt ist, die sog. *dikes* oder Lagergänge. Über einigen der Einschnitte, wo das Magma bis zur Erdoberfläche reichte, normalerweise weiter unten, entwickelten sich kleine vulkanische Kegel (Abbildung 8-1, unten). Es gibt hier mehr als 20 solcher Kegel, die meisten bestehen aus zerborstenem Material oder pyroklastischen Stoffen.

Die zentrale Öffnung des Vulkans hat sowohl basaltische (silikatarme) als auch trachytische (silikatreiche) Laven und pyroklastisches Material ausgestoßen. Die zähflüssigeren trachytischen Laven bilden die steileren oberen Abhänge nahe dem Gipfel, während die dünnerflüssigen Basaltströme an den weniger steilen unteren Hängen anzutreffen sind.

Geologische Forschungen lassen vermuten, daß die letzte vulkanische Aktivität – vor 1961 – vor nur etwa 200 oder 300 Jahren am Stony Hill Kegel stattfand, nahe der Südküste der Insel. Da es von dieser Eruption keine historischen Zeugnisse gibt, muß man annehmen, daß sie in den langen Pausen geschah, also zwischen den Besuchen europäischer Seefahrer. Die Bewohner von Tristan waren sich 1961, als der Vulkan ausbrach, sehr wohl bewußt, daß ihre Insel aus einem Vulkan entstanden war, hielten ihn aber für erloschen. Sein neuerlicher Ausbruch war für sie erstaunlich und beängstigend.

Tristan da Cunha wurde 1506 von einem portugiesischen General mit Namen Tristão da Cunha entdeckt. Diese Insel war damals menschenleer, und das blieb so während der nächsten 280 Jahre, obschon im 17. Jahrhundert zwei oder drei niederländische Seefahrer aus Südafrika sich die Insel anschauten, ob sie nicht als Marinestützpunkt dienen könnte. In ihren Berichten verneinten sie dies, zweifellos deswegen, weil sie hier keinen natürlichen Hafen finden konnten und wegen der gefährlichen Strömungen und der launischen Witterung in dieser Gegend. Ein Jahrhundert später, 1760, kam ein Schiff zu diesem Archipel, das der englische Kapitän Gamaliel Nightingale befehligte. Die kleinere der beiden Inseln trägt heute seinen Namen. Und 1778 bezeichnete ein französischer Kapitän die dritte Insel als »Inaccessible« (d.h. unzugänglich), nachdem er vergeblich versucht hatte, zwischen den sich auftürmenden schwarzen Basaltkliffs, die die dritte Insel umgeben, einen Landeplatz zu finden.

Der Tristan-Archipel blieb also ein ungestörtes Paradies für eine große Anzahl von Tieren: für Robben, See-Elefanten, Pinguine und viele Arten von Wasservögeln, es wimmelte ringsumher von Walen und vielerlei Fischarten. Als man davon, zwangsläufig, eines Tages auch in zivilisierten Gegenden erfuhr, kamen im Verlauf des 18. und frühen 19. Jahrhunderts kleine Gruppen, und einzelne Männer blieben eine Zeitlang auf Tristan, um dort nach Robben zu jagen, der Pelze wegen, und nach See-Elefanten, deren Tran sie einschmolzen.

Inzwischen kamen mehr und mehr amerikanische und europäische Seeleute, deren segelgetriebene Schiffe die »roaring forties«, die hier, zwischen dem 40. und 50. Breitengrad herrschten – die oft heftigen Westwinde – ausnützen wollten, um damit das Kap der Guten Hoffnung schnellstmöglich und sicher zu umrunden und rasch zu den Häfen im südlichen Asien und zu den Ostindischen Inseln vorzustoßen. Der hohe, konisch geformte Kegel von Tristan da Cunha war ihnen bald vertraut, er bildete für sie eine willkommene Landmarke in diesen endlosen, gesichtslosen Gewässern. Walfänger, und während des Englisch-Amerikanischen Krieges von 1812 auch Kriegsschiffe, gingen bisweilen hier vor Anker, um Wasser an Bord zu nehmen und vielleicht kleine Ausbesserungen vorzunehmen.

Die ersten, die Tristan da Cunha dauerhaft besiedelten, waren vier Männer, deren Anführer Jonathan Lambert hieß, aus Salem, Massachusetts. Sie landeten 1810 auf dieser Insel und versprachen sich davon einen Profit, wenn vorbeifahrende Schiffe hier kleine Reparaturen vornehmen würden und sie den Besatzungen Wasser und Essen verkauften. Lambert und zwei seiner Gefährten gingen jedoch über Bord, als sie einmal zum Fischen auszogen; der einzige Überlebende aus ihrer Gruppe war ein Italiener namens Tomasso Corri, er verbrachte mehrere Jahre auf Tristan.

Im Jahr 1816 siedelte Großbritannien auf Tristan eine Garnison an, um jeden Versuch der Franzosen abzuwehren, diese Insel als Basis zu verwenden für einen Versuch, Napoleon Bonaparte aus seinem Exil in St. Helena zu befreien. Die Briten zogen indes diese Garnison ein paar Monate später wieder ab, weil sie offenbar erkannt hatten, daß Tristan von St. Helena zu weit entfernt war, um wirklich für die Franzosen von Nutzen zu sein. Einer von ihnen, ein Feldwebel namens William Glass, erhielt die Erlaubnis, mit seiner jungen Frau, einer fünfzehnjährigen Niederländerin aus Südafrika, auf der Insel zu bleiben. Zwei Zivilisten aus dem Umkreis der Garnison entschieden sich gleichfalls dafür, sich hier niederzulassen.

Diese drei Männer entwarfen ein Schriftstück, in dem sie niederlegten, daß alles, was sie besaßen, von ihnen gemeinsam verwendet würde, daß die Gewinne aus den Verkäufen ihrer Produkte zu gleichen Teilen aufgeteilt werden würden, daß sie alle Arbeiten auf der Insel gemeinsam erledigen würden und daß sie sich alle als Gleiche betrachteten. Dieses Dokument wird heute im Britischen Museum in London aufbewahrt, es verkörpert den Geist von Gemeinschaft und harmonischem Miteinander, wie er das Leben auf Tristan da Cunha seither auszeichnet.

Das Leben auf dieser abgelegenen Insel kann für diese kleine Gruppe nicht einfach gewesen sein. Die Männer verdienten sich ihren Lebensunterhalt, indem sie Robbenfelle und das Öl von See-Elefanten an Matrosen auf vorbeifahrenden Schiffen verkauften, und Feldwebel Glass und seine junge Frau versuchten die Langeweile zu bekämpfen, indem sie 16 Kinder in die Welt setzten, 8 Jungen und 8 Mädchen. Schiffbrüchige Matrosen verschlug es gelegentlich hierher, sie vergrößerten die Einwohnerschaft. Einige von ihnen blieben und nahmen eine von Glassens Töchtern zur Frau. Andere heirateten Frauen, die 1827 ein Kapitän mitgebracht hatte: Er hatte von einer Reise nach St. Helena ein paar Freiwillige mitgebracht, fünf Frauen, mit sehr unterschiedlichem Hintergrund, die allesamt an ihrem neuen Wohnort einen Ehemann fanden.

Die meisten Söhne der Glass gingen an Bord amerikanischer Walfänger, und einige ließen sich eines Tages in New London, Connecticut, nieder, damals ein bedeutender Hafen für Walfänger. Andere führten ihre Frauen mit sich nach Hause, nach Tristan da Cunha. All diese »Trist'ns«, die dann 1961 für einige Zeit die Insel verlassen mußten, stammten von diesen frühen Siedlern ab.

Tristans Wirtschaft beruhte auf Tauschhandel, und sie gedieh anfangs prächtig, auf ihre bescheidene Art. Man handelte mit den Besatzungen der vielen Segelschiffe, die an der Insel vorbeikamen. Die Inselbewohner gingen nicht nur auf Fischfang, sie hielten sich auch einige Schafe und Rinder, und sie bauten Kartoffeln an. Sie teilten eine fruchtbare Fläche, etwa 3 Kilometer südwestlich von der Siedlung, in kleine Felder auf, die sie mit niedrigen Steinmauern voneinander abtrennten. Jedes dieser Felder brachte vielleicht einige Zentner Kartoffeln im Jahr. Frances Repetto, dessen Wort in der Inselgemeinde etwas galt, pflegte zu sagen, daß »jeder auf Tristan da Cunha damit sein Auskommen haben kann, wenn er seine Kartoffeln anbaut, nach vorne blickt und sich für einen Regentag etwas beiseite legt«.[2]

Sobald ein Schiff in Sichtweite kam, ließen die Insulaner alles stehen und liegen, beluden, wenn das Wetter es erlaubte, ihre Boote mit ihren Handelswaren, säckeweise Kartoffeln, Robbenfelle, See-Elefantenöl und ein paar weiteren Kleinigkeiten, mit denen sie handelten, und was sie eben sonst noch anzubieten hatten. Gleich neben ihrem Settlement an der Küste setzten sie sich in die Boote und ruderten durch die Brandung hinaus, um das Schiff anzuhalten, in der Hoffnung, andere Güter eintauschen zu können: Kleidung, Werkzeuge, Holz, Eisenwaren und haltbare Nahrungsmittel.

Die Insulaner verwendeten Lifeboats oder andere kleine Boote, die sie von verunglückten Schiffen hatten, entwickelten aber selbst im Laufe der Jahre eine Art kleines offenes Boot, das einzigartig geeignet war für ihre Lebensumstände. Da es auf ihrer Insel keine Bäume gab und folglich auch kein Holz, zogen sie kräftige Leinwand über einen Rahmen – dazu nahmen sie irgendein Stück Holz her, das sie bekommen hatten, vielleicht sogar aus dem Wrack eines Schiffes. Ihre Boote, bis zu 6 Meter lang, waren leichtgewichtig, aber solide gebaut, seetüchtig, und der Rahmen war so flexibel, daß er den kräftigen Wellen der Brandung standhielt.

Zwangsläufig waren die Bewohner von Tristan ausgezeichnete Seeleute. Trotz des launischen Wetters, schwieriger Ströme in Küstennähe und des ständigen Wellengangs an ihren Küsten kamen erstmals im November 1885 Menschen aus ihrer Mitte bei einem Bootsunfall ums Leben. Damals verschwanden 15 Männer in einem Lifeboat, mit dem sie, mit Handelsgütern an Bord, aufs Meer hinausfuhren, um zu einem Schiff zu kommen, das sie mehrere Kilometer vor der Küste gesichtet hatten. Dabei geschah die Tragödie. Was genau dem Boot widerfuhr, bleibt bis heute ein Geheimnis. Die Inselbewohner meinten, sie hätten noch gesehen, wie es an dem Schiff anlegte; aber der Kapitän behauptete, er habe das Boot sich nähern sehen, aber es sei verschwunden, bevor es sein Schiff erreichte. Wie immer es auch gewesen sein mag, diese 15 Männer, von denen 10 verheiratet waren, kehrten nie zurück – für die kleine Gemeinde mit ihrem engen Zusammenhalt war es ein schrecklicher Schicksalsschlag.

Spät im 19. Jahrhundert, als das Zeitalter der Segelschiffe zu Ende ging und immer mehr dampfgetriebene Schiffe fuhren, kam an Tristan da Cunha immer weniger Schiffsverkehr vorbei. Die Schiffe waren nicht mehr angewiesen auf die kräftigen Westwinde, die »roaring forties«, wenn sie zum Kap der

Guten Hoffnung wollten; die Schiffe aus Europa und Nordamerika nahmen jetzt einen direkteren Weg. Nach den Entdeckungen von Öl in Pennsylvania, 1859, begann die Walfangindustrie zu schrumpfen, immer weniger Walfänger wurden vor Tristan gesichtet. Die entlegene Insel geriet vollends in Isolation, und ihre Einwohner mußten sehen, wo sie blieben. Gegen Ende des 19. Jahrhunderts verließ fast die halbe Einwohnerschaft die Insel, viele waren nach dem Vorfall mit dem untergegangenen Boot einfach verzweifelt. Bis 1891 waren nur noch 63 Menschen auf der Insel zurückgeblieben.

Zwischen 1886 und 1907 entsandten die Engländer mehrere Beamte nach Tristan, in der Hoffnung, die Inselbewohner würden nach Südafrika auswandern. In London hatte man das Gefühl, eine kleine Kolonie auf einer entlegenen Insel zu unterhalten bringe mehr Nachteile als Vorteile. Einige wenige der Insulaner gaben nach und erklärten sich zur Auswanderung bereit; aber die meisten weigerten sich, ihre Heimat zu verlassen und ihren Lebensstil aufzugeben, sie mißtrauten der für sie so unbekannten Welt.

In den 1940er Jahren, im Zweiten Weltkrieg, endete für Tristan die Isolation. Die Briten siedelten jetzt eine Marinegarnison hier an, und einige Offiziere brachten ihre Familien mit auf die Insel. Tristan bekam seine erste Schule. Die Kantine in der Kaserne stand auch den Inselbewohnern offen. Mit dem Geld, das sie beim Bau und bei der Unterhaltung der Marinestation verdienten, konnten sie jetzt viele Dinge kaufen, erst in dieser Zeit wurden sie mit Geld richtig vertraut.

Nach Kriegsende gab London diese Marinestation wieder auf; jetzt errichtete die Regierung Südafrikas eine meteorologische Station auf der Insel. Zwischen Kapstadt und der Insel setzte ein regelmäßiger Funkverkehr ein, und auch Schiffe mit Vorräten an Bord legten regelmäßig an. In Tristan da Cunha begann das 20. Jahrhundert.

Jetzt begann sich sogar die fischverarbeitende Industrie in Kapstadt für die Gewässer rund um Tristan zu interessieren. Es gab eine Menge Krebse auf der Insel, für die auf dem amerikanischen Markt eine rege Nachfrage bestand. 1948 entstand die »Tristan da Cunha Development Company«, die einzige fischverarbeitende Fabrik auf der Insel. Unweit des Settlements entstand 1949 eine Konservenfabrik, sie schloß später noch eine Kühlfabrik an.

Zwei moderne Fischereischiffe fuhren jetzt durch die Gewässer nahe der Insel. Die Männer aus Tristan arbeiteten auf diesen Schiffen, die Frauen in der Kühlfabrik. Die Industrie brachte, zum ersten Mal, ein gewisses Maß an Wohlstand nach Tristan da Cunha – und sie machte dem von den Insulanern so geschätzten Zustand einer angenehmen Herrschaftslosigkeit ein Ende. 1950 setzte die englische Regierung einen Verwalter ein, der die Beziehungen zwischen der Bevölkerung von Tristan und der Entwicklung der Industrie beobachten sollte. Seine Position brachte es mit sich, daß der Verwalter bald wie ein Gouverneur fungierte.

Obwohl nun die Segnungen des 20. Jahrhunderts zu ihnen gekommen waren, begrüßten die Inselbewohner dies nicht aus vollem Herzen. Die meisten zogen ihre alten Vorstellungen und ihren Lebensstil dem regulären Arbeitsplatz in »der Firma« vor. Sie bestellten weiterhin ihre Kartoffelfelder und halfen sich gegenseitig bei ihren Gemeinschaftsaufgaben. Wie einer von ihnen einmal sagte: »Wenn du unter jemandem arbeitest, ... nun, dann mußt du's machen, damit ein anderer damit zufrieden ist, nicht du selber. Aber auf Tristan arbeite ich, damit ich selbst zufrieden bin.«[3] Die alten »Trist'ns« beharrten dickköpfig auf ihrer alten Lebensart und blieben auch bei ihren Vorstellungen, die sie auf ihrer Insel am Leben gehalten hatten und die ihnen fast 150 Jahre lang geholfen hatten.

———

Dann wachte jedoch der Vulkan wieder auf. Eine erste Warnung von Turbulenzen in der Erde kam am 6. August 1961, in Tristan war das mitten im Winter. Ein Erdbeben, dessen Stärke man auf der Richter- Skala zwischen 3 und 4 ansetzte, erschütterte das Settlement. Die Fensterscheiben schepperten, und das Geschirr fiel aus den Regalen – das war das erste Mal, daß so etwas auf der Insel passierte. Am 8. und 9. August war weiteres Rumoren zu vernehmen, und am 9. kam es in rascher Abfolge zu sechs Erdbeben.

In den letzten Augusttagen 1961 wurde das Settlement wenigstens zwei- oder dreimal täglich kräftig durchgeschüttelt. Am 17. September 1961, einem Sonntag, geschah das bislang stärkste Erdbeben, während die Inselbewohner gerade in der Kirche zur Abendandacht beisammen waren. Peter Wheeler, der englische Verwalter, schrieb: »Plötzlich wackelten die Wände und der Fußboden und ... das Dach drohten einzustürzen.«[4]

Sofort sandte Wheeler die Nachricht nach Kapstadt und London. Man versicherte ihm, daß keine Gefahr bestünde. Trotzdem veranlaßte er eine Untersuchung, um das Ausmaß der Störungen zu ermitteln. Eine Gruppe fuhr mit einem Fischerboot nach Nightingale, andere suchten in verschiedenen Teilen der Insel nach Zeichen von seismischen Aktivitäten. Sie fanden nichts. Die Erdbeben waren nur in der unmittelbaren Umgebung des Settlements zu spüren.

Anfang Oktober 1961 erreichten die Beben einen Höhepunkt. Sie schienen stärker zu werden, vermutlich nicht deswegen, weil sie jetzt tatsächlich intensiver waren, sondern weil sich Erdspalten geöffnet hatten, die nur wenig in die Tiefe reichten. Große Felsbrocken kamen von den hohen Felswänden hinter dem Settlement donnernd herunter, und ein Erdrutsch schnitt den Ort von seinem Wasserwerk ab.

Unterhalb des Settlements, in der Erde, stieg offenbar Magma nach oben und hob die Erde empor, so daß im Erdboden – und auch in den Wänden der Häuser – Risse entstanden. Am 9. Oktober öffnete sich etwas östlich des Settlements ein ungefähr 240 Meter langer und vielleicht 2 Meter breiter Riß in der Erde. Ein weidendes Schaf fiel an einer Stelle hinein und purzelte etwa drei Meter tief hinab. Das Tier blutete stark und versuchte, wieder herauszuklettern, aber die Wände waren zu steil. Dann begann sich der Boden dieser Spalte langsam anzuheben, und als er das gleiche Niveau hatte wie der Boden ringsumher, gelang dem Schaf der Ausstieg, und es setzte sein Grasen fort, als ob nichts geschehen wäre. Diese Geschichte könnte frei erfunden sein, illustriert aber gut, wie sich plötzlich ein Spalt öffnen und Magma darin langsam emporsteigen kann.

An der Seite der Spalte, die näher dem Meer lag, begann die Erde gleichfalls anzusteigen und in weniger als zwei Stunden hatte sie einen Hügel gebildet, der ungefähr 6 Meter hoch war und im Durchmesser 10 Meter betrug. Er stieg weiter an, und am nächsten Morgen, am 19. Oktober, war er 18 Meter hoch, sein Durchmesser betrug jetzt unten 50 Meter. Ein kleiner Vulkan war neu geboren (Abbildung 8-1, unten). Sein Rot spiegelte sich in den Wolken von weißem Dampf, die nach oben zogen, und während der Nacht glühte er kräftig rot und ließ Schlimmes ahnen.

Die Männer von Tristan, die um die Sicherheit ihres Ortes fürchteten, trafen sich am Nachmittag des 9. Oktober im Gemeindezentrum und faßten einen Plan, möglichst umgehend abzureisen. Sie alle, Alte wie Junge, hatten kaum mehr bei sich als die Kleidung, die sie am Körper trugen, sie zogen jetzt auf die drei Kilometer entfernten Kartoffelfeldern hinaus. Sie funkten zu den Fischern auf die Boote und sagten ihnen, sich bereit zu halten, am nächsten Morgen nach Nightingale hinüberzufahren und die Bevölkerung dorthin zu evakuieren. Sie blieben diese Nacht draußen auf ihren Feldern, suchten Schutz vor den kalten Winterwinden, so gut sie konnten – in Gräben, an der dem Wind abgewandten Seite, sie kuschelten sich zwischen den Steinwänden aneinander, ja einige schlüpften sogar in leere Fässer. Ein paar unbeheizte Hütten boten den Alten, den sehr Jungen und den Hinfälligen eine ungemütliche Bleibe.

Sie wollten eigentlich am nächsten Morgen mit den Fischerbooten von der Küste, nahe den Feldern, die Boote besteigen, aber die heftige Brandung machte dies unmöglich. Am 10. Oktober schlugen die mürbe gewordenen Menschen noch einmal den Weg zum Settlement ein. Die daneben befindliche Küste wurde zwar später von Lava überschwemmt, war aber an diesem Tag noch frei. Der Vulkan hinter ihnen donnerte gewaltig und gab einen feurigen und beängstigenden Hintergrund ab, während die Männer in ihren einfachen Leinwandbooten ihre Freunde und Familien zu den draußen wartenden größeren Fischerbooten beförderten, die dann ihrerseits die ängstlichen Flüchtlinge nach Nightingale in Sicherheit brachten, zumindest für eine Zeitlang.

Zufällig war ein niederländischer Ozeandampfer in der Nähe. Als die Besatzung über Funk davon erfuhr, machte sie am nächsten Tag den kleinen Umweg nach Nightingale und brachte die Insulaner mit ihren Siebensachen nach Kapstadt. Die Leute aus Tristan wurden dort freundlich empfangen; aber zu ihrem Erstaunen, und zu ihrem Ärger, mußten sie erfahren, daß sie hier nicht lange bleiben sollten. Die Behörden in London, die Tristan da Cunha noch immer als eine postkoloniale Belastung empfanden, erblickten in dem Vulkanausbruch »eine gottgewollte Gelegenheit, dieses Problem loszuwerden«, wie ein Bürokrat sagte.[5] Ohne sich mit den Inselbewohnern zu beraten, entschieden die Behörden, die ganze Gruppe für immer in England anzusiedeln. Nur vier Tage nach ihrer Ankunft in Kapstadt wurden die unglücklichen Flüchtlinge auf ein anderes Schiff gebracht und nach England verfrachtet.

Am 12. Oktober 1961 besuchten englische Forscher die Insel und fanden, daß der Hügel neben dem Settlement eine Reihe von Kratern hervorgebracht hatte, aus denen Fontänen glühendheißer Schlacken emporschossen. Zwei Tage später war der Hügel mehr als 70 Meter hoch und nahm eine Fläche von anderthalb Hektar ein. Die Lava begann ins Meer hinabzuströmen, und bis Ende Oktober hatte sie die Fischfabrik begraben.

Der Hügel wuchs langsam, aber beständig weiter. Mitte Dezember war er schon mehr als 150 Meter hoch. Einer der Krater ganz oben sandte alle zehn Minuten eine weiße Wolke aus, begleitet von einem lauten Donnern. Lavabomben schossen fast 30 Meter in die Höhe. Ein zweiter Krater öffnete sich und stieß in regelmäßigen Abständen eine gelbgraue Schwefelwolke aus.

In geringer Entfernung vom Settlement, nach Süden zu, entstand nun in einem sumpfigen Terrain ein zweites Eruptionszentrum. Hier wurden große Mengen von heißem Schlamm ausgestoßen und auch gelbbraune Dämpfe, die sich von den weißen Wolken aus dem gerade ganz neu entstandenen Hügel scharf abhoben. Diese Eruption hörte zwei Tage später wieder auf und hinterließ reiche schwarze Erde.

Als man den 5. Januar 1962 schrieb, war die zum Meer hin abfließende Lavafront ungefähr 1200 Meter breit. Das Vulkangeschehen hielt noch den ganzen Februar und März über an, dann ließ es langsam nach. Bevor die Eruption gänzlich zum Erliegen kam, hatte die Lava die Kühlfabrik vollkommen zerstört und die Küsten überschwemmt, wo die Insulaner bisher immer ihre Boote ins Wasser gebracht hatten.

Vulkanische Ablagerungen aus dieser Eruption berührten zuletzt fast 60 Hektar Land auf dem Gebiet des Settlements. Der größte Teil des Settlements war jedoch frei geblieben. Der Lavastrom bedeckte 8 Hektar, die pyroklastischen Fluten 32 Hektar Land. Schwefelhaltige Dämpfe hatten der Vegetation auf dem Rest der Gegend ziemlich übel zugesetzt. Überreste von früheren Eruptionen in anderen Teilen der Insel lassen vermuten, daß die Insel in den nächsten Jahrhunderten keine Vegetation mehr hervorbringen würde. Alles in allem war der Ausbruch auf Tristan zwar eher klein und eigentlich nicht sehr heftig gewesen, aber er änderte gerade die Örtlichkeit ganz gewaltig, die den Bewohnern dieser Insel fast 200 Jahre lang als Wohnstätte gedient hatte.

———

Die Leute aus Tristan trafen in England am 3. November 1961 ein. Die englischen Behörden gaben den Bitten der Insulaner, die um jeden Preis zusammenbleiben wollten, nach und brachten sie für einige Zeit in Quartieren in einem leerstehenden Armeelager in Surrey unter, südlich von London. Dort, im Pendell Camp, lebten sie also in einer Kaserne, wo man kaum je ungestört sein konnte. Für einen Neuanfang in einer vollkommen unbekannten Welt war es ein trostloser Ort.

Amtliche Einrichtungen und wohltätige Institutionen gaben ihnen finanzielle Hilfe und taten alles, daß die »Trist'ns« sich einleben konnten, und in kurzer Zeit fand man auch Arbeitsplätze für sie, für die meisten zumindest, die noch arbeiten konnten. Sie wurden gegen die üblichen Infektionskrankheiten geimpft, litten aber in diesem Winter trotzdem an Erkältungen, an Infektionen der Atemwege und Grippe, vier starben an Lungenentzündung. Vieles machte ihnen Kummer: der Arbeitsplatz, das Geld, ihre verlorene Heimat auf Tristan und überhaupt ihre Zukunft – und das machte das Eingewöhnen noch schwieriger.

Es wurde weiterhin nach Möglichkeiten gesucht, die Leute aus Tristan besser unterzubringen, und im Januar 1962 schaffte man sie in andere amtliche Unterkünfte, in Calshot, an der englischen Südküste bei Southampton. Dort bekam jede Familie in Quartieren, die zuvor von Familien von Offizieren der Royal Air Force bewohnt waren, ein möbliertes Haus. Eigentlich bildeten sie dort eine kleine Gemeinde für sich.

Trotzdem bestanden einige Probleme auch weiterhin. Sie machten sich Sorgen um ihre Gesundheit, die Finanzen und ihre Rückkehr nach Tristan da Cunha, wie auch über Verbrechen – dies war eine Seite der modernen Zivilisation, die ihnen völlig neu war. Es kam zu Zusammenstößen mit halbstarken Rowdies aus dem Nachbarstädtchen, und sie fingen an, Fremden mit Mißtrauen zu begegnen. Sie lasen in der Presse über Diebstähle und Morde in englischen Städten, und sie bekamen Angst, ihre Häuser zu verlassen.

Im Lauf der Zeit bekamen sie immer mehr Zweifel, was die Regierung mit Blick auf ihre Heimkehr nach Tristan wirklich vorhatte. Die Briten hatten im Winter davor eine wissenschaftliche Expedition nach Tristan gesandt, und im April übermittelte diese günstige Nachrichten – der Ausbruch sei zu Ende, das Settlement zum größten Teil unversehrt, das Vieh habe alles gut überstanden, es ginge ihm gut – aber die Beamten wußten nicht zu sagen, wann die Flüchtlinge zurückkehren konnten. »Die können uns doch nicht einfach hierbehalten – oder etwa doch?«, fragte eine Frau verzweifelt.[6] Einen Monat später verfaßten sie, des Wartens müde geworden, gemeinsam einen Brief an das Britische Kolonialamt, in dem sie ihren Wunsch nach Rückkehr zum Ausdruck brachten und die Behörden um eine Transportmöglichkeit baten. Was sie als Antwort bekamen, waren bürokratische Ausflüchte. Man vertröstete sie mit der Ausrede, diese Entscheidung müsse höhernorts getroffen werden. Im Juli 1962 schrieben sie verzweifelt einen zweiten Brief. Diesmal baten sie nicht um Erlaubnis, abreisen zu dürfen; sie schrieben, sie würden jetzt gehen, und falls das Kolonialamt ihnen nicht helfen würde, dann würden sie eben selbst für Transportmittel sorgen. Sie betonten, wie wichtig es für sie war, bald nach Tristan zurückzukehren, weil sie sich vor dem Herbst um die Kartoffelernte kümmern mußten.

Die Regierung antwortete, ein zweites wissenschaftliches Team werde Tristan im Herbst aufsuchen, um die Sicherheit der Insel einzuschätzen. Man könne keine Entscheidung über ihre Rückkehr treffen, solange nicht ihr Bericht vorläge. Die amtliche Version lautete, der Vulkan sei weiterhin gefährlich. Da er aber zu speien aufgehört hatte, konnten die Insulaner nicht verstehen, wie ihre Insel, Tristan, gefährlicher sein konnte als England mit seinen Verbrechen und seinen Verkehrsunfällen, von denen sie tagtäglich in der Zeitung lasen.

Die Insulaner beraumten in Calshot ein Treffen an. Sie trafen die Übereinkunft, daß zwölf aus ihrer Mitte sogleich, als eine Art Vorhut, auf die Insel zurückkehren würden, um die Insel für die Heimkehr der anderen vorzubereiten. Als die Männer jedoch in Southampton Schiffskarten kaufen wollten, verweigerte man ihnen dies. Erst etwas später machte das Kolonialamt eine Wende, vielleicht fürchtete es die Veröffentlichung in den Medien; es berief eine Versammlung in Calshot ein und verkündete, sie würden sich um die Passage der zwölf Männer kümmern. Der Plan, ein zweites wissenschaftliches Team zu entsenden, wurde aufgegeben.

Allerdings gab es noch immer einen Pferdefuß – ein Regierungsmensch würde die Vorhut begleiten und dem Kolonialamt über die Sicherheit auf Tristan berichten. Eine endgültige Entscheidung würde erst dann getroffen werden, wenn die Regierungsstelle seinen Bericht gelesen hatte. Die Verwaltung war also nicht geneigt, sich auf das Urteil der Insulaner über die Sicherheit ihrer Insel zu verlassen. Trotzdem jubelten die »Trist'ns« vor Freude. Sie konnten jetzt nach Hause zurückkehren, wenigstens einige von ihnen, und sobald sie dort waren, da waren sie sich ganz sicher, würde es niemandem mehr gelingen, sie von ihrer Insel wegzubringen.

Die Vorhut traf am 8. September 1962 ein. Sie fanden ihre Siedlung zum größten Teil unversehrt, nur ein Haus hatte schweren Schaden genommen. Ihr Vieh hatte nicht nur überlebt, sondern sich sogar um etliche Kälber vermehrt. Ihr alter Anlegeplatz an der Küste war von der Lava überflutet worden, aber ganz in der Nähe hatte sich aus vulkanischem Schutt eine neue Stelle gebildet. Die Lava war immer noch warm, und der neue Krater blies noch immer Dampf aus; aber es gab keinen Zweifel, die Eruption war zu Ende.

Der offizielle Bericht wurde auf dem Amtsweg zum Kolonialamt gesandt, aber nie veröffentlicht. Die Beamten ließen auch nichts darüber verlauten, wann die anderen Insulaner heimfahren würden. Zwei Monate später verkündete das Kolonialamt, daß eine weitere Gruppe zusammen mit einem Verwalter nach Tristan fahren würde, um dort die Situation einzuschätzen.

Inzwischen waren Regierungsvertreter zu der Überzeugung gekommen, daß viele der Insulaner eigentlich in England bleiben wollten. Das machte die Sache noch schwieriger. Die »Trist'ns« führten unter sich eine Befragung durch und verkündeten ihre Bereitschaft, auf ihre Insel heimzufahren. Regierungsamtliche Stellen weigerten sich indes, diese Antwort anzuerkennen, denn sie erschien ihnen allzu informell, und sie bestanden auf einer geheimen Abstimmung, die im Dezember 1962 vorgenommen wurde. Das Ergebnis: 97 Prozent der Inselbewohner wollten zurück.

Nach dieser kleinen Schlappe und mit bürokratischer Umsicht auftretend, entsandte die englische Regierung die zweite Gruppe nicht vor April 1963 nach Tristan. Sie charterte ein dänisches Schiff, die »Bornholm«, um die große Gruppe zu befördern, aber die »Bornholm« stand erst im Oktober zur Verfügung. Am 10. November 1963 schließlich – fast ein Jahr nach der geheimen Abstimmung und mehr als zwei Jahre nach dem Vulkanausbruch – traf die »Bornholm« mit ihren glücklichen Passagieren in Tristan da Cunha ein. Die Insulaner weinten vor Freude, als sie ihren Fuß aufs Land setzten.

Die Medien in Großbritannien erwähnten ihre Heimkehr in gereiztem Tonfall, als hätten sich die Bewohner von Tristan aus dem 20. Jahrhundert geflüchtet und die Segnungen der modernen Zivilisation verweigert. Der Buchautor Peter Munch schilderte in seinem Buch die Reaktion der Presse »Crisis in Utopia« wie folgt: »Nach zwei langen Jahren als gefangengenommene Flüchtlinge in einer hochindustrialisierten Gesellschaft, mit all ihrem Überfluß und ihren Bequemlichkeiten, kehrten die Insulaner – vor den Augen einer erstaunten, ärgerlichen und etwas beleidigten Öffentlichkeit – tatsächlich zu ihrem einfachen Leben zurück. ... Es war so, als hätte man unsere Ethik und unseren Lebensstil auf eine Probe gestellt – und wäre damit gescheitert.«[7]

Natürlich kehrten die Bewohner von Tristan nicht auf ihre Insel zurück, ohne von den zwei Jahren in England irgendwie berührt zu sein. Die meisten von ihnen, vor allem die Jungen, trugen jetzt europäische Kleidung, sie hatten andere Nahrungsmittel kennengelernt und einen anderen Geschmack für ihre Freizeit entwickelt. Sie hatten sich an moderne Gerätschaften und Ausstattungen gewöhnt und sie auch teils nach Hause mitgenommen. Auch hatten sich ihre Einstellungen verändert, vor allem mit Blick auf Fremde, denen sie nun nicht mehr blind vertrauten. Wichtiger noch vielleicht, sie hatten eine größere Selbstsicherheit entwickelt, sie wußten, sie waren Tristan-Insulaner. Sie behielten also ihre geliebte Individualität bei, und ihr sozialer Zusammenhalt hatte sich noch verstärkt.

Eine neue Fischfabrik entstand, und ein neuer, geschützter Anlegeplatz wurde gebaut, an dem neuen Stück Strand neben dem Settlement. Elektrizität hielt auf der Insel Einzug, die Wohnhäuser wurden modernisiert, und die alten Wege verwandelten sich zu Straßen mit festem Belag. Vielleicht hatten die »Trist'ns« wirklich das 20. Jahrhundert verweigert, aber es ging trotzdem mit ihnen nach Hause. Es war ein Vulkanausbruch, der zu diesem entlegensten aller Orte hier auf Erden die neue Zeit brachte.

Die Inselwelt von Hawaii und das Vermächtnis der Feuergöttin Pele

9

Ein Volk, das glaubte, daß Pele, die Göttin,
sich wälzte in feurigen Gelagen und Orgien auf Kilauea,
daß sie in lodernden Flammen mit ihren Teufeln tanzt,
oder ihr Eiland mit Donner und Beben erschüttert,
und sich vor Ärger rollt
durch versengte Täler und lodernde Wälder
in blutigroten Katarakten bis hinunter ans Meer.

ALFRED LORD TENNYSON, »KAPIOLANI«

DIE MENSCHEN AUF HAWAII haben stets mit den Gefahren des Vulkanismus gelebt. Die frühesten Siedler auf diesen Inseln hielten, wie frühe Menschen überall, die Naturerscheinungen für die Folgen göttlichen Handelns. Mythen über die Götter lehrten jede neue Generation etwas über die sich sprunghaft verändernde Umwelt. In diese alten Mythen gingen vielerlei religiöse und ethische Normen mit ein, auch etliche Tabus; sie halfen den Bewohnern von Hawaii, ihre gefährliche Umwelt zu meistern.

Die Bewohner von Hawaii glaubten, daß Vulkanausbrüche mit all ihren schrecklichen Folgen das Werk einer Gottheit namens Pele waren, der Göttin des Feuers. Viele Mythen, die sich um Pele rankten, gehen auf Beobachtungen zurück, wie sich die Natur plötzlich über Nacht stark verwandelte, Folge von Vulkanismus und Erdbeben. Pele, die abwechselnd als schönes junges Mädchen oder als eine häßliche alte Vettel auftreten kann, war reizbar. Wenn man sie ärgerte, stampfte sie mit dem Fuß auf den Boden – und die Erde bebte. Wenn sie in Wut geriet, konnte sie feurige Brocken – vulkanische Bomben – auf die Sterblichen schleudern, von denen das Ärgernis ausging, oder sie ließ Ströme von geschmolzener Lava von Bergeshöhen hinabfließen, die alles in ihrem Weg niederwalzten, oder aus Rissen in den Flanken eines Berges. Manchmal floß die Lava hinab bis zum Meer und erschuf neues

Land. Peles Macht war so groß, daß nur die ihrer Schwester Namaka o Kahai, der Göttin des Meeres, der ihren gleichkam. Diese Schwester pflegte Peles Feuer zu löschen und das Land wieder wegzuspülen, das Pele zuvor aus erstarrter Lava hatte entstehen lassen.

Die Eingeborenen achteten Pele, und sie fürchteten sie. Sie versuchten ihre Launen mit Speisen und Tieropfern zu beschwichtigen, auch mit Blumenkränzen, sogenannten *leis*, oder mit Ohelo-Beeren, die ihnen heilig sind. Sie pflegten diese Gaben am Rand von strömender Lava niederzulegen oder bei der Feuergrube eines aktiven Vulkans. Manchmal warfen sie ihre Gaben auch in das glühendheiße geschmolzene Gestein, und schütteten vielleicht noch Tabak und sogar ganze Flaschen Branntwein oder Gin zu ihren Opfergaben dazu.

Die Vorfahren der heutigen Bevölkerung kamen während des ersten Jahrtausends vor Christus von den polynesischen Inseln nach Hawaii, das sie in großen Kanus, mit Auslegern als Kenterschutz, über die Weite dieses noch unerforschten Ozeans erreichten. 1782 wurde ein Häuptling namens Kamehameha Herrscher der Hawaii-Inseln, und im Jahr 1795 vereinigte er als Kamehameha I. alle größeren Inseln unter seiner Herrschaft. Die Monarchie dauerte auf Hawaii bis 1893, als Königin Liliuokalani in einem von amerikanischen Geschäftsleuten unterstützten Aufstand zur Abdankung gezwungen wurde. 1898 wurde Hawaii von den USA annektiert, seit 1959 ist es ein Bundesstaat der USA.

Die Hawaii-Inseln bilden auf dem Hawaiirücken einen Archipel, der langsam von Nordwesten in südöstliche Richtung treibt und sich etwa 2400 km über die Mitte und den angrenzenden Norden des Pazifischen Ozeans erstreckt. Er reicht von dem winzigkleinen Kure Atoll, dem Ocean Island, bis zur Insel von Hawaii, der »Großen Insel« (Abbildung 9-1). Diese Inseln bilden die Gipfel der höchsten Berge der Erde, wenn man ihre Höhe vom Grund des Ozeans her bemißt.

Natürlich sind die Gipfel im Himalaya höher. Der höchste Berg der Erde, der Mount Everest, erhebt sich 8848 m über den Meeresspiegel. Der höchste Hawaii-Gipfel, der meist schneebedeckte Mauna Kea (hawaiianisch für »weißer Berg«) auf der Insel Hawaii ragt 4205 m über den Meeresspiegel empor – aber der Ozean ist hier etwa 5000 m tief, und der Mauna Kea ist somit eigentlich mehr als 9000 m hoch. Der benachbarte Mauna Lea (d. h. »langer Berg«) ist nur 35 m niedriger als der Mauna Kea.

Der Welt höchster Vulkanberg, was schiere Massen anbetrifft, der Mauna Loa, bildet eine ovalförmige Kuppe, die an ihrem Fuß am Boden des Ozeans etwa 100 Kilometer lang und 50 Kilometer breit ist. Auf seinem höchsten Punkt befindet sich eine riesige kesselförmige Caldera, die Mokuaweoweo.

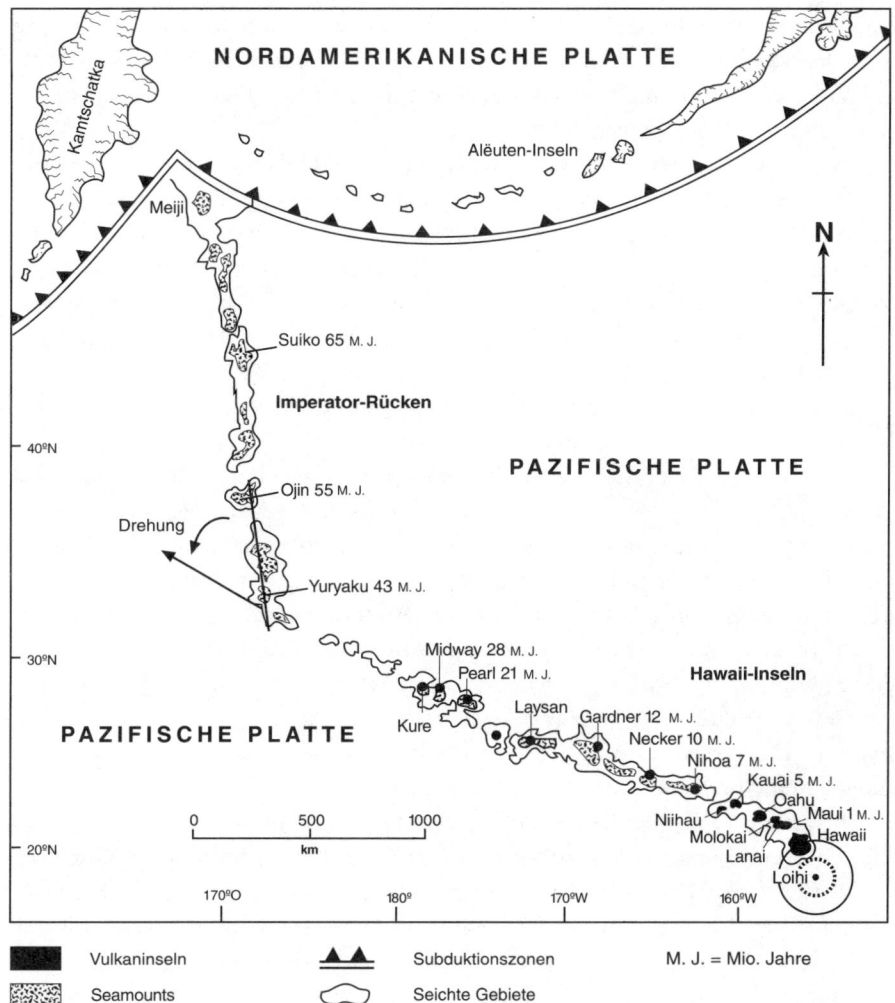

ABB. 9-1 Die Hawaii-Inseln und die unter dem Meer versunkenen Berge des Imperator-Rückens im nordwestlichen Pazifik, das ungefähre Alter wird in Jahrmillionen angegeben (Mio). Die abrupte Drehung dieser Vulkankette erfolgte vor ungefähr 40 Millionen Jahren, als die Pazifische Platte beim Überqueren des *hot spots* bei Hawaii ihre Driftrichtung änderte.

Sie ist etwa 6 Kilometer lang und 2,7 Kilometer breit und an einigen Stellen bis zu 180 Meter tief.

Auf Hawaii haben sich die Vulkane sehr langsam gebildet, vor allem durch ausströmende Lava, die, über Jahrmillionen hinweg, große Flächen be-

209

deckte und riesige kuppelförmige Berge mit sanft geneigten Flanken baute. In ihrer Form ähneln sie dem Schild eines Kriegers, daher bezeichnet man sie auch als Schildvulkane, und als solche gehören sie zu den Prototypen dieser Art Vulkan auf der ganzen Welt.

Im Verlauf der meisten Eruptionen auf den Hawaii-Inseln strömte die Lava aus Spalten in den Flanken der Vulkane. Gewöhnlich dauern solche Eruptionen auf Hawaii von ein paar Tagen bis zu mehreren Monaten und einige sogar Jahre. Manchmal spart die Lava auch bestimmte Gebiete aus und hinterläßt dabei keinerlei Schäden. Diese inselartigen Teile, die von ein paar Quadratmetern bis zu vielen Quadratkilometern groß sind, nennt man *kipukas*. Auf vielen von ihnen wachsen Pflanzen, von denen Samen und Sporen zu unfruchtbaren Lavafeldern überspringen, um dort neues Leben hervorzubringen.

Diese Lava ist ziemlich dünnflüssig, daher entweichen vulkanische Gase gewöhnlich ohne größeren Bimsstein- oder Ascheregen in die Atmosphäre, oder Schlacken, wie man sie gewöhnlich mit Eruptionen verbindet, die die bösartigere Lava ausbreiten, aus der die Gase sich unter Explosionen entladen. Trotzdem können am Beginn eines Ausbruchs auch hier spektakuläre Feuervorhänge aus Lava wie auch vulkanische Bomben aus verstreut liegenden Spalten in den Himmel schießen. Dann legt sich die Eruption wieder, und der Auswurf von Lava beschränkt sich zumeist auf eine oder mehrere Öffnungen. Das geschmolzene Gestein fließt in Strömen an den Bergeshängen hinab, manchmal mit einer Geschwindigkeit von 40 km/h.

Die an der Oberfläche und die auf dem Grund befindlichen Teile der Lava kühlen ab und erstarren, während die Lava den Berg hinabläuft. Manchmal bildet sich eine Art fester Röhren, durch die dann heiße, flüssige Lava fließt. Einige dieser Lavaröhren weisen einen Durchmesser von mehreren Metern auf. Mark Twain besuchte Hawaii 1866 und beschrieb in seinem Buch »Roughing It« zwei solcher Röhren:

> »Ihr Boden ist eben, sie sind sieben Fuß breit, und die Decke bildet eine sanfte Wölbung. In der Höhe sind sie indes nicht einheitlich. Wir gingen durch eine, die hundert Fuß lang war. ... Sie bildet ein richtiges Tunnel, sieht man davon ab, daß man sich an einigen Stellen bücken mußte, um hindurchzukommen. An der Decke hingen... etliche spitz geformte Zapfen von einem Zoll Länge herab, die härter wurden, während sie abtropften ... Wenn man sich gerade hinstellte und aufrecht in die eine oder andere Richtung ging, konnte man sich von ihnen kostenlos die Haare kämmen lassen.«[1]

Der größte Teil der Lava verfestigt sich in eine von zwei Formen von Basalt, die man mit den hawaiianischen Begriffen *aa* und *pahoehoe* bezeichnet; diese Begriffe werden von Vulkanologen auf der ganzen Welt verwendet. *Aa* gibt einen schmerzlichen Laut wieder, denn diese Lava hat eine rauhe, ja sogar spitze Oberfläche, so daß man kaum barfuß darauf laufen kann, wohingegen die Oberfläche von Pahoehoe gewöhnlich glatt und gewellt ist, manchmal hat sie auch die Textur eines Seils, daher Stricklava genannt. Dort wo Pahoehoe ins Meer strömt, bildet sie oft Berge von Basalt, die aufgehäuften Kissen ähneln, daher nennt man sie auch Kissenlava.

Wenn größere Lavaströme einmal zu Basalt erhärtet sind, neigen sie zur Durchlässigkeit, weil im Verlauf des Abkühlens durch Schrumpfen der Lava etliche Löcher darin entstehen. Der Basalt aus Hawaii ist derartig löcherig, daß der größte Teil des Regenwassers sogleich in den Boden sickert. Von diesen kleinen Bächen geht wenig Abfluß zu den Seiten hin. Es bilden sich keine richtigen Ströme aus, dazu fehlt es an Zeit, und wenn sich tatsächlich welche bilden, werden sie rasch von neuen Strömen überlagert. Auf den ältern der Inseln jedoch, wo der Vulkanismus aufgehört hat, haben Ströme viele tiefe Täler ausgehöhlt. Alle größeren Inseln sind mit bedeutenden Mengen von frischem Grundwasser gesegnet, diesem wertvollen Rohstoff, der für die Landwirtschaft und die Bevölkerung von Hawaii so überaus wichtig ist.

Obschon einige Gegenden auf den Hawaii-Inseln infolge der vulkanischen Aktivität kahl und unfruchtbar sind, oder trocken, weil die hohen Berge die Niederschläge abhalten, die die hier vorherrschenden Winde bringen, sind die Inseln doch zum größten Teil mit üppiger tropischer Vegetation bedeckt. Mark Twain beschrieb den malerischen Archipel nach seinem Besuch als »die lieblichste Flotte von Inseln, die auf dem Boden des Ozeans vor Anker liegt«.[2]

Die tektonische Platte unterhalb des Pazifischen Ozeans besteht aus dichtem schweren Basalt, sie wird überall von Wasser bedeckt mit Ausnahme der Stellen, wo Inselketten wie der Archipel von Hawaii oder der Hawaiianische Rücken sich darüber erheben. Ungefähr 3200 Kilometer nordwestlich vom Hawaii-Archipel stößt der nach Westnordwest treibende Hawaiianische Rücken zu den nordnordwestlich ausgerichteten Kommandeur-Inseln, eine Kette untergetauchter Vulkane, die auch als *seamounts* bekannt sind (siehe Abbildung 9-1). Die plötzliche Veränderung in der Strömungsrichtung – eine Drehung um ungefähr 35 Grad – wurde von einer Bewegung der Pazifischen Platte verursacht, und dieser Wandel wiederum war die Folge von Veränderungen in der Ausrichtung des Zentrums des sich ausbreitenden Meeresbodens, wo die Pazifische Platte sich von Platten ablöst, die im Südwesten an sie angrenzen. Wie in Abbildung 9-1 gezeigt wird, kann man den Kommandeur-

Rücken verfolgen bis zur Verbindung zum Kuril-Kamtschatka-Graben und zum Alëuten-Graben, an dem sich die sich nach Nordwesten bewegende Pazifische Platte entlangbewegt und unter die Eurasische und Nordamerikanische Platte gedrückt wird.

Wie es dazu kam, daß Rücken und Inselketten im Pazifischen Ozean abtauchten, war bis in die 1960er Jahre ein Rätsel – bis eine Revolution in den Geowissenschaften zu einem Paradigmenwechsel führte und zur allgemeinen Übernahme der Hypothese der Plattentektonik und der Beweglichkeit der Kruste der Erde. 1963 stellte der kanadische Geophysiker J. Tuzo Wilson die Hypothese auf, daß der Hawaii-Archipel sich dort gebildet hat, wo die Pazifische Platte langsam in westnordwestlicher Richtung über einen *hot spot* hinweggleitet – also die Manifestation einer heißen Blase mit geschmolzenem Gestein oder Magma, das aus den Tiefen des Erdmantels kam, an der Erdoberfläche. 1972 erweiterte W. Jason Morgan von der Princeton University Wilsons Hypothese, indem er auch den Imperator Seamounts mit einschloß, die sich gleichfalls, so sagte er, oberhalb desselben *hot spots* sich gebildet hatten, und zwar schon zu einer Zeit, als die Pazifische Platte sich noch stärker nach Norden bewegte.

An Wilsons Hypothese der *hot spots* entzündete sich eine hitzige wissenschaftliche Debatte, die sich jedoch bald hinter diese Auffassung stellte und sie stützte. Ozeanographen stellten fest, daß der Meeresboden, auf dem die Hawaii-Inseln entstanden, 80 bis 120 Millionen Jahre alt ist und daß die vulkanischen Gesteine, die auf den Inseln freiliegen, viel jünger sind. Die Gesteine nehmen jedoch an Alter zu, je weiter man nach Nordwesten geht, mit zunehmender Entfernung von der Insel Hawaii und ihrem gegenwärtig sehr aktiven Vulkan, dem Kialauea. Der Vulkan Haleakala, auf der Insel Maui, brach zuletzt wohl 1790 aus und wird heute als erloschen betrachtet. Die Vulkane weiter nordwestlich – auf Molokai, Oahu und Kauai – sind erloschen. Das Vulkangestein auf Kauai ist fünf bis sechs Millionen Jahre alt.

Vor wenigstens 70 Millionen Jahren und bis vor etwa 40 Millionen Jahren bewegte sich die Pazifische Platte mit durchschnittlich ungefähr 7 Zentimetern pro Jahr nordwestwärts. Seither bewegt sich diese Platte etwas schneller westnordwestwärts. Im Lauf der Zeit wuchs die Menge an ausgestoßenem Magma, wie die Größe von Big Island im Vergleich mit anderen Inseln in diesem Archipel nahelegt.

Vulkanausbrüche scheinen auf diesen Inseln in unauffälligen zeitlichen Abständen stattgefunden zu haben. Es gab Zeiten, wo sie sehr tätig waren, dann auch solche mit relativer Ruhe, und in diesen Zeiträumen entstand eine Inselkette, während die Pazifische Platte ältere Inseln immer weiter nach

Nordwesten trug. Die Vulkane auf diesen Inseln stehen jedoch nicht in einer Reihe, sondern, in einem Abstand von etwa 40 Kilometern, in zwei parallel zueinander verlaufenden Reihen, wie die Abbildung 9-2 zeigt. Die beiden Gruppen bildeten sich anscheinend auf der jeweiligen Seite eines ortsfesten *hot spots*, während die Pazifische Platte darüber glitt, ganz ähnlich wie sich zu beiden Seiten eines Felsens, der in einem Fluß fest verankert ruht, unmittelbar flußabwärts Wirbel bilden. In einem Aufsatz, der 1988 in der Zeitschrift »The New Yorker« erschien, beschrieb John McPhee diesen Prozeß, an dessen Ende die Entstehung einer Insel steht, mit folgenden eleganten Worten:

> »Wenn [magmatische] Hitze in heißen Blasen von, sagen wir, gut dreitausend Kilometern Ausdehnung nach oben wandert, trifft sie schließlich auf die dünne Unterfläche der tektonischen Platten, und dies könnte erklären, warum sie sich fortbewegen. Wenn die Hitze die Unterseite der Platte erreicht, dann stößt sie mit Sicherheit durch sie hindurch, und während sich die Platte fortbewegt, stößt sie noch einmal durch und noch einmal, wie die Nadel einer Nähmaschine den sich bewegenden Stoff mehmals durchsticht. ... Während also die Pazifische Lithosphäre sich oben darüber hinwegbewegt, bleibt die hawaiianische Hitzequelle unverändert an ihrem Standort und bildet dabei Inseln. Es gibt gut achttausend Kilometer von ... Inseln, die nach Nordwesten zu immer älter werden, und bis zu dem Graben unmittelbar östlich von Kamtschatka reichen. Fast alle von ihnen stehen schon seit geraumer Zeit an der Luft, und sie wurden seither durch Erosion und ein Absinken des Seebodens langsam abgesenkt in die Gründe, aus denen sie sich einst erhoben.«[3]

Die Vorstellung, daß die Pazifische Platte sich nach Nordwesten über einen ortsfesten *hot spot* bewegt, sollte eigentlich zur Folge haben, daß der Vulkanismus auf einer Insel aufhört, sobald sie den *hot spot* hinter sich hat. Dies trifft jedoch nicht zu. Oberhalb der *hot spots* lastet das Gewicht des vulkanischen Materials auf der Lithosphäre, auf den soliden oberen Teilen des Mantels und der darüberliegenden Kruste, die daher nach unten gedrückt werden. Sodann übt die sich senkende Lithosphäre enormen Druck auf die Asthenosphäre aus, also auf den weichen Teil des Mantels, der unterhalb der Lithosphäre liegt. Unter derartigem Druck verhält sich die Asthenosphäre wie ein Stück Plastik, sie wird zur Seite gedrückt. Während also die Pazifische Platte sich nach Nordwesten bewegt, wölbt sich die Asthenosphäre vor der Gegend des Eintauchens nach oben und bildet somit eine Art Bogenwelle.

Infolge davon wird die Lithosphäre vor diesem Gebiet des Untertauchens angehoben.

Dieses Emporheben ruft in der Kruste Verwerfungen hervor, so daß neue Wege entstehen, in denen Magma nach oben dringen kann. Wenn das Magma innerhalb einer Verwerfung erstarrt, wird es zu einer dünnen Schicht von Gestein, ein Gangstock. Gelegentlich erreicht das Magma aber auch die Oberfläche und bricht aus einem Spalt hervor, wo dann ein kleiner Kegel aus Schlacke oder ein Spritzerkegel entsteht. Auf diese Weise zeugen die meisten älteren Inseln von zwei Phasen von Vulkanismus: eine primäre Phase, in deren Verlauf sich massive Schildvulkane bildeten, und eine unbedeutendere sekundäre Phase, in der ein Schwarm solcher Gangstöcke und Oberflächenöffnungen hervortrat.

Der Vulkanismus auf Kauai beispielsweise, der die Schildvulkane hervorbrachte, fand vor fünf bis sechs Millionen Jahren statt. Aber vor anderthalb bis einer Million Jahren trat erneut Vulkanismus auf, er bildete jetzt ganze Schwärme von Gangstöcken und Spalten, die in nordnordwestlicher Richtung verlaufen. Auf Oahu bildeten sich vor zweieinhalb bis vier Millionen Jahren Schildvulkane, und vor 800 000 bis 300 000 Jahren brachte ein neuerliches Emporkommen von Magma Schwärme von Gangstöcken in nordöstlicher Richtung hervor. Dieses Modell deutet an, daß im westlichen Molokai in der – für Geologen – nahen Zukunft, also vielleicht in einer Million Jahren, wieder mit Vulkanismus zu rechnen ist.

Wenn ein Vulkan altert und sich von einem *hot spot* wegbewegt, dann fällt er schneller in sich zusammen als er zuvor gewachsen ist. Er wird Stück für Stück kleiner. Sowie sich eine neue Insel über die Meeresoberfläche erhebt, setzen außerdem die Erosion von Wind und Wellen und Witterungseinflüsse ein und tragen sie ab – oder, um es in den Vorstellungen der Mythologie der Hawaiianer zu sagen: Kaum hat Pele eine neue Insel erschaffen, fängt Namaka o Kahai damit an, sie wieder einzureißen.

Ein Absinken der Hawaii-Inseln hat im Meeresboden zu einer Einsenkung geführt, geradeso wie ein Brett, das an beiden Enden irgendwo aufliegt, sich in der Mitte durchbiegt, wenn man ein schweres Gewicht darauf stellt. Diese Senke kann man auf beiden Seiten des Archipels wahrnehmen. Das immer noch im Wachsen begriffene Big Island von Hawaii sinkt mit einer Geschwindigkeit von drei bis vier Millimetern pro Jahr ab, Maui, weiter oben im Nordwesten, pro Jahr nur mit zwei Millimetern. Oahu, noch weiter nordwestlich, scheint einen Ruhezustand erreicht zu haben, sein Gewicht lastet nicht mehr auf dem Erdmantel. Doch wird Oahu in geologisch naher Zukunft wieder zu sinken beginnen. Die Lithosphäre unterhalb der Insel wird letztendlich dem Auftrieb von den unter Hawaii gelegenen heißen Blasen ent-

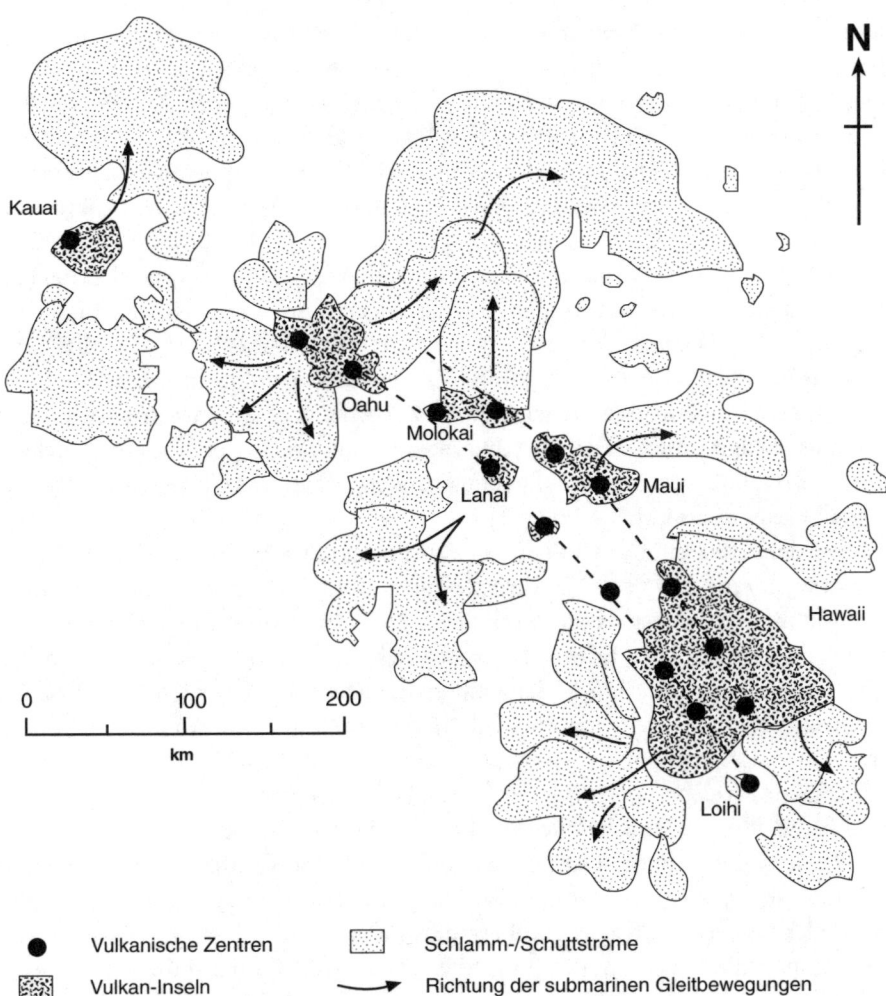

ABB. 9-2 Verteilung von vulkanischen Zentren (schwarze Punkte) auf den Hawaii-Inseln (dunkle Punktierung). Die Vulkane stellen sich in zwei Reihen dar, was durch die Strichelung angezeigt wird. Gezeigt wird auch (helle Punktierung) das Ausmaß der submarinen Erdrutsche (Ströme von Dreck und Schutt, die beim Abbruch infolge der Schwerkraftwirkung von großen Teilen der Vulkane entstanden). Nach Moore u.a., Giant Hawaiian Underwater Slides.

gehen. Die Lithosphäre wird sich abkühlen, dichter werden (folglich auch schwerer) und langsam absinken.

Nordwestlich von Oahu wird die Lithosphäre, die sich vom *hot spot* wegbewegt, langsam kühler und dichter, sie sinkt etwas mehr ein, was dazu führt, daß der Vulkan niedriger wird. Die Inseln sinken ein und werden zu Bergen im Meer. Am nördlichen Ende des Kommandeur-Rückens hat diese gleichzeitige Wirkung von Absinken und Erosion eine ganze Anzahl solcher Erhebungen im Meer mit flachen, von Wellen und Wetter erodierten Spitzen hervorgebracht. Solche Formen werden, zu Ehren des schweizerisch-amerikanischen Pioniers der Geographie und Geologen Arnold Guyot als *guyot* bezeichnet.

Andere ältere Vulkane, die sich kaum über den Meeresspiegel erheben, wurden zu Felsinseln abgetragen, auf vielen von ihnen wuchsen zackige Korallen. Charles Darwin hat als erster darauf hingewiesen, daß Korallenriffe gewöhnlich weiterwachsen, während der Vulkan absinkt, und dabei die niedrigen, fast kreisförmigen Inselgruppen zurücklassen, die man als Atolle bezeichnet, wie Midway eine ist.[4] Die Seamounts am Kommandeurs-Rücken weiter nördlich sind noch tiefer eingesunken, denn das Wasser ist dort für Korallenwuchs zu kalt.

Auf dem Rücken, der von den Hawaii-Inseln nach Midway zieht, liegen 28 Vulkane, deren Alter nach Nordwesten hin zunimmt, der älteste zählt 28 Millionen Jahre. Der jüngste ist der Loihi, ein aktiver Seamount, etwa 30 Kilometer vor der Südküste von Hawaii. Er erhebt sich auf der untergetauchten Flanke des Mauna Loa etwa 3500 Meter über den Meeresboden. Sein Gipfel ist jedoch immer noch mehr als tausend Meter unterhalb des Wasserspiegels, so daß viel Zeit vergehen wird (vermutlich mehrere 100 000 Jahre), bevor er die Oberfläche erreicht. Dann wird er die nächste Insel in dieser Kette bilden oder, und das ist noch wahrscheinlicher, mit dem Hawaii-Archipel verschmelzen.

Das jeweilige Alter der untergegangenen Vulkane auf dem Kommandeurs-Rücken ist schwer zu bestimmen. Vulkangestein und Ablagerungen von mehreren der Seamounts lassen glauben, daß sie von Südsüdost nach Nordnordwest immer älter werden, der jüngste ist etwa 40 Millionen Jahre, der älteste 65 Millionen Jahre alt. In Ablagerungen auf den Meiji-Seamounts, dem nördlichsten Eruptionszentrum, wurden 70 Millionen alte Fossilien gefunden. Daher sieht es so aus, als ob der *hot spot* von Hawaii wenigstens seit 70 Millionen Jahren vulkanische Inseln hervorgebracht hat. Er könnte sogar noch davor Inseln geschaffen haben, die seither im Kuril-Kamtschatka-Graben verschwunden sind, eingeschmolzen in den Erdmantel. Viele Geologen glauben, daß – falls dies zutrifft – der *hot spot* vor ungefähr 100 Millionen Jahren entstanden sein könnte, ungefähr zur gleichen Zeit wie andere *hot spots* rund um die Erde – zu einer Zeit also, als die Erde tektonische Ereignisse von wahrhaft allergrößten Ausmaßen durchgemacht haben muß.

Zwischen der Herkunft der Hawaii-Inseln, wie sie die Plattentektonik erklärt, und der mythologischen Erklärung, wie Pele, die Feuergöttin, in Hawaii zu leben begann, bestehen bemerkenswerte Ähnlichkeiten. Die Mythen beginnen, mit einigen geologischen Parallelen, mit Peles Geburt. Ihre Mutter war Haumea, sie verkörperte die Erde. Pele trat aus Haumea in Gestalt von geschmolzener Lava hervor. Ihr Vater war Ku-waha-ilo, der »Menschenfresser«, der die zerstörerischen Kräfte der Natur verkörpert. Pele und ihre Schwester Namaka o Kahai wurden auf einer mythischen Insel irgendwo im Südpazifik geboren. Die Schwestern lagen ständig im Streit miteinander, wie Wasser und Feuer. Um diesem Streit zu entrinnen, segelte Pele mit einem großen Kanu, das sie von ihrem Bruder Ka-mohoalii, dem Haifischgott, bekam, von ihrer Heimat in die Fremde. Namaka machte sich auf zum höchsten Bergesgipfel auf einer anderen Insel, und von dort aus konnte sie die Meere beherrschen.

Pele besaß ein magisches Werkzeug zum Graben, es hieß Paoa. Wo sie auch landete, grub sie mit Paoa einen Vulkankrater aus der Erde, um dort zu leben. Anfangs waren diese kleinen Vulkane nahe der Küste, häufiger an Bergesflanken als auf deren Gipfeln, und Peles Schwester, die Göttin des Meeres, sandte unweigerlich Wellen aus, die das Vulkanfeuer wieder löschten. Auf dem Hawaii-Archipel wurden viele davon aus dem Zusammenwirken von Magma und Seewasser, das aus Ritzen hervordrang, gebildet.

Schließlich gelangte Pele nach Niihau, das ist die nördlichste der größeren Inseln im Hawaii-Archipel. Aber Namaka o Kahai erlaubte ihr nicht, dort zu bleiben, darum ging Pele nach Osten auf die Nachbarinsel Kauai, wo sie ein tiefes Feuerloch aushob. Aber Namaka vertrieb sie auch von dort.

Nun zog Pele nach Oahu und grub sich, unweit vom heutigen Honolulu, ein Feuerloch, doch ihre Schwester füllte es sogleich mit Meereswasser. Pele ging nun an der Küste nach Südosten und mit Hilfe von Paoa hob sie beim heutigen Diamond Head eine neue Grube aus. Von dieser Stelle nimmt man heute an, daß es sich um die erodierten Überreste eines uralten erloschenen Vulkans handelt, der viele Schichten von kompakter vulkanischer Asche und Ablagerungen von einem Kalksteinriff enthält, das von aufsteigendem Magma durchlöchert wurde. Der Name Diamond Head stammt von den glitzernden Kalzitkristallen her, die hier im Kalkstein schimmern, wenn das Sonnenlicht sie trifft. Aber ach, Pele grub in die Tiefe und gelangte an Wasser, das ihre Feuer löschte. Grundwasser – oder vielleicht war es Meereswasser – drang in die Magmakammer ein, verursachte ein Zischen, es erschienen Dampfwolken, und dann folgte eine explosive Eruption.

Nun ging Pele nach Molokai, wo sie am nördlichen Ufer einen Krater grub, der heute Kauhako heißt. Die aus diesem Vulkan hervortretende Lava schuf die einsame Halbinsel Kalaupapa, wo bis vor einigen Jahren eine Kolonie Leprakranker untergebracht war; heute befindet sich hier ein nationaler historischer Park. Aber Pele stieß wieder auf Wasser. Namaka o Kahai zwang sie, weiterzuziehen, wieder nach Südosten.

Auf der Nachbarinsel von Maui, kletterte Pele schließlich auf den Gipfel eines Berges, und es gelang ihr, einen riesengroßen Krater auszuheben, den Haleakala.* Namaka o Kahai sah, daß aus den Bergen Rauch aufstieg, und kam herbei, um mit der ihr verhaßten Schwester zu kämpfen. In dem folgenden wilden Streit riß sie Pele in Stücke und streute ihre Gebeine an der Küste aus, wo sie heute da und dort Haufen von Lava bilden, die *Naiwi o Pele* (Peles Gebeine). Namaka o Kahai genoß ihren Sieg; aber als sie später von ihrem weit entfernten Horst zurückschaute auf die Insel Hawaii, sah sie Wolken aus rotgetöntem Rauch aus einem flammenden Krater von der Spitze des Mauna Loa aufsteigen. In diesen Wolken erblickte sie den Geist von Pele, und sie wußte von da an, daß sie die Feuergöttin niemals besiegen würde.

Als Pele in Hawaii ankam, soll sie dem Feuergott Ailaau begegnet sein. Sein Name bedeutet soviel wie: »einer, der Wälder verschlingt« – er spielt auf die Lavaströme an, die sich häufig ihren Weg durch die Wälder der Insel fraßen, sie niederbrannten und kahle Gebirgsregionen zurückließen. Der Feuergott war zwar hier schon eine Zeitlang seßhaft, nun aber flüchtete er vor ihrer größeren Macht.

Ein paar Hundert Jahre nach einer solchen Katastrophe zersetzt sich die Lava infolge von Witterungseinflüssen ganz von selbst, und ihre mineralischen Nährstoffe gehen in den Boden ein. Neue Wälder entstehen, und die Täler bringen neue Früchte hervor. So erkannten die Hawaiianer, wie die Menschen, die in Vulkangebieten lebten, gleichgültig wo auf dieser Erde, daß ihre Feuergötter gleich zwei Gesichter hatten: Sie konnten gutmütig sein, aber auch zerstörerisch. Aus diesem Grund waren sie sowohl geachtet als auch gefürchtet, bisweilen sogar geliebt.

Die Feuergöttin mußte sich also immer wieder ein neues Heim suchen, und auf wunderbare Weise fällt ihre Reise nach Südosten zusammen mit der Bewegung der Pazifischen Platte nach Nordwesten, hinweg über einen *hot spot*, der immer wieder neue Vulkaninseln hervorbringt. Und die zerstöreri-

---

* Dort, wo heute der Nationalpark ist, in einer gewaltigen Senke, soll einst eine Caldera gewesen sein. Daß es sich um vulkanischen Ursprung handelt, braucht man nicht zu bezweifeln (selbst heute noch zeigen sich hier Lavaströme und Schlackenkegel), aber der Geologe Harold T. Stearns meinte 1985, daß diese Senke, wie sie heute noch besteht, eher das Produkt von Erosion ist, da hier von entgegengesetzten Bergseiten zwei Täler zusammentreffen. Diese Theorie wird heute allgemein akzeptiert.

sche Wut von Peles Schwester deutet an, daß sich die Bevölkerung der Kräfte der Seegöttin bewußt war, wenn neuentstandene Inseln alterten und eines Tages unweigerlich wieder im Meer verschwanden.

Der Mythologie zufolge haust Pele heute in Halemaumau, einer Feuergrube in der Caldera von Kilauea, die auf der südöstlichen Flanke des Mauna Loa gelegen ist. Der Kilauea ist ein freistehender Berg, obwohl er sich vom Mauna Loa aus erhebt. Die beiden Vulkane haben nämlich für ihre Magma zwei verschiedene Auswurfschlöte, wenngleich gelegentlich einmal das Magma aus dem einen Vulkan in den Schlot des andern gelangt. Der Gipfel des Kilauea erhebt sich 1247 Meter über den Meeresspiegel, er ist fast 3050 Meter niedriger als der Gipfel des Mauna Loa. Und trotzdem ist der Kilauea ein riesiger Berg, denn er steht 6100 Meter hoch auf dem Meeresboden. Seine ovale Caldera, fast 5 Kilometer lang und mehr als 3 Kilometer breit, wird von Wänden umsäumt, die an einzelnen Stellen mehr als 120 Meter hoch sind und aus stufenförmigen Blöcken bestehen.

Diese Caldera ist berühmt für ihre Feuergrube, Halemaumau. Der Halemaumau enthielt zeitweise einen See aus geschmolzener Lava. Diese Feuergrube, eine runde Senke im südwestlichen Teil der Caldera, bildet zugleich das obere Ende des Förderschlots des Kilauea. Ihr Umfang schwankt, das hängt von der Vulkantätigkeit und dem Einbrechen ihrer Wandungen ab. Noch in historischer Zeit war sie mehr als 900 Meter hoch. Ihr Grund erhebt sich und sinkt wieder zusammen, das hat mit dem Aufsteigen und dem Sinken des Magma im Schlot zu tun. Manchmal kommt die Lava zum Kochen und bedeckt dann den Grund der Caldera; zu anderen Zeiten, wenn das Magma in die Spalten an der Bergseite durchsickert, dann verschwindet der See aus Lava wieder.

Während vieler Jahrzehnte des 19. Jahrhunderts, und weit hinein bis ins 20. Jahrhundert, stellte der See ein furchtbares Spektakel zur Schau: kochende, glühendrote Lava, darin war der Kilauea einzigartig unter den Vulkanen. 1924 kam es an einer Bergflanke zu einem Ausbruch, so daß der Lavasee des Kilauea austrocknete, was zur Folge hatte, daß Wasser in den oberen Teil des Vulkanschlots eindringen konnte, wo es sich zu Dampf entwickelte, der sich in heftigen Explosionen entlud. Heute ist der Boden der Feuergrube nur eine graue Kruste aus verhärteter Lava. Die Feuer des Halemaumau kann man nur im Verlauf von Ausbrüchen beobachten, wenn Lava aus Spalten im Boden der Caldera hervordringt oder bisweilen auch in feurigen Fontänen in die Luft spritzt. Während solcher Ausbrüche können Tropfen von geschmolzener Lava abkühlen und sich in Kügelchen aus vulkanischem Glas verwandeln, die als Peles Tränen bekannt sind. Diese Tropfen ziehen, während sie durch die Luft gewirbelt werden, glasige Fäden hinter sich her, die nach dem Abkühlen abbrechen – Ansammlungen solcher gläsernen Fäden nennt man Peles Haar.

Mark Twain besuchte im Jahr 1866, eines Abends nach Einbruch der Dunkelheit, die Caldera von Kilauea und schrieb in seinen »Briefen aus Hawaii« folgenden Bericht:

> »Der größere Teil des riesigen Bodens dieser Wüstenei zu unseren Füßen war so schwarz wie Tinte und anscheinend glatt und eben; aber eine Fläche, vielleicht etwas größer als zweieinhalb Quadratkilometer, wirkte wie gestreift, durchzogen von Tausenden von sich verzweigenden Strömen, und umgeben von einem wundersam leuchtenden Feuer! ... Stellt euch das einmal vor, stellt euch einen kohlrabenschwarzen Himmel vor, übersät mit Abertausenden von glühenden Feuerstätten.
>
> Da und dort gähnten gleißende Löcher, zwanzig Fuß im Durchmesser, gebrochen aus schwarzer Kruste, und darin die geschmolzene Lava – in der Farbe ein grelles Weiß, dem man etwas Gelb hinzugefügt hatte – und das Ganze kochte und zischte lodernd empor. ... Gelegentlich brach die geschmolzene Lava, die unter der darüberliegenden Kruste dahinfloß, von unten her durch, ... wie ein jäher Blitz, und dann zerteilte sich die kalte Lava in die Größe von mehreren Fußballfeldern, kippte an den Seiten nach oben, wie ein Kuchen aus Eis, wenn ein großer Fluß ausbricht, stürzte hinab und wurde von dem feuerfarbenen Kessel verschluckt.«[5]

Mark Twain hatte auch über die Geräusche und sogar über den Geruch der Lava etwas zu sagen: »der Lärm, den die blubbernde Lava machte, war nicht groß. ... Es ist wie ein ... Rauschen, ein Zischen, und ein Husten oder ein Geräusch wie Bab-bab-bab. ... Der Schwefel riecht stark, aber das stößt einem alten Sünder nicht unangenehm auf.«

Kilauea, der jüngste der Vulkane auf Hawaii, der sich bis über den Meeresspiegel erhebt, ist einer der rührigsten Vulkane der Welt. Er bricht häufig aus, seine Ruhepausen dauern von ein paar Tagen bis zu mehreren Jahrzehnten. Vor vielen Ausbrüchen bläst er Gase aus oder er schwillt da oder dort etwas an, während Magma an den Rissen auf seinen Flanken erscheint. Das Anschwellen verändert den Böschungswinkel an seinen Flanken. Es ist so, als ob der Vulkan atmete. Derlei Veränderungen können nur mit einem eigenen Gerät, dem Tiltmeter, festgestellt werden, das sind sensible Instrumente, mit denen man winzige Veränderungen in der vertikalen Position eines Punktes in Relation zu einem anderen messen kann. Das Entweichen von Magma wird gewöhnlich von kleineren Erdbeben begleitet. Tiltmeter, die das Aufblähen des Berges entdecken, und Seismographen, die Erdbeben registrieren, noch bevor sie wirklich stattfinden, sind wichtige Werkzeuge, um Vulkanausbrüche vorherzusagen.

Wenngleich die meisten Ausbrüche des Kilauea einfach darin bestehen, daß er Lavaströme aus Spalten absondert, sind ihm doch auch explosive Eruptionen nicht fremd. 1916 beschrieb Thomas Jaggar, der Direktor des Hawaiian Volcano Observatory auf Kilauea, einen Ausbruch im 18. Jahrhundert, von dem man heute annimmt, daß er einen VEI-Wert von 4 erreichte – das genügt, um gefährliche Zerstörungen anzurichten. Jaggar schrieb: »Selbst der Kilauea ist nicht so unschuldig, daß er nicht auch schreckliche, zerstörerische explosive Ausbrüche kennen würde. Ungefähr im Jahr 1790 spie er Tausende von Tonnen Kiesel und große Steinbrocken und Staub über Hawaii, sie bedeckten etliche Hundert Quadratkilometer, zerstörten die Vegetation und töteten einige Menschen.«[6] Zur Zeit dieses Ausbruchs herrschte Kamehameha über Hawaii, der Herrscher, der fünf Jahre später König aller Hawaii-Inseln wurde. Kamehamehas Legitimität, den Archipel zu regieren, wurde von einem anderen Häuptling, Keoua, angefochten. Von dem Städtchen Hilo an der Ostküste machte sich Keoua mit einer kleinen Armee auf den Weg über die Insel, um Kamehamehas Streitkräfte auf der gegenüberliegenden Küste anzugreifen. Auf ihrem Marsch kamen sie an Kilauea vorbei und vielleicht teilte Keoua als eine Vorsichtsmaßnahme gegen die vulkanische Tätigkeit seine Armee in drei Gruppen auf.

Kaum war die erste Gruppe, die Keoua selbst anführte, an der Caldera vorbei, da kam es zu einem heftigen Vulkanausbruch. Die Erde bebte, und der Kilauea spie dichte Wolken von Gas, Asche und Schlacken aus. Die heißen Auswurfstoffe töteten einige Männer in Keouas Gruppe und verletzten ein paar andere. Die Gruppe, die die Nachhut bildete, war zwar in nächster Nähe zur Caldera, kam aber nicht in Reichweite der Auswurfstoffe, so daß diese Männer unverletzt entkamen. Sie zogen weiter und stießen auf die Männer der zweiten Gruppe, die samt und sonders tot auf der Erde lagen, obwohl sie kaum äußere Verletzungen aufwiesen. Wahrscheinlich waren sie von einer Vulkanwolke aus Gas und Dampf erstickt worden. Solche Gase, man nennt sie »base surges«, begleiten Ausbrüche immer wieder dann, wenn Grundwasser in den Vulkanschlot gelangt ist. Beim Zusammentreffen des Wassers mit Magma reagiert das Wasser heftig und explodiert in Dampfstrahlen.

Der Kilauea war, wie schon erwähnt, zwischen den frühen 1880er und dem Jahr 1924 meistens aktiv. 1868 gab es einen Ausbruch, der bemerkenswert war, weil dabei nicht Lava ausgestoßen wurde, sondern Schutt und Geröll. Er wurde bekannt als »die große Geröllawine« und wurde von einem schweren Erdbeben begleitet. Ein Augenzeuge berichtete folgendes:

> »Mitten während des großen Erdbebens sahen wir aus der Spitze [einer Schlucht] ... einen riesigen Fluß von ... roter Erde... hervortreten, der wie eine Sturzflut senkrecht den Berg herabströmte und über die darunterliegende Ebene hinweg, ... und alles verschlang, was sich ihm in den Weg stellte – Bäume, Häuser, Rinder, Pferde, Menschen, und zwar auf der Stelle. Er legte in einem Zeitraum von höchstens drei Minuten fast fünf Kilometer zurück.«[7]

Bei den meisten Ausbrüchen des Kilauea im 19. und 20. Jahrhundert strömte die Lava einfach aus großen Spalten und aus dem Halemaumau, dem Lavasee. 1983 begann eine Eruption an einer Spalte an der Südostflanke des Vulkans, sie ist bekannt als ›Pu'u O'o Eruption‹ und trägt diesen Namen nach der Öffnung, an der sie begann. Sie hält noch immer an, auch jetzt noch, 18 Jahre später, während diese Zeilen niedergeschrieben werden. 1986 bewegte sich diese Stelle an der Spalte um etwa 3 Kilometer weiter nach Osten. 1992 verschob sich diese Örtlichkeit des Ausbruchs zurück zum Pu'u O'o; seither sonderte sie so gut wie ständig Lava ab. Zur Zeit des letzten größeren Ausbruchs hat die Lava mehrere Gemeinden an der Südostflanke des Kilauea zerstört.

Kap Kumukahi, der östlichste Zipfel der Großen Insel, entstand als Produkt mehrerer Lavaströme des Kilauea. Die Geschichte vom Ursprung dieses Kaps, wie sie in der Mythologie von Hawaii ihren Ausdruck findet, unterstreicht die vielen Zusammenhänge zwischen der Geologie und den alten Geschichten von der Feuergöttin Pele. Kap Kumukahi trägt den Namen eines legendären Häuptlings aus Hawaii, der den verhängnisvollen Fehler beging, Pele einen Korb zu geben, als sie ihn in Gestalt eines alten Weibes bat, bei ihren Spielen mitzumachen. Als der Häuptling ihr dies hochmütig abschlug, schoß plötzlich eine Feuerfontäne aus dem Boden. Kumukahi rannte zum Meer, aber die rachsüchtige Pele fing ihn an der Küste in einem Lavastrom, der sich bis ins Meer ergoß, und als Folge davon entstand das Kap.

Ein anderer Häuptling, Papalauahi, zog sich zusammen mit mehreren seiner Freunde Peles Zorn zu, als sie die Göttin beim *holua*-Reiten schlugen. Das *holua* ist ein beliebtes Freizeitvergnügen, und der *holua* ist eine Art Schlitten, mit dem die Jugendlichen auf Hawaii über die grasbedeckten Hügel hinunterrutschen. Pele sorgte dafür, daß die Jugendlichen in einen Lavastrom gerieten und sich zu Felssäulen verwandelten – in Wahrheit waren das Abgüsse von Bäumen, die entstehen, wenn Lava durch einen Wald fließt und

222

sich an großen Bäumen verfängt. Das Holz verbrennt, und die Lava nimmt die Form eines hohlen Zyklinders an.

Das *Holuha*-Schlittenfahren taucht auch in einer anderen Sage auf, und diesmal ist ein Häuptling namens Kahawali mit dabei, ein Meister bei dieser Art Schlittenfahren. Auch in diesem Falle erschien Pele als eine unansehnliche alte Frau und bat darum, Kahawalis Schlitten benützen zu dürfen. Er schüttelte den Kopf, setzte sich auf seinen Schlitten und sauste den Hang hinunter. Pele stampfte verärgert mit dem Fuß auf, und sogleich begann ein Erdbeben und riß den Boden auf. Lava brach hervor und begann rasch den Berg hinabzufließen, und die Feuergöttin sauste oben auf dem geschmolzenen Gestein auf ihrem eigenen Schlitten mit hinab. Kahawali eilte zum Meer, sprang in ein Kanu und paddelte wie verrückt von der Küste weg. Da die Göttin nicht selbst auf das Wasser hinaus konnte, schleuderte sie ihm Felsen (vulkanische Geschosse) nach, schaffte es aber nicht, heißt es, ihn zu töten. Diese Geschichte erteilt also nicht nur eine Lektion in Höflichkeit, sie liefert auch eine Beschreibung eines Vulkanausbruchs in der Nähe einer Meeresküste.

Mit Hilfe von seismischen Daten ist es gelungen, den Schlot, durch den das Magma am Kilauea aufsteigt, bis in eine Tiefe von ungefähr 35 Kilometer zu verfolgen. Bis hinab in diese Tiefe scheint es nur einen zentralen Förderschlot zu geben, sieht man ab von mehreren nach den Seiten ausstrahlenden Spalten. Das Magma steigt bei einem größeren Ausbruch sowohl durch den zentralen Förderschlot auf als auch durch diese Spalten nach oben, bei kleineren Ausbrüchen jedoch nur durch den Schlot.

Das Magma entsteht keineswegs in einer Tiefe von nur 35 Kilometer. Das Einschmelzen setzt sehr viel tiefer im Erdmantel ein. Geochemische Modelle legen nahe, daß sich der wichtigste Schmelzpunkt auf dem *hot spot* von Hawaii in ungefähr 80 Kilometern Tiefe befindet. Das Vulkangestein an der Oberfläche trägt jedoch Spuren von gewissen Helium-Isotopen, von denen man weiß, daß sie aus größeren Tiefen – mehr als 300 Kilometer – stammen müssen. Aus diesem Grund muß auch die Bildung dieses *hot spots* tief im Erdinnern seinen Ursprung haben.

Der *hot spot* von Hawaii, wie er in der Gegenwart besteht, hat einen Durchmesser von ungefähr 80 Kilometern. Das leichtere geschmolzene Material scheint sich in der Mitte dieser Zone auf mehrere Schlöte zu verteilen und könnte sich in größeren Mengen unterhalb der Vulkane ansammeln. Während neue Schübe von Magma in die Schlöte einfließen, nimmt der nach oben gerichtete Druck zu, und das schon davor eingeströmte Magma steigt rasch nach oben. Dort oben, im Krater oder in der Caldera des Vulkans, sammelt sich die Lava gelegentlich in großen Seen an, die oft an den vom

Vulkangipfel ausgehenden Spalten ausfließen. Im Gegensatz zu den Calderen, die von explodierenden Vulkanen gebildet wurden – wie etwa beim Krakatau in Indonesien oder dem Vesuv, die am Rande von konvergierenden tektonischen Platten liegen –, entwickelten sich die meisten der Calderen auf Hawaii, als dort die Kraterwände einbrachen, während das Magma sich verströmte.

Obwohl die Vulkane auf Hawaii schildförmig sind, mit sanft geneigten Flanken, werden viele von ihnen doch von steilen Abhängen begrenzt, von denen einige sogar mehrere Hundert Meter in die Tiefe stürzen. Einige von ihnen, auf dem Archipel selbst (am bekanntesten die auf Kauai und Molokai), besitzen gewaltige Felswände, bei anderen – z. B. auf der Insel Hawaii und auf den Inselgruppen Oahu, Molokai, Lanai und Maui – befinden sie sich unterhalb des Meeresspiegels. Diese steilen Wände, die in der Sprache der Einheimischen als *pali* bezeichnet werden, stellen erodierte Verwerfungen dar, hier sind große Teile der Vulkane bei sehr großen Ausbrüchen in die Tiefe des Ozeans gestürzt und versunken – sie sind infolge der Schwerkraft in sich zusammengebrochen.

Die riesigen Blöcke, die sich entlang solcher Verwerfungen lösten und in die Tiefe stürzten, haben unterhalb des Meeresspiegels zu Erdrutschen geführt (siehe Abbildung 9-2). So wurde beispielsweise vor ungefähr 105 000 Jahren, wie man aus dem Alter von darüberliegenden Sedimenten festgestellt hat, eine große Masse der Erdkruste von einem unter dem Wasserspiegel gelegenen steilen Abhang südwestlich von Lanai abgetrennt. Dieser Block, der oben etwa 40 Kilometer breit ist, löste sich aus seiner bisherigen Lage und verschob sich 70 Kilometer südwestwärts entlang der Vulkanflanke, wo er sich auf dem Grund des Meeres in einer Tiefe von etwa 4500 Metern absetzte.

Ein Sturz solch gewaltiger Massen ins Meer verursachte eine Reihe von riesengroßen Wellen oder Tsunamis, die die Südküste von Lanai innerhalb von vielleicht fünf Minuten erreicht haben müssen. Die erste Welle brandete an die Küste und stieg bis auf 190 Meter empor, das beweisen abgebrochene Stücke des Korallenriffs und große Stücke von Basalt aus dem Meeresboden, die abgebrochen wurden und bis weit hinein ins Binnenland befördert wurden. Eine zweite Welle traf zwei Minuten später ein und schoß auf der Insel bis in eine Höhe von 375 Metern empor, sie trug viel Schutt von der ersten Welle mit sich. Eine dritte Welle war noch einmal ungefähr 190 m hoch, die nachfolgenden Wellen wurden dann immer kleiner. Als diese Wellen wieder von der Südküste von Lanai zurückwichen, rissen sie die gesamte Vegetation und das Erdreich bis zur höchsten Erhebung mit, die sie erreicht hatten, und ließen eine Wüstenei aus Fels zurück. Die Wellen, die die Nordküste dieser

Insel trafen, putzten bis in eine Höhe von ungefähr 100 Meter alles weg, und das beweist, daß Tsunamis eine Insel von mehreren Seiten angreifen und an der Stelle, die gegenüber dem eigentlichen Unruheherd liegt, beträchtlichen Schaden anrichten können.

Die hier geschilderten Ereignisse illustrieren einen oftmals übersehenen Aspekt des Vulkanismus – die Tatsache nämlich, daß Vulkane, selbst wenn sie nicht mehr aktiv sind, gefährlich sein können. Viele alte Vulkane fallen buchstäblich in sich zusammen, und die dann folgenden Erdrutsche und die dadurch ausgelösten Tsunamis können für die Bewohner von Küstenregionen wirklich verheerende Folgen haben.

Die zum Meer hin gelegene Flanke des Bergmassivs, das heute als Koolau Range bekannt ist, an der Nordostküste von Oahu, wurde in einem plötzlichen Landrutsch riesigen Ausmaßes abgerissen. Dabei wurden große Brocken von Vulkangestein mehrere Hundert Kilometer vor die Küste befördert, so daß spektakuläre 500 bis 700 Meter hohe Felswände zurückblieben. Einzelne solcher Felsbrocken hatten dieselbe Größe wie das Eiland von Manhatten in New York.

Ähnliche Landrutsche geschahen vor der Küste der großen Insel von Hawaii, an der Westflanke von Mauna Loa, wo einzelne Felsbrocken sich im Meer bis zu 100 Kilometer weit fortbewegten und dabei bis in Tiefen von 4800 Metern gelangten. Einzelne dieser Schuttblöcke waren schätzungsweise 50 bis 200 Meter groß, das läuft insgesamt auf ein Volumen von 200 bis 600 Kubikkilometern hinaus. Der ganze Landrutsch auf dem westlichen Terrain von Hawaii betrug wahrscheinlich 1500 bis 2000 Kubikkilometer. Im Osten von Kilauea rutschte die gesamte Südflanke entlang einer größeren Verwerfungszone mit einer Geschwindigkeit von mehreren Zentimetern pro Jahr nach Süden. Wenn sie etwas schneller abrutschte, was in der Vergangenheit geschah, dann kam es zu Erdbeben. 1975 schob sich die Erdmasse mit bis zu 7 Metern in Richtung Meer vor. Der untere Teil dieser Rutschmasse, der unterhalb des Wasserspiegels liegt, verdrängte das Meereswasser und verursachte eine Tsunami, die zwei Menschenleben kostete.

Erdbeben können nicht nur die Folge von Erdrutschen sein, sie können sie auch verursachen. Im 20. Jahrhundert gab es 25 Erdbeben, die stark genug waren, große Gesteinsschichten von den Flanken der Vulkane von Hawaii abzulösen. Ein Beben im südlichen Teil der Insel von Hawaii löste im April 1868 einen Erdrutsch aus, der ein Dorf unter sich begrub und eine Tsunami hervorrief.

Welche zerstörerische Kraft die von Erdrutschen hervorgerufenen Tsunamis haben, beweist eine Sage, die von einem riesigen Felsen in dem Ozean vor Kaena Point berichtet, von der nordwestlichen Spitze von Oahu. Der Felsen trägt den Namen Pokahu o Kauai, Fels von Kauai, weil er dem Basaltgestein dieser Insel ähnelt, die ungefähr 120 km von Kaena Point entfernt ist. Ein Riese, der Halbgott Hau pu, dem der Ruhm eines mächtigen Kriegers anhängt, lebte einst auf Kauai und wurde eines Nachts durch laute Rufe von Menschen geweckt. Er blickte hinaus auf das Meer und sah, in beträchtlicher Entfernung, gegen Oahu zu, tanzende Lichter auf den Wellen. Es waren Fischer, die einen Schwarm von Fischen eingekreist hatten und beim Schein ihrer Fackeln rasch ihre Netze einholten.

Weil er annahm, daß diese Männer Krieger aus Oahu waren, die ihn angreifen wollten, riß Hau pu einen riesigen Felsbrocken aus dem Boden und schleuderte ihn zu diesem Lichterkreis. Er verursachte beträchtlichen Schaden und große Wellen, die über die Küste von Oahu hinwegbrandeten und eine spitz geformte Landzunge zurückließen. Diese Halbinsel wurde später Kaena Point genannt, das war der Name des Anführers dieser Fischer.

Die Mythologie der Hawaiianer läßt den Schluß zu, daß von den beiden Göttinnen Pele und ihrer Schwester, die Meeresgöttin Namaka o Kahai mehr Schaden anrichtet. Die Tsunamis, die von ihr kommen und manchmal ohne jede Vorwarnung auf die Küsten krachen, haben in der Vergangenheit den Küstenregionen in Peles Reich sehr großen Schaden zugefügt. Es gibt keinen Grund, daran zu zweifeln, daß sie in Zukunft weniger zerstörerisch sein werden.

Weil die Inseln von Hawaii in der Mitte des Pazifik liegen, wanderten Tsunamis von hier in alle Himmelsrichtungen. Sie beschädigen daher auch nicht nur die Inseln selbst, sondern auch sämtliche Küsten rund um den Pazifischen Ozean.

Wie Tsunamis, die ihren Ursprung in Hawaii haben, den gesamten Pazifik durchqueren können, so können umgekehrt Tsunamis, die an einer anderen Pazifikküste in großer Entfernung entstehen, ausgelöst von Bewegungen an den großen Verwerfungen, wo die Platten zusammenkommen, die fast den gesamten Pazifik umgeben, auch Hawaii treffen. Wenn auf dem Meeresboden neue Verwerfungen entstehen, rufen sie eine Folge von Wellen hervor, die unweigerlich diese Inseln erreichen und häufig großen Schaden anrichten.

Heute schreckt ein Tsunami-Frühwarnsystem die Küstenbewohner auf, wenn sich eine große Welle den Hawaii-Inseln von irgendwoher nähert. Dann kann man die Bewohner gefährdeter Gebiete rasch evakuieren und Vorbereitungen treffen, damit der Schaden möglichst gering bleibt. Wenn jedoch eine Tsunami auf dem Archipel selbst ihren Ursprung hat, gibt es keine Zeit für eine Evakuierung, und der Schaden kann dann noch viel größer sein.

Anders als bei den Tsunamis geschehen heute nur wenige Vulkanausbrüche ohne jegliche Vorwarnung. In vielen Teilen der Welt hat man in den letzten Jahren immer wieder versucht, moderne Technologien einzusetzen, um den Lavastrom zu kanalisieren, sobald die Eruption einmal begonnen hat. Auf der Insel Hawaii hat man im Verlauf eines Ausbruchs im Jahr 1960 versucht, die Lava zu kontrollieren. Als ein Lavastrom das Dorf Kapoho an der Ostseite des Berges bedrohte, wurde mit Hilfe von Traktoren eine Barriere aus Erde errichtet, 6 Meter hoch und 5 Kilometer lang; aber die Lava floß darüber hinweg und zerstörte das Dorf.

Während eines Ausbruchs des Mauna Loa, der am 21. November 1935 begann, sammelten sich große Mengen von geschmolzener Lava in dem Joch zwischen diesem Berg und dem Mauna Kea und ergossen sich dann talwärts. Ein feuriger Strom von mehr als eineinviertel Kilometern Breite bewegte sich langsam auf Hilo zu und drohte diese Stadt zu überschwemmen. Thomas Jaggar, damals der Direktor des Vulkanobservatoriums von Hawaii, beschloß, den Strom mit Hilfe von Sprengungen anzuhalten. Er setzte sich mit dem Stützpunkt der US-Armee Oahu in Verbindung, und am 27. Dezember 1935 griffen zwei Luftbombergeschwader den fließenden Strom an. Ungefähr 33 Stunden später hörte die Lava zu fließen auf, fing aber bald darauf wieder an. Am 2. Januar 1936 kam der Strom dann schließlich ungefähr 20 Kilometer vor Hilo zum Stehen. Wissenschaftler haben später die Wirkung der Bombardierung bezweifelt, sie meinten, der Lavastrom habe zu fließen aufgehört, weil die Eruption zu Ende war.

Der Mauna Loa brach noch einmal aus im April 1942, während des Zweiten Weltkrieges, und sandte erneut einen Lavastrom in Richtung Hilo aus. Wieder wurde die US-Luftwaffe angerufen, den Strom durch ein Bombardement zu stoppen. Es gelang den Fliegern durch Bombenabwurf, die harte Kruste am Rand des Lavastroms aufzubrechen, so daß Lava durch diese Öffnungen seitwärts abfließen konnte. Die Lava suchte sich dann ein neues Bett und floß jedoch etwas weiter unten wieder zusammen. Der Lavafluß kam also nicht bis Hilo, aber auch diesmal wurden die Erfolge der Bombardierung nicht für entscheidend gehalten.

1984 wurde Hilo noch einmal durch eine Eruption des Mauna Loa bedroht; aber diesmal entschied die Regierung in Honolulu, daß man nicht versuchen solle, den Lavastrom abzuleiten. Die Offiziellen glaubten aufgrund der Erfahrungen, daß diese Bemühungen nichts bringen. Die rechtlichen Folgen, die eingetreten wären, wenn man den Lavastrom auf ein Gebiet lenkte, das sonst vielleicht nicht verwüstet worden wäre, wurden nämlich für gravierender gehalten. Glücklicherweise kam der Strom vor der Stadt zum Stehen.

Die Probleme, die sich bei der Anwendung von technischen Verfahren, den Lavastrom zu kanalisieren, stellten, ermutigten die Bewohner von Hawaii, sich wieder an Pele zu wenden, wie sie es seit Generationen getan haben. In der Vergangenheit hatte man oft genug schlechte Erfahrungen gemacht, wenn man Pele zuwenig Respekt erwies.

Anläßlich der letzten Eruption des Hualalai auf der Insel Hawaii, vor zweihundert Jahren, hat sich dies auf dramatische Weise bewahrheitet. Im Jahr 1801 zerstörte die aus dem Grund des Vulkans hervorbrechende Lava einige Dörfer und Plantagen und füllte eine ganze Bucht auf der Westseite der Insel mit Lava. Der Lavastrom bedrohte auch einige Fischweiher, die dem König Kamehameha gehörten. Daraufhin ließ der König Opfergaben auf die glühende Lava werfen, Brotfrüchte und Fische; aber Pele zeigte sich von diesen kleinen Gaben – einer so hochgestellten Persönlichkeit – unbeeindruckt, und die Lava strömte weiter. Da ließ der König ein Schwein herbeischaffen und in den Strom werfen; doch der Strom hörte nicht zu fließen auf. Schließlich schnitt sich Kamehameha einige Locken aus seinem Haar und warf sie in die Lava, gewissermaßen einen Teil seiner Selbst. Pele nahm diese Unterwerfung an – und die Eruption kam zum Stillstand.

Daß auch Pele indes nicht allmächtig war, zeigte sich Kapiolani, der Frau eines Häuptlings auf der Insel Hawaii 23 Jahre später. Sie war von amerikanischen Missionaren zum Christentum bekehrt worden, und sie wollte unbedingt beweisen, daß man Pele nicht länger fürchten müsse, daß die Feuergöttin lediglich ein Götze sei. Im Dezember 1824 wanderte Kapiolani mit mehreren Freunden trotz der Warnungen von Pele-Priestern auf mühsamen Wegen aus dem westlichen Hawaii zum Kilauea. Anhänger des alten Glaubens versuchten sie aufzuhalten, weil sie fest glaubten, sie würden einen schrecklichen Tod finden, wenn sie sich Halemaumau näherten, der Feuergrube, wo Pele sich aufhielt. »Ich werde nicht von den Händen *eurer* Göttin sterben«, sagte Kapiolani, »denn das Feuer wurde von *meinem* Gott entfacht.« (Hervorhebung des Autors)[8]

Zusammen mit ihren Freunden stieg sie zur Caldera auf und hinab bis zum äußersten Rand des Halemaumau. Dort forderte sie Pele heraus, indem sie ein wichtiges Verbot verletzte: Sie pflückte einige heilige Ohelo-Beeren, aber sie aß nun nicht eine einzige davon und opferte die anderen der Göttin, indem sie sie, wie es der Brauch verlangte, in die Feuergrube warf – nein, sie aß sie alle auf. Sie beleidigte Pele auch noch, indem sie Steine in ihre Grube warf. Dann betete sie ihren gläubigen Begleitern vor, und sie sangen ein christliches Lied. Danach stiegen sie, zum Erstaunen der Zuschauer, aus der Caldera, ohne Schaden genommen zu haben.

1892 machte der englische Dichter Alfred Lord Tennyson Kapiolani dafür unsterblich, als er ein Gedicht schrieb, das einfach ihren Namen trägt.

Wenn vom Schrecken der Natur
ein Volk sich einen Geist des Bösen erdenkt und diesen verehrt,
Dann sei gesegnet die Stimme des Lehrers, der ihnen zuruft:
»Macht Euch frei!«

... Groß und größer und größte der Frauen,
Kapiolani, du Inselheldin
Bestiegst den Berg und verspeistest selbst die Beeren
und fordertest die Göttin heraus, befreitest so dein Volk
der Hawaiianer!

Ein Volk, das glaubte, daß Pele, die Göttin,
sich wälzte in feurigen Gelagen und Orgien
auf Kilauea,
daß sie in lodernden Flammen mit ihren Teufeln tanzt,
oder ihr Eiland mit Donner und Beben erschüttert,
und sich vor Ärger rollt
durch versengte Täler und lodernde Wälder
in blutigroten Katarakten bis hinunter ans Meer.
....
Kapiolani stieg herab von ihrem Berg,
und verwirrte die Priester,
sie brach das Tabu,
stieg hinab in den Krater,
und rief an die Macht, die von den Christen verehrt wird
und schrie: »Ich fordere sie heraus, laß Pele sich rächen!«
Warf die Beeren in das Flammenmeer
und vertrieb den Dämon aus Hawaii.[9]

Obwohl Kapiolani keine Steine warf, wie Tennyson schrieb, unterstreicht sein Gedicht doch Kapiolanis kühne Tat. Die alten Glaubensformen blieben jedoch bestehen. 1881 bedrohte ein Ausbruch des Mauna Loa die Stadt Hilo. Prinzessin Ruth Keelikolani, eine Enkelin von König Kamehameha I., näherte sich dem Rand der auf sie zuströmenden Lavafront und bot Pele seidene Tücher zur Versöhnung an, außerdem eine Vielzahl von Speisen und Branntwein, und dazu sang sie eine alte Beschwörungsformel. Der Lavastrom hörte daraufhin nicht gleich auf; aber am folgenden Tag kam er kurz vor der Stadtgrenze zum Versiegen. Dies überzeugte viele, daß man sich weiterhin an die alten Bräuche halten sollte.

Selbst heute noch versuchen die Bewohner von Hawaii Peles Zorn zu besänftigen, indem sie nahe den Lavaströmen – oder auf diesen selbst – Opfer-gaben niederlegen. Speisen, Branntwein, Bekleidungsstücke und andere Op-fergaben werden oftmals nahe dem Kraterrrand der Caldera von Kilauea ab-gestellt, wo der Geist Peles weiterhin in der Feuergrube Halemaumau haust.

Die Mythen von Pele und ihrer bösartigen Schwester Namaka o Kahai le-ben weiter – wie auch die Vulkanausbrüche, Tsunamis und ihre Spätfolgen weiterhin die Bewohner von Hawaii bedrohen, die Menschen auf dem Archi-pel, den Mark Twain einst »die lieblichste Flotte von Inseln, die auf dem Boden des Ozeans vor Anker liegt« nannte.

Der Ausbruch des Mount St. Helens 1980

10

Die Katastrophe auf Raten

»O ihr schneebedeckten Gipfel, ihr Herrscher der Berge,
Wer kennt ihre Geheimnisse?
Aber wenn sie aussehen wie immer, dann halt ein und vergiß nicht –
Die Riesen schlafen nur.«

TOM SHINDLER, »DIE RIESEN SCHLAFEN NUR«

NACH EINEM SCHLUMMER von 123 Jahren Dauer wachte der Mount St. Helens, ein Vulkan im amerikanischen Bundesstaat Washington, im äußersten Nordwesten des Landes wieder auf. Mitte März 1980 begann eine Reihe von Erdbeben, bei denen der Vulkan kleinere Mengen Dampf und vulkanischer Aschen ausstieß. Am 18. Mai erfolgte die erste große Detonation. Die obersten 400 Meter des Berges wurden dabei weggesprengt, und im Gifford Pinchot National Forest verwandelten sich 500 Quadratkilometer Wald zu grauem, von Aschen bedeckten Ödland. 57 Menschen kamen bei diesem Ausbruch ums Leben. Große Wolken aus vulkanischen Aschen verdüsterten den Himmel, und große Staubmengen aus dieser Eruption zirkulierten danach um die nördliche Hemisphäre. Es war die erste Eruption in den wie aus einem Stück zusammengefügten 48 amerikanischen Bundesstaaten, seit der Lassen Peak in Kalifornien in den Jahren zwischen 1914 und 1917 aktiv gewesen war.

So eindrucksvoll und so erschreckend diese Eruption des Mount St. Helens auch war, im Vergleich mit vielen anderen Vulkanausbrüchen, die die Welt schon erlebt hat, war sie eher klein. Wir haben den Mount St. Helens hier nicht aufgenommen, weil er in geologischer oder historischer Sicht so bedeutsam wäre, sondern weil er erst vor kurzem stattfand, weil er intensiv erforscht wurde und zu einem außerordentlich bekannten Beispiel wurde, das zeigt, in welcher Weise ein einzelnes geologisches Ereignis viele Seiten des menschlichen Lebens berühren kann. Dieser Ausbruch im Jahr 1980 ist das am häufigsten photographierte und am gründlichsten dokumentierte vulkanische Ereignis der Geschichte.

Der Mount St. Helens ist einer von 15 Vulkanen im Massiv Cascade Range, das sich vom nördlichen Kalifornien nach British Columbia, Kanada, erstreckt. Er ist der jüngste dieser Vulkane hier, er brach erstmals vor etwa 40 000 bis 50 000 Jahren aus – und sein Gipfel, den er 1980 einbüßte, war nur etwa 2500 Jahre alt.

Während der letzten 4000 Jahre kam es in den Cascades zu ein oder zwei Ausbrüchen pro Jahrhundert. In diesem Zeitraum war der Mount St. Helens der aktivste Vulkan, obschon seine Ausbrüche unregelmäßig geschahen. Zu einem Ausbruch kam es etwa alle 40 bis 140 Jahre einmal, aber manchmal scheint er auch mehrere Hundert Jahre lang geschlummert zu haben. So fehlen beispielsweise zwischen 1610 und 1800 die Anzeichen für eine Eruption. Dem Ausbruch von 1800 folgten 57 Jahre, in denen er sich gelegentlich etwas regte.

In dieser Zeit bekam der Mount St. Helens, der sich bis in 2951 Meter Höhe über den Meeresspiegel erhebt, seine schöne symmetrische Gestalt. Ihretwegen war er lange Zeit bekannt – bis zum 18. Mai 1980. An diesem Tag wurde die schöne Spitze des Kegels weggesprengt und hinterließ einen grotesk aussehenden einseitigen Krater. Die gähnende Senke ist 625 Meter tief, zwei Kilometer breit und 2,7 Kilometer lang. Sie ist nach Norden hin offen, denn an dieser Seite des Berges löste sich eine riesige Lawine ab, von Erdbeben ausgelöst, die am 18. Mai begannen.

―――――

Die Cascade Mountains bilden einen Vulkanbogen, der dort entstand, wo die Juan-de-Fuca-Mikroplatte sich ostwärts bewegte und unter die Nordamerikanische Platte hinabrutschte (Abbildung 10-1). Diese Mikroplatte bildete sich, als von unten her empordrängendes Magma durch Spalten in den Juan-de-Fuca-Rücken emporstieg. Ein kleiner Teil davon, am Pazifik gelegen, wird von Geologen als Farallon-Rücken bezeichnet. Der größere Teil dieses Farallon-Rückens wurde von der nach Westen treibenden Nordamerikanischen Platte überlagert.

In einer Tiefe von ungefähr 100 Kilometern wird das Gestein, das die Juan-de-Fuca-Platte bildet, so stark erhitzt, daß heiße Flüssigkeiten, zum größten Teil Wasser, daraus nach oben steigen. Diese heißen Massen dringen in den darüberliegenden Keil des Erdmantels ein und rufen dort chemische Reaktionen hervor, die die Schmelztemperaturen im Keil absenken. Ein Teil des Materials aus dem Erdmantel schmilzt also und bildet Blasen von

Magma, das durch Brüche in der Erdkruste aufsteigt und sich in Kammern unterhalb der vulkanischen Gipfel des Cascade Range ansammelt (siehe Abbildung 10-1).

Die daraufhin folgenden Ausbrüche können unterschiedlich gewaltig sein. Vor ungefähr 6000 Jahren kam es am Mount Mazama, einem der Vulkane in den Cascades, zu einer Eruption mit erstaunlichen Ausmaßen. Sie hinterließ eine mächtige Decke vulkanischer Aschen über dem ganzen nordwestlichen Teil der heutigen Vereinigten Staaten.

Heute befindet sich in der Caldera des Mazama, im südwestlichen Oregon, ein Kratersee, der einen Durchmesser von knapp 10 Kilometern hat und 610 Meter in die Tiefe reicht. Aus der Sicht des Geologen gibt es keinen Grund, warum nicht ein weiterer von diesen Vulkanen in den Cascades, den Mt. St. Helens eingeschlossen, jederzeit einen ähnlich katastrophalen Ausbruch hervorbringen könnte.

Der Mount St. Helens bekam seinen Namen 1792 von dem Kommandeur des englischen Schiffes »Discovery«, George Vancouver, der damals die Pazifische Küstenregion Nordamerikas erforschte. Zu dieser Zeit beanspruchte Spanien noch den größten Teil dessen, was heute den westlichen Teil der USA ausmacht, und Vancouver gab dem Vulkan den Namen des englischen Botschafters am spanischen Königshof, Alleyne Fitzberbert Baron St. Helens.

Die einheimischen Indianerstämme verwendeten für den Mount St. Helens und die Nachbargipfel Namen, die die prähistorischen Mythen über Vulkanverhalten widerspiegeln. Einer solchen Sage zufolge war der schöne, symmetrische Gipfel, den Vancouver dann St. Helens benannte, einst ein anmutiges Mädchen namens Cloo-wit. Zwei Söhne des Großen Geistes, Wyeast und Pahto, verliebten sich in sie; aber das scheue Mädchen wollte keinem der beiden den Vorzug geben. Ihretwegen trugen die beiden jungen Männer heftige Kämpfe aus. Der Große Geist ärgerte sich darüber und verwandelte alle drei in Vulkane. Aber das Streiten hörte damit noch nicht auf: Wyeast (heute Mount Hood) und Pahto (Mount Adams) bliesen nun also als Vulkane heiße Aschewolken aus, sie bewarfen sich mit glühendheißen Felsen und zerstörten mit ihren Strömen flüssigen Feuers Dörfer und Wälder oder begruben sie unter Schlammfluten. Die einst so schöne Loo-wit (Mount St. Helens) soll alledem ganz ruhig zugeschaut haben.

Mitte des 20. Jahrhunderts war der Mount St. Helens, der nur 80 Kilometer von Portland, Oregon, entfernt ist und nicht viel weiter von den großen bevölkerungsreichen Orten des Bundesstaates Washington, zum Mittelpunkt eines wunderbaren ursprünglichen Erholungsgebiets geworden. Hier kann man jagen und fischen, wandern, skifahren und zelten. Der

Der Ausbruch des Mount St. Helens 1980

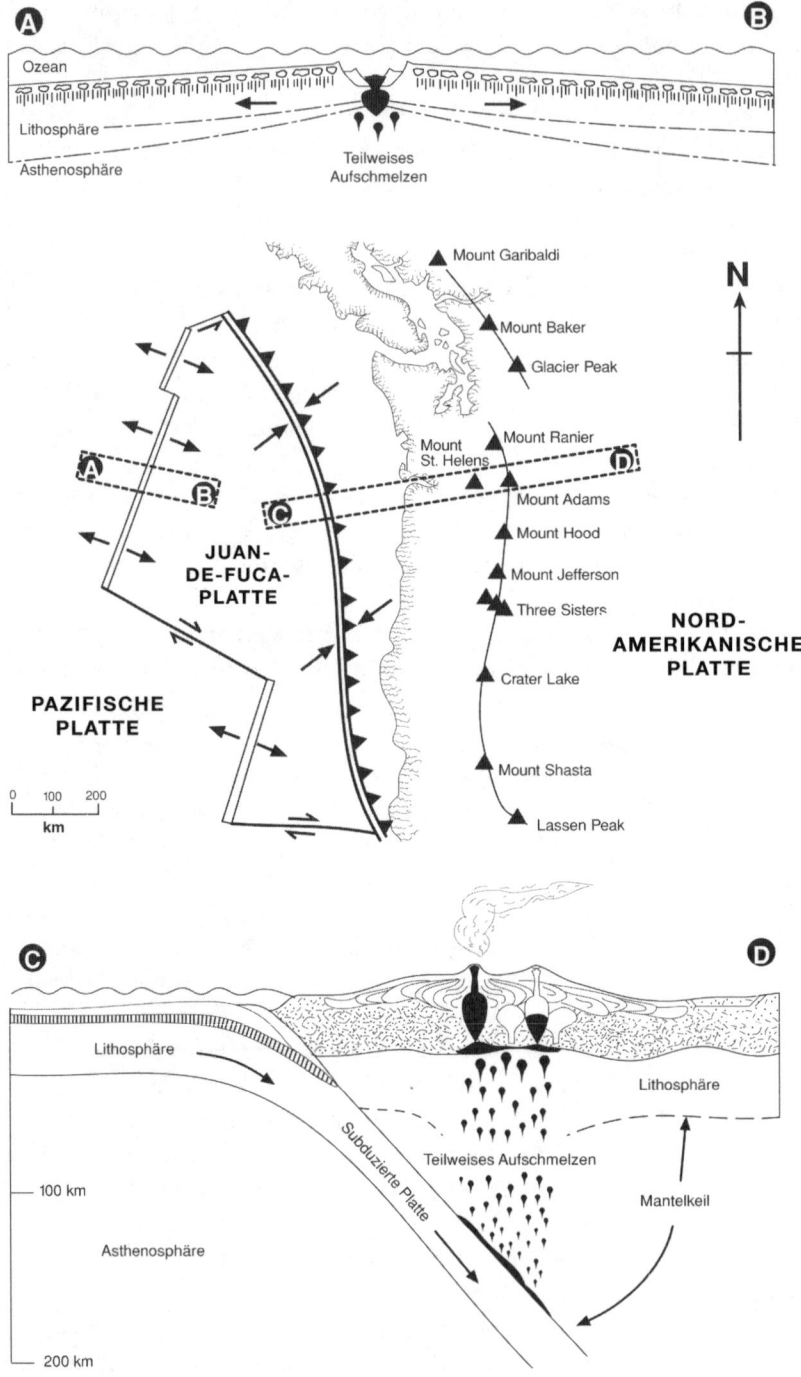

malerische Spirit Lake, der sich in ein Tal an der Nordflanke des Berges schmiegt, war gleichfalls ein beliebter Ausflugsort. Sein poetischer Name fand seinen Ursprung in einer Indianerlegende, die von stöhnenden Geräuschen und dem mysteriösen Verschwinden von Kanufahrern auf diesem See berichtet.

Binnen weniger Augenblicke erfuhren der Spirit Lake und die Landschaft, die ihn weitläufig umgibt, eine große Verwandlung. Seine schönen Nadelwälder, seine glänzenden Seen und Gebirgsflüsse wurden zerstört. Diese Gegend bleibt zwar weiterhin eine Attraktion für Touristen, aber heute liegt ihre Anziehung eher in dem Schaden, den die gigantischen Kräfte der Natur hervorbrachten – und auch in der natürlichen Heilkraft, der biologischen Regeneration, die neue Pflanzen Wurzeln schlagen und neue Tiere hierher zurückkehren ließ.

Am 20. März 1980 verursachten Spannungen an der Verwerfung im tiefen Bergesinnern ein Erdbeben der Stärke 4,1, es überzeugte die Geologen, daß nun auch ein Vulkanausbruch folgen könnte. Geologen vom US Geological Survey (USGS) stellten sofort Gravity Meters und Tiltmeters auf, um eine etwaige Aufwölbung oder eine andere Verformung des Bodens feststellen zu können. Sie installierten Kameras, die in gewissen zeitlichen Abständen automatisch Bilder machten, um jede sichtbare Veränderung zu bemerken, und Gas-Sensoren, die die Emission von Schwefeldioxid registrierten, ein Indiz für das Aufsteigen von Magma im Förderschlot des Vulkans. Sie bauten auch mehrere Seismographen auf, um das Bebengeschehen in nächster Nähe festzuhalten. Diese Instrumente stellten mehrere Beben von geringer Stärke fest, hervorgerufen von zerberstendem Gestein, während das Magma unaufhaltsam durch den Schlot nach oben stieg. Diese Instrumente registrierten auch die mehr oder weniger ständigen Vibrationen, die von einem summenden Geräusch begleitet wurden, das wahrscheinlich bei der Trennung von Gasen und Magma entstand.

Diese Erschütterungen und das Summgeräusch hörten nicht auf, und die Geologen und das Forstpersonal gaben nun Warnungen aus, diese Gegend besser zu meiden. Viele wollten jedoch nicht glauben, daß von dieser schönen

ABB. 10-1 Der Umriß der Juan-de-Fuca-Platte, er zeigt die Zone, wo die Kruste sich ausbreitet und wo neue Lithosphäre entsteht (Teil A-B) und die Zone, wo der Zusammenstoß mit der Nordamerikanischen Platte geschieht, an der die Juan-de-Fuca Platte subduziert wird (Teil C-D). Östlich davon befindet sich der vulkanische Boden der Cascades. Gezeigt wird auch in C-D, wie Magma aus dem Mantelkeil oberhalb des absteigenden Teils der Platte hervorgebracht wird, und sein Anstieg sowie die Ansammlung in der Magmakammer unterhalb des Mount St. Helens.

Natur eine Gefahr ausgehen könne. Die Vorstellung, daß in dieser herrlichen, ruhigen Waldlandschaft plötzlich ein Vulkan ausbrechen könne, erschien ihnen einfach nicht glaubhaft. Dabei hatten nur wenige Jahre zuvor, 1974, zwei Geologen des USGS, Dwight Crandell und Donal Mullineaux, einen Aufsatz über Vulkangefahren im Cascade Range veröffentlicht, in dem sie ausdrücklich die Warnung aussprachen: »Die Vulkane im Cascade Range waren in den letzten hundert Jahren so ruhig, daß von ihnen eigentlich fast keine Gefahr ausging. Dies hat dazu geführt, daß man in den Tälern, die durchaus in der ferneren Vergangenheit mehrmals von großen Schlammfluten oder Lavaströmen überschwemmt wurden, Dämme und Wasserreservoire anlegte.«[1] Die beiden Verfasser schätzten, daß bei einem Ausbruch des Mount St. Helens 4000 Menschen in Lebensgefahr geraten könnten. Es entstanden mehrere ähnliche geologische Gutachten, die sich allerdings nur an die Fachwissenschaft wandten, nicht an die Öffentlichkeit.

1978 veröffentlichten Crandell und Mullineaux einen weiteren Aufsatz, der diesmal für die große Öffentlichkeit bestimmt war. Weitblickend schrieben sie darin: »In der Zukunft wird der Mount St. Helens wahrscheinlich gelegentlich schwerere Ausbrüche hervorbringen, wie er dies auch in jüngster geologischer Vergangenheit gemacht hat, und diese künftigen Ausbrüche werden wohl Menschenleben berühren, sie könnten Eigentum vernichten, und die Landwirtschaft und ganz allgemein das wirtschaftliche Wohlergehen in einem größeren Gebiet betreffen. ... eine Eruption wird ... wahrscheinlich innerhalb der nächsten hundert Jahre stattfinden, vielleicht schon vor dem Ende dieses Jahrhunderts.«[2] Die Prognosen dieser Geologen deckten sich jedoch nicht mit den Wahrnehmungen der Öffentlichkeit. Das Problem der von Vulkanen ausgehenden Gefahren wurde noch vergrößert, da es zwischen der Presse, regierungsamtlichen Stellen und den Geologen zu etlichen Mißverständnissen kam.

Vorläufig besaß niemand große Erfahrung in der Prognose von Vulkanausbrüchen – das war ein Teil des Problems. Die meisten Fachleute scheuten sich einfach, eine zeitlich festgelegte Vorhersage zu machen, weil eine fehlerhafte Voraussage das Vertrauen der Öffentlichkeit vermutlich erschüttern würde. Schlimmer noch, es könnte die Behörden dazu verführen, eine teure Evakuierung anzuordnen, die sich später als unnötig herausstellen würde.

Viele Wissenschaftler besaßen darüber hinaus keine Erfahrung, wie man Presseleute und Regierungsvertreter vor Ort unterrichten könnte, die in den Geowissenschaften ziemlich unbeleckt waren. Außerdem herrschte keine Einigkeit, welche Regierungsstelle eigentlich welche Art Verantwortung zu tragen hätte, und auch zwischen den amtlichen Stellen bestand wenig Kooperation. Als Folge davon wurden die frühen Warnungen von der kritischen Öffentlichkeit weitgehend ignoriert.

Die Berichte der Geologen, die den Vulkan überwachten, wie auch die Karten, die Crandell und Mullineaux mit ihrem Dossier von 1978 veröffentlicht hatten, überzeugten bis Ende März die meisten Amtspersonen, daß Gefahren drohten. Am 26. März trafen Vertreter der Bundesregierung, des Staates Washington und Forstpersonal mit Geologen zusammen, um über Notstandsmaßnahmen zu sprechen. Die Geologen im Staatsdienst und die Forstleute richteten in Vancouver, Washington, eine Art Koordinierungszentrum ein. Einige Hundert Personen wurden jetzt, meist unter Protest, aus ihren Wohnstätten in den Bergen, von Campingplätzen oder aus Blockhütten in den Bergen, evakuiert.

Am 27. März 1980 kam geschmolzenes Magma beim Aufstieg durch den Vulkanschlot mit Grundwassser in Berührung und daraufhin stieg eine zischende Wolke aus Dampf und Asche ungefähr 3 Kilometer in den Himmel empor. Diese Eruption riß am Gipfel des Berges einen kleinen Krater auf und verstreute Asche über Schnee und Eis auf dem Gipfel. Für die Medien war das ein gefundenes Fressen, sie berichteten ausführlich darüber. In einigen Zeitschriften erschienen Beiträge mit so blumigen Titeln wie »Der Anfang vom Ende« oder »Leben im Schatten eines Killer-Vulkans«. Unweigerlich sausten unzählige Neugierige in die Gegend, alle Warnungen in den Wind schlagend. Da man eine größere Eruption erwartete, kamen Reporter und Fernsehteams aus nah und fern herbei. Der Flugverkehr über dem Berg wurde so dicht, daß die US-Bundesluftfahrtbehörde den Überflug einschränken mußte.

Die Straßen, die in diese Gegend führten, waren verstopft. Eine Karnevalsatmosphäre kam auf und begann sich auszubreiten. Straßenhändler boten Autoaufkleber an, Fahnen, Hüte, Frisees, abgepackte Vulkanasche und T-Shirts mit dem dämlichen Slogan: »I Lava Volcano.« Die Restaurants boten »Vulkan-Burger« an und »Inferno hot dogs«. Straßensperren wurden eingerichtet, um die Leute abzuhalten, allzunahe an den Vulkan heranzufahren. Die meisten Sperren wurden nicht bewacht, folglich wurden sie von all denen, die glaubten, sie könnten auf den Besuch nicht verzichten, oder, den Behörden mißtrauend, unbedingt selbst einen Blick aus der Nähe auf dieses Naturspektakel werfen wollten, wieder entfernt oder einfach seitlich umfahren.

Am 28. und 29. März 1980 verursachten Ausbrüche von Dampf und Asche am Gipfel des Berges einen weiteren Krater. Die Dampfemissionen und Erdbeben hielten an; die Beben verloren indessen an Heftigkeit, während im Vulkanschlot das Magma weiter nach oben stieg. Am 3. April 1980 verschmolzen die beiden Krater miteinander, sie bildeten fortan eine einzige Einsenkung, ungefähr 500 Meter breit und 260 Meter tief. An diesem Tag rief der Gouverneur von Washington den Notstand aus, er ließ Soldaten der National Guards die Haltestellen an den Straßen überwachen.

Am 12. April zeigten Luftaufnahmen, daß die Nordflanke des Berges etwas anzuschwellen begann, vermutlich infolge des Aufstiegs des Magmas. Diese Anschwellung war bald an die 90 Meter hoch. Sie sah wie eine riesige Blase aus und wuchs mit einer Schnelligkeit von anderthalb Metern am Tag. Am 29. April maß sie einen halben Kilometer in der Länge und fast einen in der Breite. Am Tag darauf ließ der Gouverneur rund um den Mount St. Helens eine sog. rote Zone abstecken, fortan durften sich nur noch berechtigte Personen in diesem Sperrgebiet aufhalten.

Am 1. Mai 1980 errichtete die USGS einen Beoabachtungsposten auf einem Bergrücken 10 Kilometer nordwestlich des Vulkans, um die Schlammfluten und Lawinen besser beobachten zu können. Diesen Posten sollte Harry Glicken einnehmen, ein Geologe, der kurz zuvor von der University of California in Santa Barbara sein Diplom erhalten hatte. Er war Assistent von David Johnston, einem Geologen der USGS. Der Aussichtspunkt stand in Funkverbindung mit dem Koordinierungszentrum in Vancouver. Wie es der Zufall wollte, hatte Glicken aber schon einige Monate davor mit seinem Doktorvater einen Termin vereinbart, er sollte also am 18. Mai in Kalifornien sein, um mit ihm über den Fortgang seiner Dissertation zu sprechen. Damit Glicken diesen Termin einhalten konnte, wurde er am 17. Mai von David Johnston abgelöst.

Am Morgen des 18. Mai, um 8.32 Uhr, begann der Ausbruch des Mount St. Helens. Wenige Sekunden später wurde der Beobachtungsposten, der in genügend großer Entfernung aufgebaut worden war, um sicher zu sein, von einer riesigen Explosion aus feurigen Gasen, Vulkanasche und zerborstenem Gestein – einer pyroklastischen Flut –, die von dem Bergrücken sich seitwärts verspritzte, hinweggefegt. Aufgrund ihrer Sprengkraft nimmt man an, daß diese Massen sich mit fast 500 Stundenkilometern fortbewegten. David Johnstons letzte Worte, die er in das Mikrophon brüllte, lauteten: »Vancouver! Vancouver! Jetzt geht's richtig los.«

Die Stelle, wo der Beobachtungsposten stand, wurde inzwischen nach ihm als Johnston-Rücken benannt. Vor dieser enormen Eruption setzte ein Erdbeben mit einer Stärke von 5,1 ein. Dies war die Ursache dafür, daß an der sich aufbäumenden Nordflanke des Vulkans drei große Blöcke hinabrollten. Sie zerbrachen unterwegs und rissen weiteres Erdreich mit sich fort, so daß eine enorm große Lawine aus Gestein, Gletschereis, Schnee und anderem Schutt entstand, die mit mehr als 200 Stundenkilometern den Berg hinabraste. Es war eine der größten Schuttlawinen, von denen je berichtet wurde. Diese Lawine ließ den Druck auf das Magma unterhalb der Schwellung sinken und löste den pyroklastischen Strom aus, der David Johnston das Leben kostete.* Gleich darauf schoß eine Eruptionssäule senkrecht in die Höhe, sie trug schätzungsweise eine halbe Milliarde Tonnen Asche und anderen Schutt bis zu einer Höhe von etwa 25 Kilometern mit sich empor (Abbildung 10-2, unten). Diese Phase des Ausbruchs, die neun Stunden anhielt, hatte einen VEI von etwa 5.

Inzwischen überholte die pyroklastische Flut die Lawine, fegte über vier hohe Bergkämme hinweg und verwüstete ein Gebiet von mehr als 500 Quadratkilometern Größe. Innerhalb dieser Flutmassen muß eine Hitze von bis zu 300 Grad Celsius geherrscht haben, so wurde nach den Überresten von verkohltem Holz und verbrannten Fahrzeugen geschätzt. Innerhalb dieses Gebietes knickten Millionen von Bäumen um, von denen einige 50 Meter hoch waren und einen Durchmesser von 5 Metern besaßen. Sie knickten um wie Streichhölzer. Ihre abgebrochenen Stämme deuteten in die verschiedenen Richtungen, die die pyroklastischen Fluten eingenommen hatten, als sie über die Hügel hinwegschwärmten und durch die Täler wirbelten. In dieser »Abbruchzone« entstanden schwere Schäden. Die hier befindliche Menge an Nutzholz wurde auf 3,7 Milliarden Kubikfuß geschätzt, von dem nach der Eruption ein beträchtlicher Anteil irgendwie verwertet werden konnte. Fast das gesamte Wild in dieser Abbruchzone wurde getötet.

Die Lawine, die zunächst zeitlich vor der pyroklastischen Flut begonnen hatte, war in ihrer Masse und ihrer Menge überwältigend. Sie bestand aus mehr als zwei Kubikkilometern geborstenem Gestein. Einige Gesteinsbrocken waren so groß wie ein großes Haus, aber es gab darin auch große Brocken Eis, riesige Mengen vulkanischer Asche und Schmutz und Millionen von Baumstämmen. Diese Riesenmasse krachte, nur wenige Augenblicke nach der Flut, in den Spirit Lake, der 8 Kilometer vom Gipfel des Mount St. Helens entfernt liegt. Die Lawine türmte den Schutt auf dem Boden des Sees bis zu 90 Meter hoch auf und rief Wellen hervor, die an den Seiten des Sees bis zu 75 Meter hoch emporschlugen. Die riesige Schuttmasse aus dieser Lawine versperrte anschließend den Seeabfluß, so daß dessen Wasserspiegel um ungefähr 60 Meter anstieg und die Größe des Sees sich verdoppelte. Wie hinterher die Überreste eines Gasthauses und mehrerer Hütten für Urlauber am Südende des Sees ausgesehen haben, kann man sich vorstellen – sie befanden sich unter der Lawine mit im See und dem nun deutlich angestiegenen Was-

---

* Harry Glicken schrieb seine Doktorarbeit über vulkanische Schuttlawinen, wie der Mount St. Helens eine hervorbrachte, die seinem Kollegen David Johnston das Leben kostete. Auch Glicken wurde im Juni 1991 von einer pyroklastischen Flut getötet, als er einen Ausbruch des Vulkans Unzen unweit von Nagasaki auf der japanischen Insel Kyushu erforschte.

serspiegel, in dem zahllose Baumstämme und eine Ansammlung von Schuttmassen lagen. Der Grund dieses Sees liegt jetzt über dem Wasserspiegel, wie er vor der Eruption bestand.

Der größte Teil der Lawine raste westlich vom Lake Spirit hinab und sauste auf einer Strecke von fast 25 Kilometern durch das Tal des North Fork Toutle River, der sonst Wasser aus diesem See nach Nordwesten abfließen läßt (Abbildung 10-2, oben). Eine Riesenmasse an Fels und Eisbrocken, vermischt mit kleinerem Schuttmaterial, füllte das Tal fast 50 Meter hoch auf, an einigen Stellen reichte es bis zu 180 Metern.

Der Vulkan sandte noch einige weitere Säulen in den Himmel und einige der pyroklastischen Ströme spalteten sich von der Eruptionssäule oberhalb des Berges ab und strömten talabwärts. Sie legten zuletzt eine Schicht grauer Asche und Bimsstein auf die zerstörte Landschaft. Wo zuvor immergrüne Wälder waren, blinkende Seen und saubere Bergbäche, da war jetzt eine düstere, unfruchtbare, ja außerirdische Wüstenei, in der es keine Farben – und buchstäblich kein Leben – mehr gab.

Diese pyroklastischen Ströme brachten auch Eis und Schnee auf dem Berg zum Schmelzen. Weiteres Schmelzwasser, Milliarden Liter, strömten aus dem Eis der Lawine, bedeckt mit heißer Vulkanasche. Diese gesamten Wassermassen vereinigten sich mit dem Grundwasser aus dem Berg zu schlammbeladenen Strömen, die immer mehr Schlamm und Asche mitrissen und zu ungeheueren Schlammströmen anschwollen. Diese Massen, die mit einer Geschwindigkeit von 40 Stundenkilometern und mit der Konsistenz von nassem Zement unaufhaltsam dahinflossen, ergossen sich an den Flanken des Mount St. Hellens durch die Flußtäler hinab (Abbildung 10-2). Sie hinterließen soviel Schlamm und Schutt in den oberen Bereichen des North Fork Toutle River Tales, daß dessen Talbett um mehr als 180 Meter anstieg. Es bildeten sich neue Seen und kleine Weiher, wo die Ablagerungen seitliche Zuströme blockierten.

An die 2000 Menschen wurden jetzt in aller Eile aus den Wegen der vorrückenden Massen evakuiert, einige mit Hubschraubern. Da sich dem Schlamm viel Flußwasser beimengte, wurde er noch dünnflüssiger. Diese unvorstellbar großen Massen führten Millionen von Baumstämmen mit sich fort, die wie Rammböcke wirkten – ihre Wucht zerstörte mehr als 200 Häuser im Tal, vernichtete Brücken und kippte Bulldozer um und schwere Lastkraftwagen, die sonst gefällte Bäume abtransportierten. Schließlich ergoß sich eine Wasserflut, schwer beladen mit Schlamm, durch das Tal des Cowlitz River, der seinerseits enorme Mengen Ablagerungen in den Columbia River beförderte, und dessen Kanal nun vollkommen versperrt wurde. Alles in allem beförderten diese ungeheueren Fluten schätzungsweise 73 Millionen

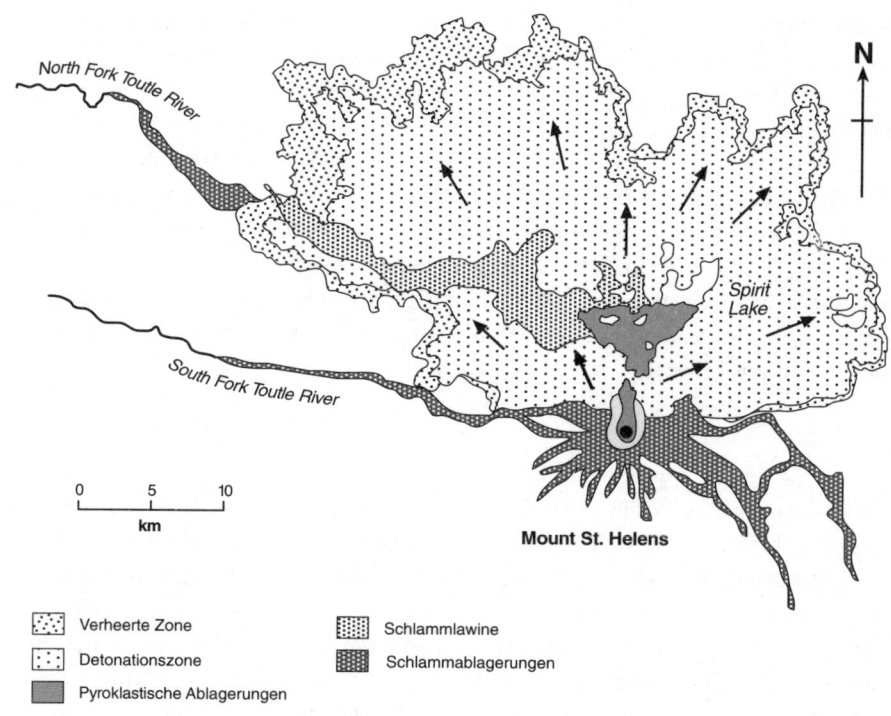

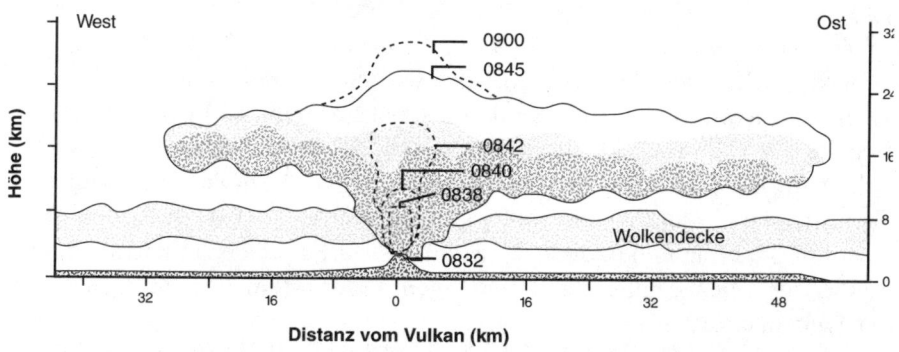

ABB. 10-2 Oben: Das von der Eruption des Mount St. Helens 1980 verwüstete Gebiet und die Verbreitung der pyroklastischen Ströme, der pyroklastischen Schuttmassen und der Schlammfluten nach der Eruption.

Unten: Der Wandel in den vertikalen und horizontalen Ausmaßen der Aschewolken während der ersten halben Stunde nach dem Ausbruch. Nach Tilling, Eruptions of Mount St. Helens.

Kubikmeter Sedimente in den Cowlitz und Columbia River. Weiter oben im Columbia River wurden mehr als 20 Hochseeschiffe in Portland und Vancouver (USA) festgehalten, bis die Pioniere der US-Army dessen Kanalbett in einer riesigen Rettungsaktion rund um die Uhr mit Baggern vertieften.

Nach dieser Eruption wurden am North und South Fork River Untersuchungen über das Ausmaß der Schäden vorgenommen. Sie ergaben, daß nach dem Vulkanausbruch die Masse von mitgeführtem Sediment in diesen beiden Flüssen 500mal größer war als davor.[3] Selbst 20 Jahre später war die Sedimentschicht noch immer 100mal mächtiger als vor dem Ausbruch. Dies beweist, daß die Nachwirkungen von geologischen Katastrophen jahrzehntelang anhalten können.

―――――

Das beim Ausbruch des Mount St. Helens ausgestoßene Dröhnen war wenigstens 800 Kilometer weit zu hören. Menschen im westlichen Montana vernahmen die Explosion wie Artilleriefeuer. Aber die Menschen in nächster Nähe zum Vulkan hörten gar nichts. Die Eruption nahmen sie erst dann wahr, als sie die Wucht der Detonation spürten, als sie die Bäume fallen hörten oder die Eruptionswolke am Himmel erblickten. In Portland, nur 80 Kilometer vom Vulkan entfernt, mußten die Bewohner aus ihren Radios von dem Ereignis erfahren. Der wichtigste Grund dafür ist, daß die Wellen fast senkrecht in die Höhe stiegen, ungefähr 5000 Meter hinauf in die Stratosphäre, bis sie von einer Schicht warmer Luft in einem Winkel auf die Erde zurückgeworfen wurden. Die zurückgeworfenen Wellen hinterließen zwischen dem Krater und der Gegend, wo sie in ungefähr 130 Kilometern Entfernung zur Erde zurückkehrten, einen Ring der Stille. Schallwellen wurden nahe dem Boden fraglos absorbiert und durch Aschewolken verstreut, wie Geräusche auch durch Schneefall gedämpft werden. Da diese Region dicht bewohnt ist, konnte man diese Zone der Stille ziemlich genau kartieren, und dies hat geholfen, ähnliche Erscheinungen bei Eruptionen in anderen Teilen der Welt zu erklären.

Die Geologen, die den Vulkan überwachten, verlangten von den Behörden, daß man den Zugang zu diesem Gebiet sperren sollte, und die Behörden verfügten dies, sonst hätte dieser Ausbruch noch sehr viel mehr Menschen getötet. Sicherlich wären Tausende von Neugierigen, Grundbesitzern und anderen ums Leben gekommen, die sich zuvor innerhalb dieser Begrenzungen aufhielten. Aber unter den geschilderten Umständen kamen eben nur 57 Menschen ums Leben, von denen man es weiß, die meisten von ihnen starben daran, daß sie vulkanische Aschen einatmeten und daran erstickten. Glücklicherweise ereignete sich der Ausbruch an einem Sonnag, als sehr wenige Waldarbeiter, die die dazu Erlaubnis hatten, sich in den Wäldern aufzuhalten, bei der Arbeit waren. Die Soldaten der National Guards von Washington retteten mit ihren Hubschraubern weit mehr als 100 Personen innerhalb von Stunden nach dem Ausbruch, und eigene Rettungsgruppen fanden auf dem Boden fast noch einmal hundert weitere in den nächsten paar Tagen. Ein paar einzelne Glückliche überlebten offenbar, weil sich in den pyroklastischen Strömen Wirbel herausgebildet hatten und sie auf diese Weise dem Wüten der Detonationen entrinnen konnten.

In einiger Entfernung von dem Vulkan wurde Asche durch Winde in großen Höhen von den senkrechten Eruptionswolken ostwärts getragen, sie ging über weiten Teilen im Osten Washingtons und sogar bis im westlichen Montana nieder und fiel wie schwerer, schwarzer Schnee zur Erde nieder. Hoch oben in der Stratosphäre drifteten Aschewolken vom Vulkan über das südliche Kanada und weite Teile der USA. Sie hingen drei Tage später über der Ostküste und zirkulierten innerhalb von 17 Tagen einmal um die Erde.

Im Vergleich mit den Vulkanausbrüchen des Tambora 1815 oder dem des Krakatau, 1883, war die Aschenmenge, die vom Mount St. Helens ausging, eher gering. Auf den Osten des Bundesstaates Washington und auf Idaho gingen 8 Zentimeter nieder; aber in der modernen Gesellschaft mit ihren hochentwickelten technischen Geräten können Aschen ernstliche Probleme verursachen. Aschehaltige Luft kann elektrische Transformatoren kurzschließen und dadurch Stromausfall verursachen. Verstopfte Luftfilter setzten Automotoren außer Betrieb. Etliche Sanitätsfahrzeuge, Polizeiautos und andere Notfahrzeuge funktionierten nicht mehr. Tausende von Autofahrern mußten sich irgendwo in einem Hotel oder in einem öffentlichen Gebäude oder privat einquartieren und dort eine Nacht zubringen. Busse und Züge blieben stehen, Flugzeuge stiegen nicht in die Luft. Einzelne Fernstraßen mußten gesperrt werden, und viele Geschäfte schließen. Der Ascheregen machte vielerorts den Tag zur Nacht, und das Schnaufen wurde so schwer, daß viele Menschen Atemmasken anlegten, die den Staub ausfilterten.

Der Ascheregen war ganz besonders dicht in einem schmalen Streifen, der von Ostnordost über Washington und Idaho hinwegging. Genau in diesem Korridor lag das Städtchen Ritzville, 300 Kilometer vom Vulkan entfernt. Dort fielen wenigstens fast 8 Zentimeter Asche auf den Boden. Die Stadt Yakima, 137 Kilometer nordöstlich vom Mount St. Helens, lag dem Vulkan viel näher, bekam aber nur wenig mehr als einen Zentimeter Asche ab, weil starke hohe Winde die Eruptionswolke spalteten. Trotzdem mußten Arbeitskolonnen von Yakima 600 000 Tonnen Asche von den Dächern, Straßen,

Gehsteigen und Parkplätzen räumen – diese Aufgabe hielt sie zehn Wochen in Trab und kostete mehr als zwei Millionen Dollar.

Die Region um den Mount St. Helens erlitt schwere Zerstörungen. Sie bildete danach ein ausgezeichnetes Freiluftlabor, wo man nicht nur vulkanisches Geschehen studieren konnte, sondern auch die Folgen für die Umwelt, nämlich die Erneuerung des Lebens nach einer solchen Katastrophe. Entscheidend für den Neuanfang des Lebens in dieser schwer betroffenen Region waren keineswegs kolonisierende Tiere und Pflanzen von außerhalb, wie Wissenschaftler dies erwartet hätten, sondern Lebewesen, die die Eruption an Ort und Stelle überlebt hatten. Erstaunlicherweise überstanden einige Tiere die Katastrophe, zum Beispiel Fische in einem eisbedeckten See, Frösche und Salamander, die in der Erde verkrochen waren oder unter Wasser, während die Detonation geschah, wie auch Krebse. Später fand man in der abgekühlten Asche Spuren, die zeigten, daß einige Biber und Ziesel in ihren unterirdischen Höhlen gleichfalls überlebt hatten. Maulwürfe und Ameisen überlebten sowieso, wie auch Wurzeln und Knollen von einigen Wildblumen, ja selbst kleine Bäume und Sträucher, die im Schnee vergraben waren. Naturwissenschaftler prägten den Begriff ›biologisches Erbe‹ für diese verstreut Überlebenden, die sich als so überaus wichtig erwiesen für den Erneuerungsprozeß.

Selbst zwanzig Jahre später jedoch, als diese Zeilen entstanden, befindet sich diese Gegend noch in einem Zustand des ökologischen Ungleichgewichts. Tiere, die zuvor hoch oben in den Bergen lebten, trifft man nun am Mount St. Helens in sehr viel niedrigeren Höhen an, und Tiere, die selten – oder in ihrem Fortbestand anderwärts – bereits gefährdet sind, gedeihen hier prächtig. Biologen meinen, es könnte Hunderte von Jahren dauern, bis die Ökologie dieser Region sich wieder stabilisiert und der reife Wald zurückgekehrt ist.

Der Vulkanausbruch am Mount St. Helens bewirkte Zerstörungen, wirtschaftliche Härten und soziale Nöte, und dies führte für viele Menschen auch zu emotionalen Problemen. Viele, die hier lebten, mußten ihre Wohnstätten verlassen, einige für immer. Ein erzwungener Umzug ist für die meisten Familien eine harte Sache. Die meisten Arbeitnehmer verdienen ihr Brot irgendwo in nächster Nähe, und gewöhnlich hat man da auch seine Freunde und Verwandten. Einen neuen Arbeitsplatz suchen zu müssen und die alten Bindungen zu kappen, kann sehr schmerzlich sein. Außerdem hatten viele, die sich hier ein Haus gekauft hatten, nicht die finanziellen Rücklagen, umzuziehen und neu anzufangen, zumal jetzt niemand ein Haus in dieser Gegend kaufen wollte. Viele, die blieben, erlitten finanzielle Verluste, weil ihre Geschäfte Einbußen erlebten oder weil große Reparaturen oder Reinigungsarbeiten vorgenommen werden mußten.

Da die Bedrohung durch den Vulkan weiterhin bestand, waren viele Menschen auch seelisch angespannt. Einige machten aber auch den Vulkan zum Sündenbock und gaben vor, der Ausbruch sei schuld an einigen ihrer persönlichen Probleme. 1982 veröffentlichte die Bundesnotstandagentur das Ergebnis einer Studie, die von vier Forschern der University of Minnesota unternommen wurde.[4] Die Grundlage dieser Studie bildeten Interviews mit Leuten, die in mittelgroßen Städten lebten: Longview und Kelso, 56 Kilometer westlich vom Vulkan; Yakima, 137 Kilometer nordöstlich; und Pullman, 402 Kilometer östlich davon.

Die Bewohner von Yakima (52 000 E.) hatten am meisten durchgemacht. Obwohl diese Stadt nur wenig mehr als einen Zentimeter Vulkanasche abbekommen hatte, war sie doch für einige Tage wie gelähmt. Am wenigsten waren die Bewohner von Pullman (23 500 E.) betroffen, sie litten am wenigsten an Streß. Auch die Bewohner von Longview (31 500 E.) und Kelso (11 800 E.) hatten zunächst wenig auszustehen, weil sie westlich vom Vulkan wohnten und die vorherrschenden Winde aus dem Westen kamen und die Vulkanemissionen somit nach Osten gingen. Longview und Kelso liegen am Zusammenfluß der Flüsse Columbia und Cowlitz, nur etwa 20 Kilometer weiter nördlich fließt der Toutle River in den Cowlitz. Das kleine Städten Toutle, ein Stück flußaufwärts am Toutle River, mußte der verheerenden Schlammfluten wegen jedoch nach der Eruption evakuiert werden.

Die Evakuierung führte flußabwärts von Longview und Kelso zu großen Ängsten. Im Oktober 1980, sechs Monate nach dem Ausbruch, warnten Bundesbeamte die Einwohner in diesen Städten, daß wahrscheinlich mehrere Tausend Haushalte evakuiert werden müßten, falls es dazu käme, daß von flußaufwärts große Wassermassen an den von allen Bäumen entblößten Berghängen herabkämen, womit zu rechnen wäre, wenn die Niederschläge so wären wie immer und im Winter Schnee fiele. Es stand zu befürchten, daß eine dicke Schicht von Ablagerungen vulkanischer Asche auf den Bergeshängen rasch zu Wasser würde und große Schlammfluten erzeugten, die dann ins Tal des Cowlitz hinabströmen würden.

Im Dezember stiegen bei den Bewohnern von Longview und Kelso die Spannungen ziemlich rasch an. Ein Wechsel von schweren Schneestürmen und Regen drohte Schlammfluten zu verursachen, und es gab Gerüchte, daß eine Evakuierung bevorstehe. Glücklicherweise waren die Niederschläge während der folgenden Monate ungewöhnlich niedrig, so daß die Schlammfluten ausblieben. Die Studie zeigte auch, daß die Furcht vor möglichen Nachwirkungen fast genausoviel Aufregung verursachen kann wie der Vulkanausbruch selbst.

Eine weitere Untersuchung, 1984 von P. R. und J. R Adams von der Utah State University vorgenommen, fand heraus, daß in den sieben Monaten nach dem Ausbruch des Mount St. Helens die Sterblichkeit um 18 Prozent gestiegen war, daß die Notaufnahme in den Krankenhäusern um 21 Prozent zugenommen hatten und einen Anstieg um 200 Prozent bei den streßbedingten Krankheiten. Die beiden Autoren fanden außerdem heraus, daß aggressives Verhalten um 37 Prozent angestiegen war, Gewalttätigkeiten in Familien um 45 Prozent und Geisteskrankheiten um 235 Prozent.[5]

Nach diesem Ausbruch kam auf die Herausgeber von regionalen und örtlichen Tageszeitungen eine riesige Flut von Leserbriefen zu, bei denen es um den Ausbruch ging. Und es gab eine wahre Lawine von Veröffentlichungen über dieses Ereignis. 1984 publizierte die Scarecrow Press in Metuchen, New Jersey, die Schrift »Mount St. Helens: An Annotated Bibliography«, die Caroline Harnly und David Tyckoson zusammengestellt hatten. Diese beiden Herausgeber hatten Bibliotheken in ganz Nordamerika durchgekämmt und 1738 Werke katalogisiert, die in den 34 Monaten zwischen dem März 1980, als Erdbeben erstmals einen bevorstehenden Ausbruch andeuteten, und Dezember 1982 erschienen waren. Der Autor eines der zitierten Aufsätze prophezeite, vielleicht etwas übertrieben: »Es wird einen Berg von wissenschaftlichen Aufsätzen geben, [...] so groß, daß man damit den Krater füllen kann«.[6]

Die von Harnly und Tyckoson zusammengestellte Bibliographie unterteilt die Neuerscheinungen in 14 Kategorien (Tafel 10-1), die zwangsläufig etwas allgemein sind und sich auch auch da und dort überlappen. Die Veröffentlichungen schließen auch Berichte in wissenschaftlichen und technischen Fachzeitschriften ein, Artikel in Zeitschriften für den allgemeinen Leser sowie wissenschaftliche und populäre Bücher ebenso wie Karten und Dissertationen.

Natürlich wurde seit 1982 noch sehr viel mehr über den Mount St. Helens geschrieben. Wissenschaftler erforschen weiterhin den Vulkan und veröffentlichen ihre Ergebnisse. Und Journalisten schreiben weiterhin neue Berichte über diesen Berg und Buchautoren weiterhin Bücher. Und es gab auch Spielfilme über diese Katastrophe, ob realistisch oder nicht, etwa »Dante's Peak«, der 1997 erschien.

TAFEL 2 Veröffentlichungen über Mount St. Helens, 1980/82

ZAHL	KATEGORIE	ENTHALTENE THEMEN
407	Geologische Studien	Vulkanologie, Seismologie, Hydrologie usw.
306	Allgemeine Info.	Allgemeine Artikel und Nachrichten
171	Industrie, Ingenieurwiss.	Folgen für Industrie und Infrastruktur
131	Vor 20. März 1980	Frühere Ausbrüche, Zustand des Berges davor
119	Biologie, Umwelt	Pflanzen, Tiere, Ökosystem
113	Atmosphäre, Wetter	Gase, Asche in der Atmosphäre, Auswirkungen auf Witterung
104	Chemie, Physik	Chemische und physikalische Eigenschaften des Vulkans
99	Medizin, Gesundheit	Folgen für die menschliche Gesundheit
92	Wirtschaft	Wirtschaftliche und jurist. Folgen
81	Gesellschaft, Kultur	Soziale und kulturelle Aspekte des Ausbruchs von 1980
62	Landwirtschaft	Landwirtschaftliche Praktiken, Verluste an Gerät
36	Bücher	Bücher über den Ausbruch von 1980
10	Karten	Veröffentlichungen, die nur aus Karten bestehen
7	Dissertationen	Doktorarbeiten, die mit dem Ausbruch zu tun haben

Quelle: Harnly und Tyckoson, Mount St. Helens

Selbstverständlich hat der Ausbruch auch Dichter, Künstler und Photographen angeregt, ihre Gedanken und Gefühle, Produkte dieses Ereignisses, andern mitzuteilen – ob das nun Kummer war ob der menschlichen Tragödie oder ein erhabenes Gefühl angesichts eines grandiosen Naturschauspiels oder eine lebhafte Beschreibung eines dramatischen Ereignisses. 1981 veröffentlichte die »National Speleological Society« ein Gedicht, betitelt »Erinnerung an den Spirit Lake«. Es trägt als Autor nur »von Cricket«, ist aber bemerkenswert für seine dichten, schönen Bilder von diesem schicksalhaften Tag:

247

Der Berg wie schlafend
Wälder heißen willkommen
Den Vogel auf dem Flug

Der Berg treibend
Durch die Wiesen
Sanfte Frühlingsnebel

Der Berg wie im Traume
Endlose Sicht
Silberne Wolken auf Blau

Das Sonnenlicht tanzend
Auf den Wassern
Die Kiesel schimmern hindurch

Der Berg rührt sich
Wälder erzittern
Wie Erde unter meinen Füßen

Noch immer treibend
Träumend und tanzend
Frühlingsluft so süß

Der Berg erwachend
Bebend und brechend
Offen zum Himmel

Blitzen und Reißen
Durch die Wiesen
Aschen fliegen empor

Die Himmel brodeln
Hügel brennen
Flüsse werden zu Dampf

Wälder schleudern
Erstickende Täler
Seen und Geister schreien

Der Berg sich bildend
Blutig gebärend
Mächtiger Akt des Schmerzes

Ich beobachte
Wundersames Weinen
Bis der Berg wieder schläft.[7]

Eine ganz ähnliche Stimmung findet sich in einem Lied mit dem Titel »Die Riesen schlafen nur«, komponiert von dem Musiker Tom Shindler, das auf poetische Weise die Eruption und die folgenden Zerstörungen beschreibt. Es endet mit folgenden Versen:

Ist es wirklich erstaunlich, wenn man die Berge donnern hört,
Wie sie es doch so oft schon getan?
Lustig, wie so viele Menschen vollkommen erstaunt waren,
Als ob es keine Vulkane mehr gäbe.

O ihr schneebedeckten Gipfel, ihr Herrscher der Berge,
Wer kennt ihre Geheimnisse?
Aber wenn sie aussehen wie immer, dann halt ein und vergiß nicht
Die Riesen schlafen nur.[8]

Maler und Photographen, Amateure wie Professionelle, strömten in Scharen zum Mount St. Helens, um die Großartigkeit dieses Ausbruchs und die schrecklichen Verwüstungen danach im Bilde festzuhalten. Tragischerweise fanden einige von ihnen bei der Ausübung ihrer Kunst den Tod. Anderen gelang es, unvergeßliche Bilder zu machen, die auf dramatische Weise die fürchterliche Kraft der Natur enthüllen.

———

Nach dem Ausbruch von 1980 stieg das zähe Magma weiterhin in der Gurgel des Mount St. Helens empor und bildete eine Reihe von vulkanischen Domen innerhalb des Kraters. Nachfolgende Ausbrüche zerschmetterten diese Dome wieder, dabei wurden Wolken von Schutt mehr als 15 Kilometer hoch in die Atmosphäre geschleudert. Bis 1986 schien der Vulkan indes wieder in seinen schläfrigen Zustand von einst zurückgefallen zu sein. Die Abbildung 10-3 zeigt das weitaufgerissene Maul eines Kraterdoms an der Nordostseite des Kraters, und den Spirit Lake, eingebettet zwischen Bergeshängen,

ABB. 10-3 Der gähnende Krater des Mount St. Helens im Sommer 1994, der Spirit Lake ist im Hintergrund zu sehen. Man bemerke auch den nach der Eruption entstandenen Dom in der Mitte des Kraters. Photo von Pierre Rollini, mit seiner freundlichen Erlaubnis.

die erste Anzeichen von zartem Grün andeuten. Am Horizont ist der Mount Rainier zu sehen, er erinnert an den Mount St. Helens, wie dieser vor der Katastrophe von 1980 aussah.

Seither haben Vulkanologen bei der kurzfristigen Vorhersage von Eruptionen beträchtliche Fortschritte gemacht. Allerdings gibt es noch keine Möglichkeit, den genauen Zeitpunkt, die VEI-Größe oder die Dauer einer Eruption vorherzusagen, und weiter vorausblickende Vorhersagen sind überhaupt noch nicht möglich. Niemand weiß, wie lange der Mount St. Helens ruhen wird oder wann die nächste große Eruption kommen wird. In der Zwischenzeit können Geologen lediglich die Aktivitäten des Vulkans studieren, Daten sammeln, beobachten und abwarten.

Einst gingen große Indianerlegenden aus ihm hervor, dann wurde er zum Mittelpunkt einer majestätischen Wald- und Erholungslandschaft – doch seit den Verheerungen im Jahr 1980 ist er zum häßlichen Stumpf herabgesunken. Aber trotzdem lenkt der St. Helens unsere Aufmerksamkeit weiterhin auf die vielen Gesichter des Vulkanismus. Laßt die Überreste dieses einst so majestätischen schneebedeckten Gipfels im herrlichschönen Cascade Range uns weiterhin daran erinnern: »Die Riesen schlafen nur«.

Nachwort

WIR HABEN IN DIESEM BUCH versucht, Vulkane gewissermaßen zum Leben zu erwecken. Wir haben versucht, ihnen eine menschliche Dimension zu geben, indem wir mit Hilfe der »schwingenden Saite« zeigten, wie ihre Nachwirkungen in den menschlichen Beziehungen noch Jahre später nachklingen können oder auch Jahrhunderte später oder gar Jahrtausende. Zugleich waren wir bemüht, zu erklären, warum es zu Vulkanausbrüchen kommt und wie ein bestimmter Vulkan entstand. Dazu haben wir auch die Theorie der tektonischen Platten herangezogen.

Wir haben in den einzelnen Kapiteln bestimmte Eruptionen dargestellt, und wir haben dabei unter anderem zwei Gegenden behandelt, nämlich Island und Hawaii, wo seit unendlich langer Zeit vulkanisches Geschehen von Plattenbewegungen zeugt. Diese katastrophalen Ereignisse und die unvorstellbar großen geologischen Prozesse haben, mit Blick auf die Menschheit und ihr Schicksal, zu Folgen geführt, die gleichfalls sehr groß sind: Ganze Gesellschaften sind daran zerbrochen, große Zerstörungen gingen daraus hervor; alte Mythen zeugen nicht weniger von ihrer Wucht wie moderne Filme. Die hier behandelten vulkanischen Ausbrüche und die Kette ihrer Nachwirkungen reichen weit – von dem schicksalträchtigen Ausbruch des Thera vor mehr als 3600 Jahren bis zur vergleichsweise kleinen Eruption des Mount St. Helens im Jahr 1980 – sie alle zeugen davon, auf welch verschiedenerlei Weisen geologische Ereignisse und menschliche Schicksale im Laufe der Geschichte miteinander verbunden waren.

Glossar

aa-Lava (Hawaiianisch) Lava mit sehr grober Oberfläche (aa=Schmerzenslaut).

Aerosol Feinste Verteilung schwebender fester oder flüssiger Stoffe in Gasen, v. a. in der Luft (z. B. in Rauch, Nebel).

Archipel Eine größere Gruppe von Inseln oder ein Gebiet mit vielen Inseln (im Meer).

Asche Siehe Vulkanasche.

Asthenosphäre Relativ »weiche«, 100 bis 300 Kilometer mächtige Schicht unterhalb der Lithosphäre.

Atoll Korallenriff, das eine zentrale Lagune umschließt.

Basalt Dunkelfarbiges Felsgestein aus erstarrter Lava, das wenig Silikon enthält.

Bimsstein Poröses, luftreiches vulkanisches Gestein, aus rasch erstarrter Lava, das viel Gas enthält und daher leicht ist.

Bohrkern Zylindrischer Teil eines Felsens (oder von Eis), den man durch Bohren mit einem hohlen Bohrer gewonnen hat

Bruch Störung des Gesteinsverbandes innerhalb der Erdkruste, wobei zwei Schollen längs einer Bewegungsfläche gegeneinander verschoben sind.

Bruchzone Bereich mit weiträumigen Brüchen.

Caldera Weitläufige, mehr oder weniger runde vulkanische Senke, die viel größer ist als ein vulkanischer Krater.

Calzit Kalkspat, biogenes Material aus Schalen stark kalkhaltiger Organismen.

Calzium Häufig anzutreffendes leichtes Element (Metall).

Erdmantel Der zwischen der Erdkruste und dem Kern gelegene Teil der Erde, er enthält den größten Teil des Erdvolumens.

Erosion   Prozesse, bei denen neben Fels auch andere Stoffe an der Erdoberfläche abgetragen werden, sei es durch Abrasion, fließendes Wasser, Wind oder allgemein durch Witterungseinflüsse, die dabei abgetragenen Stoffe werden zu einer anderen Örtlichkeit gebracht.

Eruptionswolke   Wolke aus Gasen oder fragmentierten Stoffen, die bei einem Vulkanausbruch entsteht und sich normalerweise oben an der Spitze der Eruptionssäule ausbreitet.

Eruptionssäule   Eine Säule aus Stoffen, die bei einem Vulkanausbruch gewaltsam in die Atmosphäre ausgeschleudert wird, bevor sie sich in Gestalt einer Eruptionswolke ausbreitet.

Explosivität   Explosivkraft (siehe auch VEI)

Fossil   Spur oder Überrest einer Pflanze oder eines Tieres, das sich in der Erdkruste erhalten hat.

Fraktur (im Gestein) Bruch in Gestalt einer Spalte oder Verwerfung, von mechanischer Spannung verursacht.

Fumarole   Erdspalte, gewöhnlich vulkanischen Ursprungs, aus der Gase (z. B. Schwefel) strömen.

geochemisch   Bezieht sich auf die Verteilung und die Menge von chemischen Elementen und ihrer Isotope in den Stoffen, die die Erde bilden.

Geologie   Wissenschaft von der Erde, ihrem Aufbau und ihrer Geschichte, auch der Lebensformen, der Stoffe, aus denen sie besteht, der Prozesse, die auf andere Stoffe einwirken und, ihrer Ergebnisse.

Geophysiker   Wissenschaftler, der die Erde unter Einsatz von quantitativen physikalischen Methoden studiert.

Geysir   Quelle, aus der von Zeit zu Zeit heiße Wasser oder Dämpfe entweichen.

Gletscher   Große Masse Eis, welches infolge von Druck und Rekristallisierung von Schnee entstanden ist.

Graben (im Meer)   Enge, tiefe längliche Furche oder Senke zwischen dem Rand eines kontinentalen Schelfs und dem Boden der Tiefsee.

Gravity meter   Instrument, mit dem man die Unterschiede in der Erdgravitation mißt.

Greenhouse effect   Erhitzung der Erdoberfläche, hervorgerufen durch die abgestrahlte Wärme von Wasserdampf und Kohlendioxid, die in der Atmosphäre absorbiert wird und anschließend zur Erde zurückgebracht wird.

Grundwasser   Wasser oder Saturierungszone innerhalb der Edkruste.

Guyot   Untermeerische Aufragungen, hauptsächlich aus vulkanischem Gestein, meist von tafelbergähnlicher Form; die meisten davon befinden sich im Pazifik.

hot spot »Heißer Fleck« an der Erdoberfläche, Ausdruck einer aufgestiegenen Magmablase.

Kalkstein Stein, der zum größten Teil aus Kalziumkarbonat besteht.

Kalzit Häufiges Mineral, das Felsen bildet und selbst aus Kalziumkarbonat besteht.

Karbon14 Radioaktive Kohlenstoffisotope, die eine Massenzahl von 14 besitzen, statt der üblichen 12.

Kern (Erdkern) Mittlerer Teil aus dem Erdinnern, er soll aus einem soliden inneren Kern und einem flüssigen Äußeren bestehen.

Kernbohrungen Ein zylindrisch geformtes Stück Fels (oder Eis), das man mit einem hohlen Bohrer aus Gestein oder Eis herausgebohrt hat.

Konvektion Vorgang der Wärmeübertragung durch Fließen, dabei fließt warme Materie aufwärts, kalte nach unten.

Koralle Harter Stoff, der aus vielen Kalziumkarbonatskeletten von winzigen auf dem Meeresboden lebenden Organismen (Korallen) im Meer besteht.

Krater Eine Senke, gewöhnlich auf dem Gipfel eines Vulkanes oder Berges.

Kruste (Erdkruste) Dünne, feste äußerste Schicht oder Schale der Erde.

Lapilli Hasel- bis walnußgroße Lavabrocken, die ein Vulkan ausschleudert.

Lava Der bei Vulkanausbrüchen hervortretende Gesteinschmelzfluß, im geschmolzenen oder, nach der Erstarrung, im harten Zustand (siehe auch Magma).

Lavatube Länglicher Hohlraum unter der Oberfläche von erstarrter Lava; sie bildet sich, wenn geschmolzene Lava weiterfließt, nachdem Lava an der Oberfläche bereits abgekühlt ist und eine Kruste gebildet hat.

Lawine Große Masse aus Stein, Erde, Eis oder Schnee oder einer Mischung aus diesen Stoffen, die einen Berghang hinunterstürzt oder -rollt.

Lithosphäre Fester Gesteinsmantel der Erde, sie besteht aus der Erdkruste und dem äußeren Mantel; sie liegt unmittelbar oberhalb der Asthenosphäre und ist nicht flüssig.

Magma Glutflüssige, gashaltige Gesteinsschmelze, die im Erdinnern erzeugt wird.

Magmakammer Kammer im Erdinnern, die dem Magma als Speicher dient.

Mantelblase Gesteinsschmelze, die aus dem Erdmantel in die Kruste auf-steigt und vermutlich die Ursache eines *hot spot* bildet.

Mantelkeil Keil, bestehend aus Material des Erdmantels, das den Raum zwischen einer tektonischen Platte und einer anderen einnimmt, die gerade unter eine andere Platte gleitet (d. h. subduziert wird).

Marmor Metamorphes Gestein, das zum größten Teil aus rekristalliertem Kalkkalzit besteht, vor allem verwandelter Kalkstein.

Massiv Große Gebirgsgruppe, die einen gedrungenen Umriß bildet.

Metamorphose Umwandlung eines Gesteins in ein anderes durch Temperatur- oder Druckeinwirkungen.

Meteorologe Wissenschaftler, der die Erdatmosphäre erforscht.

Mineral Alle als Bestandteile der Erde vorkommenden anorganischen Körper.

pahoehoe (Hawaiianisch) Lava, vor allem auf Hawaii, mit ziemlich ebener Oberfläche, manchmal gewellt, manchmal in Gestalt eines Seiles (Strick-lava).

Paläomagnetismus Stärke und Ausrichtung des Magnetfelds der Erde in geologischer Vergangenheit.

pali Hawaiianische Bezeichnung für einen steilen Abhang oder ein Eskarp-ment.

Plattentektonik Theorie, der zufolge Segmente aus der Lithosphäre, genannt (tektonische) Platten, sich wie schwimmend bewegen und dadurch Erdbeben und Vulkantätigkeit hervorrufen.

Plinianischer Ausbruch Vulkaneruption, bei der ein Strom zerbrochener Stoffe und Gase aus einem Erdloch mit sehr hoher Geschwindigkeit – also unter hohem Druck – austritt und dabei eine hohe Eruptionssäule bildet; nach Plinius d.Ä. benannt.

pyroklastisch Bezieht sich auf stark fragmentiertes Gestein, das im Verlauf eines Vulkanausbruchs entsteht.

Richterskala Logarithmische Skala, benannt nach dem Seismologen Charles Francis Richter, damit wird die Stärke von Erdbeben angezeigt.

Rücken (im Meer) Hohe, breite Anschwellung auf dem Meeresboden mitten im Meer.

Schildvulkan Schildförmiger Vulkan, entstanden aus erstarrter dünnflüssiger Lava.

Schmelzwasser Wasser, das aus schmelzendem Eis oder Schnee abfließt; vor allem ein Strom, der aus einem Gletscher abfließt.

Schlammflut Fließende Masse aus zum größten Teil feinkörnigen Erdstoffen, mit Wasser vermischt.

Schwefeldioxid Chemisches Gasgemisch, das aus einem Teil Schwefel und zwei Teilen Sauerstoff besteht.

Sea-floor Spreading »Meeresboden-Spreizung«, aus divergierender Plattengrenze in den Ozeanen heraus wächst die ozeanische Platte.

Seamount Berg, der sich vom Meeresboden erhebt, aber den Wasserspiegel nicht erreicht.

Seismograph Gerät zur Messung von Erschütterungen der Erde, vor allem Erdbeben.

Subduktion Herabdrücken einer tektonischen Platte unter eine andere.

Tiltmeter Gerät zur Messung der Erdoberfläche, das Ansteigen oder Absinken anzeigt.

Trockennebel Nebel oder Dunst, der eher aus trockenen Partikeln als aus flüssigen Tröpfchen besteht.

Tsunami Große Seewelle, hervorgerufen durch heftige Turbulenzen am Meeresboden, ausgelöst durch ein Erd- oder Seebeben oder durch einen Vulkanausbruch, wenn z. B. ein pyroklastischer Strom ins Meer stürzt.

VEI (Vulkanischer Explosivitäts-Index) Maßstab, ähnlich der Richterskala, zur Ermittlung der Stärke von Vulkanausbrüchen. Jede Stufe (z. B. der Anstieg von 5 auf 6) stellt eine Verzehnfachung der Explosivität dar.

Verwerfung (im Gestein) Ein Bruch oder eine Bruchzone, wo der eine Teil gegenüber dem andern verschoben ist, in einer Richtung parallel zum Bruch.

Verwerfungszone Gebiet, in dem viele Verwerfungen auftreten.

Vulkanasche Stark fragmentiertes Material, wie Staub, das der Vulkan ausstößt.

Zinder Ausgeglühte Steinkohle.

Anmerkungen

KAPITEL 1

1 Maurice u. Katja Krafft, Volcano, New York 1975, S. 83.
2 Ebd., S. 59.
3 Gilbert Grosvenor, The Hawaiian Islands, in: National Geographic 45/2 (1924), S. 235.
4 Shusaku Endo, Volcano, New York 1980, S. 27.
5 Tom Simkin u. Lee Siebert, Volcanoes of the World: A Regional Directory, Gazeteer, and Chronology of Volcanism during the Last 10,000 Years, Tucson ² 1994, S. 10.

KAPITEL 2

1 S. W. Manning, The Thera Eruption: The Third Congress and the Problem of the Date, in: Archaeometry 32/1 (1990), S. 1-100; hier: S. 97.
2 K. F. Minoura u.a., Discovery of Minoan Tsunami Deposits, in: Geology 28/1 (2000), S. 59-62.
3 Will Durant, The Story of Civilization, Bd. 2: The Life of Greece, New York 1966, S. 5.
4 Edith Hamilton u. Huntingdon Cairns, Hg., The Collected Dialogues of Plato, Including the Letters. Übers. von Lane Cooper u.a. (Bollinger Series, Bd. 71), Princeton N. J. 1989, S. 1159 f.
5 Ebd., S. 1218.
6 Ebd., S. 1220.
7 Angelos Georgiou Galanopoulos u. Edward Bacon, Atlantis: The Truth behind the Legend, Indianapolis/USA 1969, S. 133 f.

KAPITEL 3

1 Zit. nach Richard B. Stothers u. Michael R. Rampino,Volcanic Eruptions in the Mediterranean before A.D. 630, in: Journal of Geophysical Research 88/B8 (1983), S. 6357-71, hier: S. 6360.

2 Strabo, The Geography of Strabo (Loeb Classical Library), Bd. 2, London 1923, S. 453.

3 Dio Cassius, Dios Roman History (Loeb Classical Library), Bd. 8, London 1925, S. 305-307.

4 Plinius der Jüngere, Epistulae – Briefe, VI, 16 (dtv-Ausgabe), München 1987, S. 121. Interessanterweise gibt es Übersetzungen, die den Begriff Schirmpinie nicht verwenden, obwohl er die in Italien verbreitete Pinie gut beschreibt. Sie schreiben statt dessen einfach: Pinie – aber der hier zur Frage stehende Baum ist zweifellos *Pinus pinea*, die Steinpinie des Mittelmeerraumes, mit ihrem hohen, oft unbezweigten Stamm und dem gerundeten Dach.

5 Ebd., S. 128 f.

6 William Hoffer, Volcano: The Search for Vesuvius, New York 1982, S. 130.

7 Charles Morris, The Volcano's Deadly Work: From the Fall of Pompeii to the Destruction of St. Pierre, 1902, S, 258 f.

8 Ebd., S. 260.

9 Curzio Malaparte, La Pelle (Mondadori, Mailand 1978; meine Übers., M.V.), S. 220.

10 John G. Lockhart, Memoirs of the Life of Sir Walter Scott, Bd. 5, New York 1902, S. 397; Charles Dickens, Pictures from Italy, S. 224 f., 227.

11 Goethes Werke in zehn Bänden (Artemis), Bd. IX. Reisen, Zürich 1962, S. 296 f. (Eintrag vom 20. März 1787)

12 Stendhal, Rome, Naples, and Florence, London 1959, S. 371.

13 Mark Twain, Traveling with the Innocents Abroad, Norman/USA 1958, S. 76 f.

14 Henry James, Italian Hours, Westport/USA 1976, S. 16.

15 J. Logan Lobley, Mount Vesuvius, London 1889, S. 16.

16 1882, S. 42

17 Susan Sontag, The Volcano Lover: A Romance, New York 1992, S. 112.

KAPITEL 4

1 Zit. nach Ida Pfeiffer, A Visit to Iceland, London 1852, S. 337.
2 Padraic Colum, Orpheus: Myths of the World, New York 1930, S. 208.
3 Thomas Carlyle, On Heroes, Hero-Worship, and the Heroic in History, New York 1842, S. 23.
4 Zit. nach Sigurdur Thorarinsson, The Eruption of Hekla, 1947-1948, Reykjavik 1967, S. 26 f.
5 Zit. nach Sigurdur Thorarinsson, Hekla: A Notorious Volcano, Reykjavik 1970, S. 6.
6 Hjalmar R. Bárdarson, Ice and Fire: Contrast of Icelandic Nature, Reykjavik 1971, S. 16.
7 Zit. nach Alwyn Scarth, Vulcan's Fury: Man against the Volcano, New Haven/Conn. 1999, S. 112.
8 Rüdiger Glaser, Klimageschichte Mitteleuropas. 1000 Jahre Wetter, Klima, Katastrophen, Darmstadt 2001, S. 204.
9 Benjamin Franklin, Meteorological Imaginations and Conjectures, in: The Complete Works of Benjamin Franklin, hg. von John Bigelow, New York 1888, Bd. 8, S. 488 f.
10 Zit. nach Charles A. Wood, Amazing and Portentous Summer of 1783, in: Eos 65/26 (1984), S. 410.
11 Zit. nach Sigurdur Thorarinsson, Surtsey, New York 1967, 9 f.
12 Ebd.
13 Joseph Hayes, Island on Fire, New York 1979, S. 147.
14 Arni Gunnarsson, Volcano: Ordeal by Fire in Iceland's Westmann Islands, Reykjavik 1973, S. 29.
15 S. A. Colgate u. Thorbjörn Sigurgeirsson, Dynamic Mixing of Wate and Lava, in: Nature 244 (Aug. 1973), S. 552.

KAPITEL 5

1 Charles Lyell, Principles of Geology, Bd. 2, London [10] 1988, S. 104 f.
2 Heinrich Zollinger, Besteigung des Vulkanes Tambora auf der Insel Sumbawa und Schilderung der Erupzion desselben im Jahr 1815, Winterthur 1855, S. 5.
3 David J. Arnold, Famine: Social Crisis and Historical Change, Oxford 1988, S. 30.
4 Manfred Vasold, Das Jahr des großen Hungers. Die Agrarkrise von 1816/17 im Nürnberger Raum, in: Zeitschrift für Bayerische Landesge-

schichte 64/1 (2001), S. 745-782 – mit viel weiterführender Literatur; ders., Der Vulkanausbruch von 1815 auf der indonesischen Insel Sumbawa und seine Auswirkungen auf das Wetter am Niederrhein im Jahr 1816, in: Düsseldorfer Jahrbuch 72 (2001), S. 97-120.

5 George Gordon Byron, The Complete Poetical Works of Byron, Boston 1905, S. 189.

6 Mary Wollstonecraft Shelley, Frankenstein, or the Modern Prometheus, London 1969, S. 20-23.

7 Henry Stommel u. Elizabeth Stommel, Volcanoe Weather, Newport/USA 1983, S. 37; dies., Jahr ohne Sommer, in: Vulkanismus, hg. von H. Pichler, Heidelberg ²1988, S. 128-135.

8 Robert E. Pike, Granite Laugther and Marble Tears, [o. O.] 1938, S. 32.

9 Stommel u. Stommel,Volcanoe Weather, S. 108.

KAPITEL 6

1 John W. Judd, The Earlier Eruptions of Krakatao, in: Nature 40 (15. Aug. 1889), S. 365 (Brief an die Herausgeber).

2 Zit. nach Tom Simkin u. Richard S. Fiske, Krakatau 1883: The Volcanic Eruption and the Effects, Washington 1983, S. 73.

3 Zit. nach ebd., S. 44.

4 R. D. M. Verbee, Krakatau, Batavia 1886, Teil I, S. IV.

5 Simkin u. Fiske, Krakatau 1993, S. 117.

6 Christopher Ricks, Hg., The Poems of Tennyson, London 1969, S. 225.

7 Maurice u. Katia Krafft, Volcano, New York 1975, S. 140.

KAPITEL 7

1 Tom Simkin u. Lee Siebert, Volcanoes of the World: A Regional Directory, Gazeteer, and Chronology of Volcanism during the Last 10,000 Years, Tucson ² 1994, S. 151.

2 Solange Contour, Saint-Pierre, Martinique, Bd. 2: La Catastrophe et ses suites, Paris 1989, S. 127.

3 Ebd., S. 130.

4 Charles Morris, The Volcano's Deadly Work: From the Fall of Pompeii to the Destruction of St. Pierre, [o.O.] 1902, S. 53.

5 Gordon Thomas u. Max Morgan Witts, The Day the World Ended, New York 1969, S. 129.

6 Ebd., S. 164.

7 Solange Contour, Saint-Pierre, Martinique, S. 137.

8 Morris, Volcano, S. 55-57.

9 Ebd., S. 198.

10 Thomas u. Witts, Day the World Ended, S. 293.

KAPITEL 8

1 Peter A. Munch, Cisis in Utopia: The Ordeal of Tristan da Cunha, New York 1971, S. 5.

2 Ebd., S. 86.

3 Ebd., S. 196.

4 P. J. F. Wheeler, Death of an Island, in: National Geographic 121/5 (1962), S. 678-695, hier: S. 679.

5 Munch, Crisis in Utopia, S. 210.

6 Ebd., S. 228.

7 Ebd., S. 8.

KAPITEL 9

1 Mark Twain, Roughing It, New York 1871, S. 263.

2 Mark Twain, Marks Twain's Letters from Hawaii, hg. von A. Grove Day, New York 1966, S. VI.

3 John McPhee, The Control of Nature, in: The New Yorker (29. Feb. 1988), S. 70.

4 Charles Darwin, On the Structure and Distribution of Coral Reefs; Also Geological Observations on the Volcanic Islands and Parts of South America Visited during the Voyage of H. M. S. Beagle, London 1890.

5 Mark Twain, Letters from Hawaii, S. 295-297.

6 William Westerveldt, Hawaiian Legends of Volcanoes, Boston 1963, S. IX f.

7 Ebd., S. 180.

8 A. Grove Day, Liholio and the Longnecks, in: A Hawai'i Anthology, hg. von Joseph Stanton, Honolulu 1997, S. 146.

9 Alfred Tennyson, Works of Alfred Lord Tennyson, Bd. 5, New York 1908, S. 65-68.

KAPITEL 10

1 Dwight R. Crandell u. Donal R. Mullineaux, Appraising Volcanic Hazards of the Cascade Range of the Northwestern United States, in: Earthquake Information Bulletin 6/5 (1974), S. 3-10; hier: S. 10.
2 Dwight R. Crandell u. Donal R. Mullineaux, Potential Hazards from Future Eruptions of Mount St. Helens Volcano Washington, in: Geology of Mount St. Helens Volcano, Washington, United States Geological Survey Bulletin 1383-C, Washington DC 1978, S. C1-C2, C25.
3 J. J. Major u.a., Sediment Yield following Severe Volcanic Disturbance: A Two Decade Perspective from Mount St. Helens, in: Geology 28/9 (2000), S. 819-822.
4 Robert K. Leik u.a., Under the Treat of Mt. St. Helens: A Study of Chronic Family Stress, Washington D.C. 1982 (Federal Emergency Management Agency, Contract Nr. FEMA/EMW-C-0454).
5 P. R. Adams und G. R. Adams, Mount St. Helens Ashfall: Evidence for Disaster Stress Reaction, in: American Psychologist 39/3 (1084), S. 252-263.
6 Mark Budgen, In a Giant's Wake, in: MacLean's 93/33 (1980), S. 46 f.
7 Remember Spirit Lake, in: NNS News 39/1 (1981), S. 2.
8 Tom Shindler, The Giants Are Only Asleep, in: Washington Songs and Lore, gesammelt von Linda Allen, Spokane/Wash. 1988, S. 59 f.

Ergänzende Bibliographie

Hans Berckhemer, Grundlagen der Geophysik, Darmstadt 1990

A. L. Bloom, Die Oberfläche der Erde, Stuttgart 1989

Robert u. Barbara Decker, Vulkane, Berlin u.a. 1992

Bernhard Edmaier u. Angelika Jung-Hüttel, Vulkane, München 1991

G. H. Eisbacher, Einführung in die Tektonik, Stuttgart 1991

H. Miller, Abriß der Plattentektonik, Stuttgart 1992

Hans Pichler, Italienische Vulkangebiete, 5 Bde., Berlin-Stuttgart

F. Press u. R. Siever, Allgemeine Geologie, Heidelberg 1993

Horst Rast, Vulkane und Vulkanismus, Stuttgart 1987

J. Rey, Geologische Altersbestimmung, Stuttgart 1991

Rolf Schick, Erdbeben und Vulkane, München 1997

Hans-Ulrich Schmincke, Vulkanismus, Darmstadt 1986

S. M. Stanley, Historische Geologie. Einführung in die Geschichte der Erde und des Lebens, Heidelberg 1994

Klaus Strobach, Unser Planet. Ursprung und Dynamik, Berlin-Stuttgart 1991

Abbildungsnachweis

G. B. Alfano u. L. Friedlaender die Geschichte des Vesuv, Berlin 1929

Fred M. Bullard, Volcanoes of the Earth, Austin/Texas 1962

Caroline D. Harnly u. David A. Tyckoson, Mount St. Helens: An Annotated Bibliography, Metuchen/New Jersey 1984

Edward Hull, Volcanoes. Past and Present, London 1892

Alfred Lacroix, La Montagne Pelée et ses Éruptions, Paris 1904

Lawrence A. Lawver u. R. D. Mueller, Iceland Hot Spock Track, in Geology 22/4 (1994), S. 311-314

James G. Moore, William R. Normark u. Robin T. Holcomb, Giant Hawaiian Underwater Landslides, in Science 264/5155 (1994), S.46-47

John M. O'Connor u. Anton P. le Roex, South Atlantic Hotspot-Plume Systems: Distribution of Volcanoism in Time and Space, in: Earth and Planetary Science Letters 113 (1992), S. 343-364

S. Self, M. R. Rampino, M. S. Newton u. J. A. Wolf, Volcanological Study of the Great Tambora Eruption of 1815, in: Geology 12/12 (1984), S. 659-663

Haraldur Sigurdsson, S. Carey, W. Cornell u. T. Pescatore, The Eruption of Vesuvius in 79 A.D., in: National Geographic Research 1 (1985), S. 332-387

R. Strachey, The Krakatau Airwave, in: Nature 29 (1883), S. 181-183

R. Tilling, Eruptions of Mount St. Helens: Past, Present and Future, U.S. Geological Survey 1984

Heinrich Zollinger, Besteigung des Vulkanes Tambora auf der Insel Sumbawa und Schilderung der Erupzion desselben im Jahr 1815, Winterthur 1855

Verzeichnis der Abbildungen, Graphiken und Tabellen

Geographisches Register

Nicht aufgenommen sind die behandelten Vulkane bzw. Inseln (z. B. Island), die in den jeweiligen Kapiteln natürlich vielfach erwähnt werden. Bei als bekannt vorausgesezten geographischen Namen wurde auf eine Erläuterung verzichtet.

Geographisches Register